INTRODUÇÃO AO ELETROMAGNETISMO

Blucher

Ivan de Oliveira

INTRODUÇÃO AO ELETROMAGNETISMO

Introdução ao eletromagnetismo

Publisher Edgard Blücher
Editor Eduardo Blücher
Coordenação editorial Jonatas Eliakim
Produção editorial Isabel Silva
Diagramação e imagem da capa Ivan de Oliveira
Revisão de texto Gabriela Castro
Capa Leandro Cunha

Editora Blucher
Rua Pedroso Alvarenga, 1245, 4° andar
CEP 04531-934 – São Paulo – SP – Brasil
Tel.: 55 11 3078-5366
contato@blucher.com.br
www.blucher.com.br

Dados Internacionais de Catalogação na Publicação (CIP)
Angélica Ilacqua CRB-8/7057

Oliveira, Ivan de
Introdução ao eletromagnetismo / Ivan de Oliveira – São Paulo: Blucher, 2021.
336 p.: il.
ISBN 978-65-5506-170-3 (impresso)
ISBN 978-65-5506-171-0 (eletrônico)
1. Eletromagnetismo 2. Física I. Título
21-2646 CDD 530

Índices para catálogo sistemático:
1. Eletromagnetismo

Para Jussara, Pedro e Isadora.

All the mathematical sciences are founded on relations between physical laws and laws of numbers, so that the aim of exact science is to reduce the problems of nature to the determination of quantities by operations with numbers.

James Clerk Maxwell

Conteúdo

Capítulo 1

Análise vetorial e sistemas de coordenadas

Em muitos casos na física, elementos como direção e sentido são usados para a descrição completa de fenômenos, expressos pelo conceito de *vetores*. Quando as grandezas empregam esses elementos, são chamadas de *grandezas vetoriais*. Já em grandezas conhecidas como *grandezas escalares*, eles não são necessários. Neste capítulo, faremos uma descrição da álgebra vetorial, assim como dos sistemas de coordenadas cartesianas, cilíndricas e esféricas.

1.1 Vetores

1.1.1 Grandezas escalares

As grandezas escalares são aquelas caracterizadas simplesmente com um número e sua respectiva unidade. Energia, trabalho de uma força, pressão, massa, temperatura, tempo, carga elétrica, corrente elétrica, resistência elétrica e potencial elétrico são alguns exemplos dessas grandezas. Fica claro que, quando medimos a massa de um corpo, o valor da grandeza independe da direção e do sentido: basta dizer que a massa de é 35 kg para caracterizá-la.

1.1.2 Grandezas vetoriais

As grandezas vetoriais são completamente caracterizadas quando definimos três elementos: um módulo (número), uma direção e um sentido. São exemplos desse tipo de grandeza: deslocamento, velocidade, aceleração, força, impulso, momento linear, torque, momento angular, campo elétrico, campo magnético etc. É evidente que, para descrever a força aplicada em um determinado ponto, devemos definir o valor da força (módulo), a direção de aplicação dessa força e o sentido.

1.1.3 Representação de grandezas vetoriais

Há duas formas de representar as grandezas vetoriais: a algébrica e a geométrica. A representação algébrica será utilizada para a álgebra vetorial, onde será necessária a definição de direção e sentido. Já a representação geométrica será utilizada nas resoluções de problemas, onde uma descrição geométrica é necessária.

1.1.3.1 Representação algébrica de vetores

Quando utilizamos a representação algébrica, usamos uma letra com uma seta em cima, onde a letra representa a grandeza e a seta indica seu caráter vetorial, representando assim o vetor $\vec{V}$. Quando estamos interessados apenas no módulo da grandeza vetorial, representamos esse valor como sendo $|\vec{V}|$ ou simplesmente V.

1.1.3.2 Representação geométrica de vetores

Uma grandeza vetorial é representada geometricamente por um seguimento de reta orientado. A Fig. 1.1 mostra a representação geométrica de um vetor, onde A é a origem e B, a extremidade. Para o vetor $\vec{V}$ mostrado na Fig. 1.1, temos as seguintes características: **direção**: a mesma da reta suporte t; **sentido**: de A para B; e **módulo**: igual a distância entre A e B.

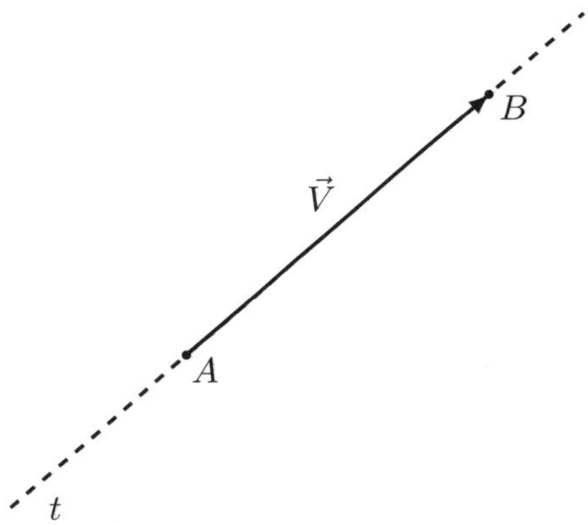

Figura 1.1: *Representação geométrica de grandezas vetoriais.*

1.1.4 Soma e subtração geométricas de vetores

Consideremos os vetores $\vec{a}$ e $\vec{b}$ mostrados na Fig. 1.2. Mantendo a direção e sentido de $\vec{a}$ e de $\vec{b}$, une-se a origem de $\vec{b}$ com a extremidade de $\vec{a}$, e o resultado (soma) é um vetor que tem a mesma origem do vetor $\vec{a}$ e a mesma extremidade do vetor $\vec{b}$. A Fig. 1.3 mostra o vetor soma $\vec{S} = \vec{a} + \vec{b}$.

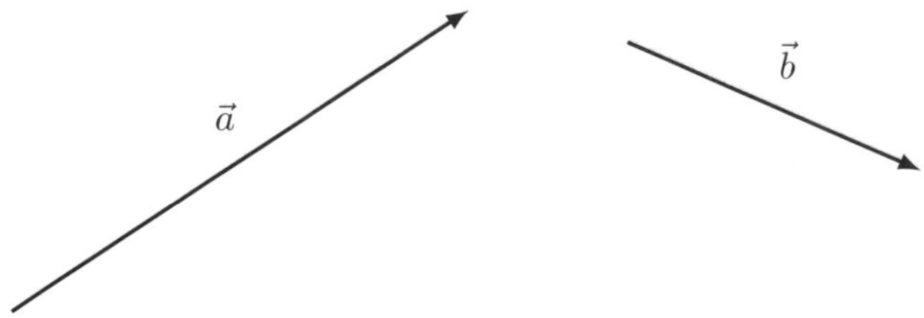

Figura 1.2: *Representação geométrica dos vetores $\vec{a}$ e $\vec{b}$.*

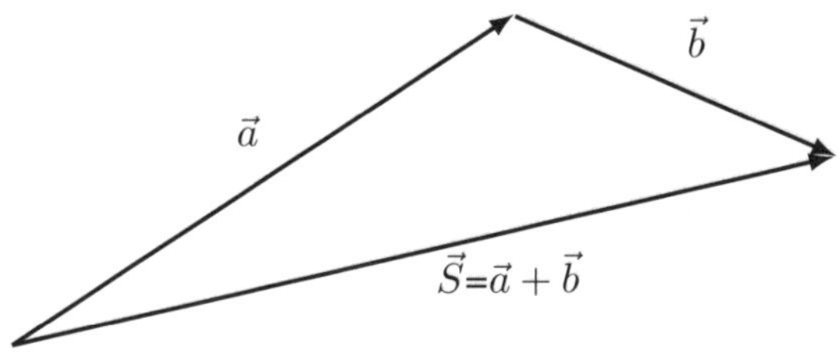

Figura 1.3: *Soma geométrica dos vetores $\vec{a}$ e $\vec{b}$ nessa ordem.*

É interessante notar que a ordem da soma dos vetores é irrelevante, ou seja, a lei comutativa também vale para a soma dos vetores. Em outras palavras,

$$\vec{a}+\vec{b}=\vec{b}+\vec{a} \tag{1.1}$$

A Fig. 1.4 mostra que somando $\vec{a}+\vec{b}$ ou $\vec{b}+\vec{a}$, o vetor resultante mantém a mesma direção, sentido e módulo.

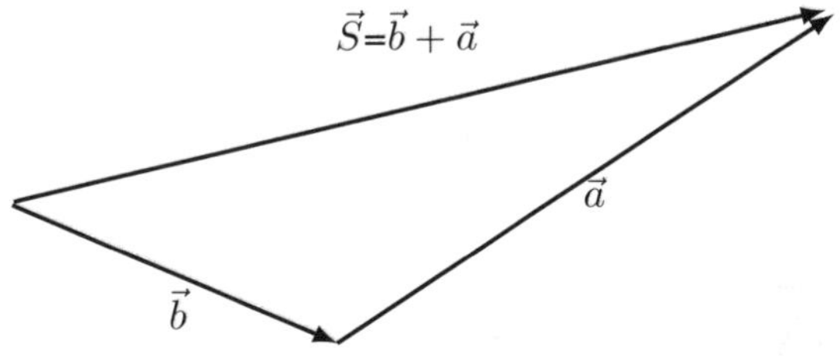

Figura 1.4: *Soma geométrica dos vetores $\vec{b}$ e $\vec{a}$.*

Consideremos agora os três vetores $\vec{a}$, $\vec{b}$ e $\vec{c}$, mostrados na Fig. 1.5. Somando os vetores $\vec{a}$ e $\vec{b}$, temos o vetor resultante $\vec{S_1}=\vec{a}+\vec{b}$. Somando agora o vetor resultante $\vec{S_1}$ com o vetor $\vec{c}$, temos o vetor resultante $\vec{S}$, mostrado na Fig. 1.6.

É importante notar que, somando os vetores $\vec{a}$ e $\vec{b}$, obtemos o vetor $\vec{S_1}$, e, somando esse vetor com o vetor $\vec{c}$, obtemos o vetor resultante $\vec{S}$, como mostra a Fig. 1.7. Fica evidente que a ordem da soma também é irrelevante, pois o vetor resultante mantém

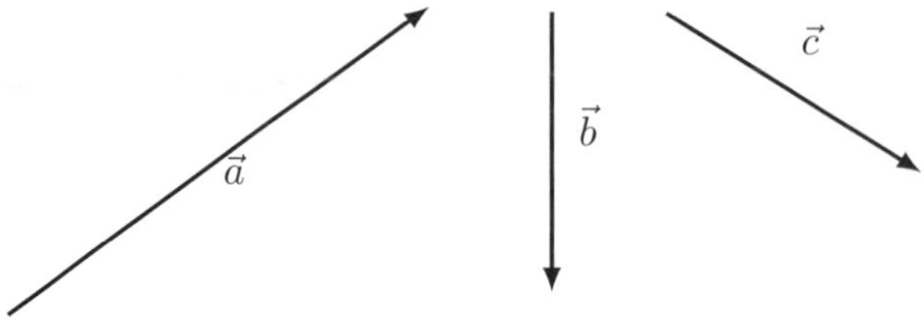

Figura 1.5: *Representação geométrica dos vetores $\vec{a}$, $\vec{b}$ e $\vec{c}$.*

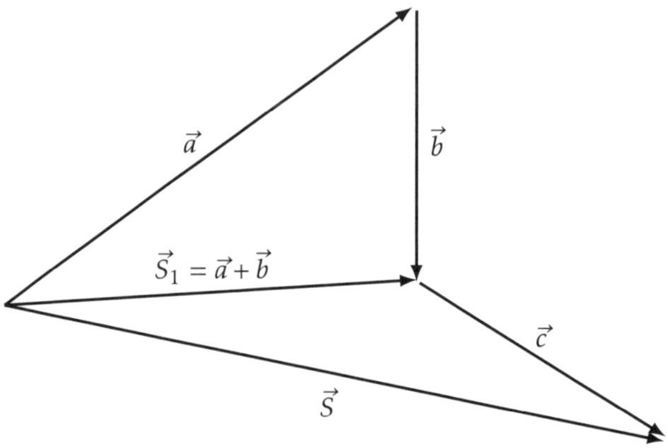

Figura 1.6: *Soma geométrica dos vetores $\vec{a}$, $\vec{b}$ e $\vec{c}$ na ordem a, b e c.*

sua direção e seu sentido e possui o mesmo módulo para qualquer ordem da soma e número de vetores, como fica claro pela Fig. 1.7. Dessa forma, é possível associar vetores através da lei associativa, ou seja,

$$(\vec{a} + \vec{b}) + \vec{c} = \vec{a} + (\vec{b} + \vec{c}) \tag{1.2}$$

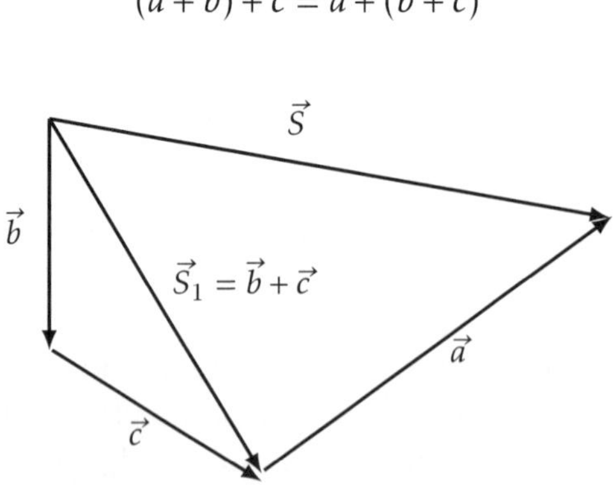

Figura 1.7: *Soma geométrica dos vetores $\vec{a}$, $\vec{b}$ e $\vec{c}$, na ordem dos vetores b, c e a.*

Para definir a subtração entre dois vetores, vamos inicialmente definir o que são vetores opostos. Dois vetores são opostos quando possuem o mesmo módulo e direção, mas sentidos opostos. Na Fig. 1.8, temos a representação de dois vetores opostos.

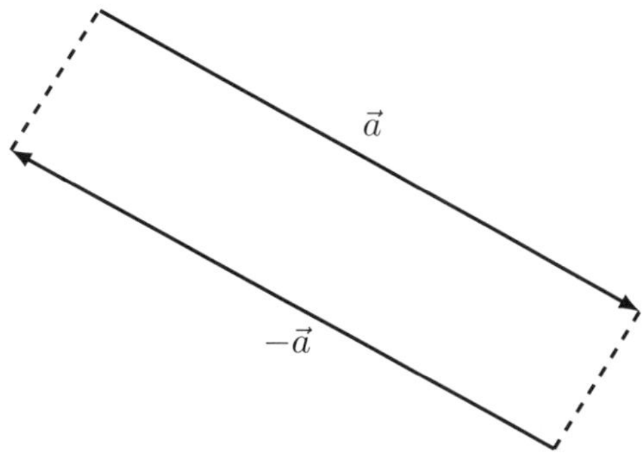

Figura 1.8: *Vetores opostos.*

O vetor diferença $\vec{d}$ entre os vetores $\vec{a}$ e $\vec{b}$ é definido como a soma entre o vetor $\vec{a}$ e o vetor oposto de $\vec{b}$, ou seja,

$$\vec{d} = \vec{a} + (-\vec{b}) \tag{1.3}$$

Assim, todas as regras descritas acima são válidas para encontrar a diferença entre dois vetores. Na Fig. 1.9, mostramos a diferença entre os vetores $\vec{a}$ e $\vec{b}$.

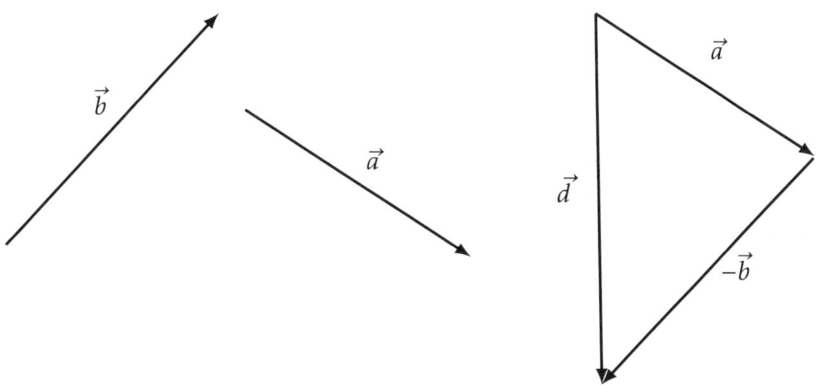

Figura 1.9: *Vetor diferença $\vec{d}$.*

1.1.5 Componentes de um vetor

Definimos como componente de um vetor a projeção desse vetor ao longo de dado eixo. Na Fig. 1.10, mostramos as componentes cartesianas do vetor $\vec{A}$. As projeções $\vec{A}_x$ e $\vec{A}_y$

são as componentes vetoriais de $\vec{A}$ nas direções x e y, respectivamente. O ângulo θ indica a direção do vetor $\vec{A}$ em relação ao eixo x.

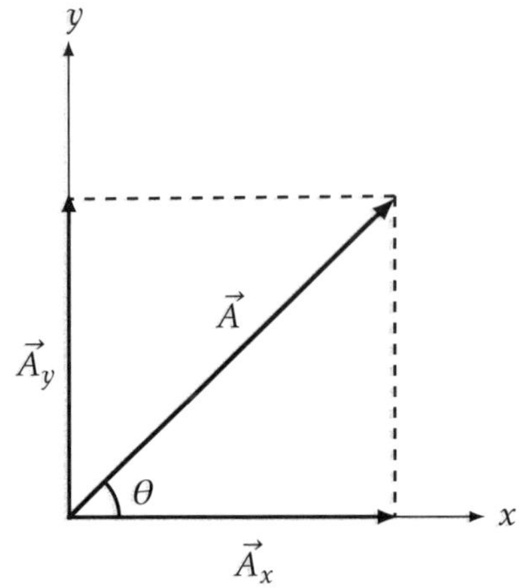

Figura 1.10: *Componentes cartesianas de um vetor.*

Utilizando a Fig. 1.10, podemos determinar as componentes cartesianas do vetor $\vec{A}$. Fica claro pela figura que:

$$\cos\theta = \frac{A_x}{A} \Rightarrow A_x = A\cos\theta \tag{1.4}$$

$$\sin\theta = \frac{A_y}{A} \Rightarrow A_y = A\sin\theta \tag{1.5}$$

Conhecendo as componentes do vetor $\vec{A}$, é possível determinar o módulo e a direção desse vetor. Assim, o módulo e a direção do vetor $\vec{A}$ na Fig. 1.10 são, respectivamente:

$$|\vec{A}|^2 = A_x^2 + A_y^2 \Rightarrow |\vec{A}| = \sqrt{A_x^2 + A_y^2} \tag{1.6}$$

$$\tan\theta = \frac{A_y}{A_x} \tag{1.7}$$

Vale salientar que, se o vetor $\vec{A}$ for em 3 dimensões, o significado das componentes é o mesmo, porém a relação para o módulo do vetor fica sendo:

$$|\vec{A}|^2 = A_x^2 + A_y^2 + A_z^2 \Rightarrow |\vec{A}| = \sqrt{A_x^2 + A_y^2 + A_z^2} \tag{1.8}$$

1.1.6 Vetores unitários

Os vetores unitários são vetores que tem módulos iguais a 1 e apontam para determinada direção. A utilização desses vetores é fundamental para realizar operações com os vetores. Neste livro, utilizaremos os vetores unitários $\hat{i}$, $\hat{j}$ e $\hat{k}$ para indicar as direções x, y e z, respectivamente, mostrados na Fig. 1.11. É importante notar que os vetores unitários são perpendiculares entre si. O fato do ângulo entre eles ser de 90° tem consequências importantes quando realizamos o produto entre vetores.

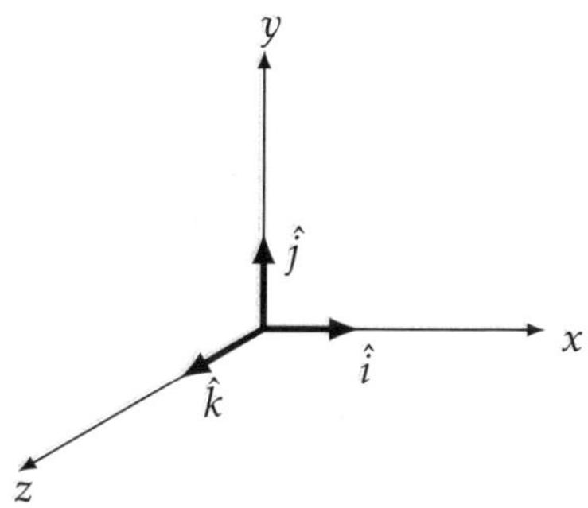

Figura 1.11: *Vetores unitários.*

Utilizando os vetores unitários, podemos escrever um vetor $\vec{A}$ em 3 dimensões da seguinte forma:

$$\vec{A} = A_x\hat{i} + A_y\hat{j} + A_z\hat{k} \tag{1.9}$$

onde A_x, A_y e A_z são as componentes do vetor $\vec{A}$ nas direções x, y e z, respectivamente.

Definimos acima o vetor unitário como um vetor que tem módulo igual a 1 e aponta para determinada direção. Esse vetor unitário pode ser definido da seguinte forma:

$$\hat{a} = \frac{\vec{A}}{|\vec{A}|} \tag{1.10}$$

onde $\hat{a}$ é o vetor unitário que aponta na direção do vetor $\vec{A}$ de módulo igual a $|\vec{A}|$.

1.1.7 Operações algébricas com vetores

As operações algébricas entre os vetores são extremamente úteis no eletromagnetismo. Nesta seção são descritas as operações soma, subtração e produto, sendo esta última dividida em produto escalar e produto vetorial. É importante salientar que a divisão entre vetores não é uma operação definida.

1.1.7.1 Adição e subtração de vetores

Para realizarmos a soma e a subtração de dois vetores definiremos os vetores $\vec{A}$ e $\vec{B}$ da seguinte forma:

$$\vec{A} = A_x\hat{i} + A_y\hat{j} + A_z\hat{k} \tag{1.11}$$

$$\vec{B} = B_x\hat{i} + B_y\hat{j} + B_z\hat{k} \tag{1.12}$$

A partir dessa definição devemos somar as respectivas componentes nas devidas direções, assim a soma vetorial entre os vetores $\vec{A}$ e $\vec{B}$ fica sendo:

$$\vec{A} + \vec{B} = (A_x + B_x)\hat{i} + (A_y + B_y)\hat{j} + (A_z + B_z)\hat{k} \tag{1.13}$$

Como já visto anteriormente, a subtração também é descrita como uma soma, porém devemos somar o vetor $\vec{A}$ com o oposto do vetor $\vec{B}$, da seguinte maneira:

$$\vec{A} - \vec{B} = (A_x - B_x)\hat{i} + (A_y - B_y)\hat{j} + (A_z - B_z)\hat{k} \tag{1.14}$$

É interessante notarmos que a soma ou a subtração entre dois vetores resulta em outro vetor. Essa característica não ocorre quando realizamos o produto escalar entre dois vetores, como será descrito a seguir.

1.1.7.2 Produto entre vetores

Muitas grandezas na física são descritas como o produto entre dois vetores, por exemplo: trabalho de uma força é o resultado do produto escalar entre o vetor força e o vetor deslocamento, momento angular é o resultado do produto vetorial entre o vetor posição e vetor momento linear, entre outras. Dessa maneira, o produto entre vetores tem um papel fundamental no tratamento de algumas grandezas, pois, além de descrevê-las, seu resultado pode ser um vetor ou um escalar, diferentemente da soma e da subtração.

1.1.7.2.1 Produto escalar O produto escalar entre dois vetores é definido como

$$\vec{A} \cdot \vec{B} = |\vec{A}||\vec{B}|\cos\theta \tag{1.15}$$

onde $|\vec{A}|$ e $|\vec{B}|$ são os módulos dos vetores $\vec{A}$ e $\vec{B}$, respectivamente, e θ o ângulo entre os vetores. Podemos interpretar o produto escalar entre os vetores $\vec{A}$ e $\vec{B}$ como o produto do módulo do vetor $\vec{A}$ pela projeção do vetor $\vec{B}$ ao longo do vetor $\vec{A}$, exemplificado na Fig. 1.12.

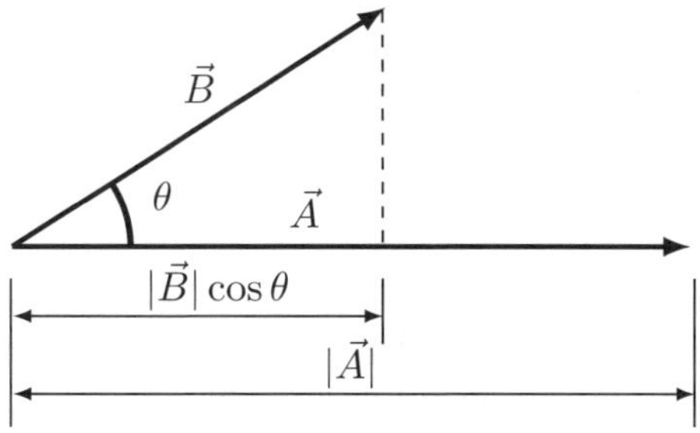

Figura 1.12: *Produto escalar entre os vetores $\vec{A}$ e $\vec{B}$.*

É importante notar que o resultado do produto escalar entre dois vetores é um escalar, ou seja, um número. Ele também pode ser calculado utilizando os vetores unitários, e, para isso, consideremos os vetores

$$\vec{A} = A_x\hat{i} + A_y\hat{j} + A_z\hat{k} \tag{1.16}$$

$$\vec{B} = B_x\hat{i} + B_y\hat{j} + B_z\hat{k} \tag{1.17}$$

O produto escalar entre $\vec{A}$ e $\vec{B}$ é dado por

$$\vec{A}\cdot\vec{B} = (A_x\hat{i} + A_y\hat{j} + A_z\hat{k})\cdot(B_x\hat{i} + B_y\hat{j} + B_z\hat{k}) \tag{1.18}$$

e, realizando as respectivas multiplicações temos

$$\vec{A}\cdot\vec{B} = A_xB_x(\hat{i}\cdot\hat{i}) + A_xB_y(\hat{i}\cdot\hat{j}) + A_xB_z(\hat{i}\cdot\hat{k}) + A_yB_x(\hat{j}\cdot\hat{i}) + \cdots + A_zB_z(\hat{k}\cdot\hat{k}) \tag{1.19}$$

Utilizando a definição de produto escalar da Eq. (1.15) e com o auxílio da Fig. 1.11 temos que

$$\hat{i}\cdot i = 1 \qquad \hat{j}\cdot\hat{i} = 0 \qquad \hat{k}\cdot\hat{i} = 0 \tag{1.20}$$

$$\hat{i}\cdot j = 0 \qquad \hat{j}\cdot\hat{j} = 1 \qquad \hat{k}\cdot\hat{j} = 0 \tag{1.21}$$

$$\hat{i}\cdot k = 0 \qquad \hat{k}\cdot\hat{j} = 0 \qquad \hat{k}\cdot\hat{k} = 1 \tag{1.22}$$

e, dessa forma, o produto escalar fica sendo

$$\vec{A}\cdot\vec{B} = A_xB_x + A_yB_y + A_zB_z \tag{1.23}$$

É importante notar que, independentemente da maneira que calculamos o produto escalar entre dois vetores, o resultado é sempre um escalar.

1.1.7.2.2 Produto vetorial O produto vetorial entre dois vetores $\vec{A}$ e $\vec{B}$ tem como resultado um vetor $\vec{C}$, que é perpendicular ao plano formado pelos vetores $\vec{A}$ e $\vec{B}$ e cujo módulo é dado por

$$|\vec{C}| = |\vec{A}||\vec{B}|\sin\theta \tag{1.24}$$

onde θ é o menor ângulo entre $\vec{A}$ e $\vec{B}$. Na Fig. 1.13, temos a representação dos vetores $\vec{A}$ e $\vec{B}$ e o vetor $\vec{C}$ como resultado do produto vetorial.

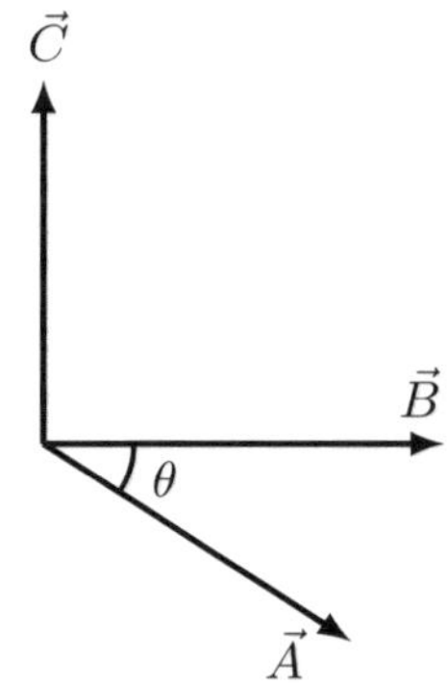

Figura 1.13: *Produto vetorial entre os vetores $\vec{A}$ e $\vec{B}$.*

Na Fig. 1.14, mostramos a chamada regra da mão direita, que permite determinar a direção e o sentido do vetor $\vec{C}$.

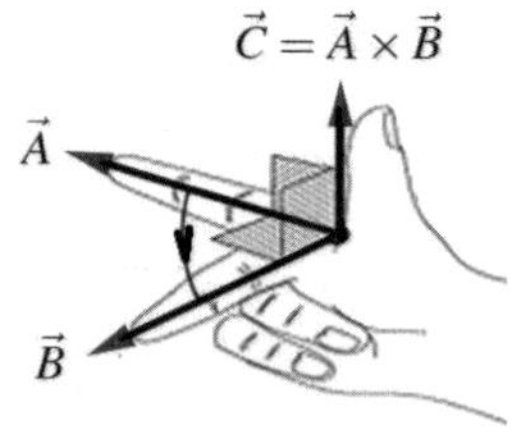

Figura 1.14: *Regra da mão direita para o produto vetorial. Rotação no sentido do vetor $\vec{A}$ para o $\vec{B}$.*

Assim como no produto escalar, podemos calcular o produto vetorial utilizando os vetores unitários. Consideremos os vetores $\vec{A}$ e $\vec{B}$ dados por

$$\vec{A} = A_x\hat{i} + A_y\hat{j} + A_z\hat{k} \tag{1.25}$$

$$\vec{B} = B_x\hat{i} + B_y\hat{j} + B_z\hat{k} \tag{1.26}$$

e o vetor $\vec{C}$ dado por

$$\vec{C} = \vec{A} \times \vec{B} \tag{1.27}$$

Utilizando os vetores $\vec{A}$ e $\vec{B}$, temos para o vetor $\vec{C}$

$$\vec{C} = (A_x\hat{\imath} + A_y\hat{\jmath} + A_z\hat{k}) \times (B_x\hat{\imath} + B_y\hat{\jmath} + B_z\hat{k}) \tag{1.28}$$

Ao realizar as devidas multiplicações vetoriais e levando-se em conta que

$$\hat{\imath} \times \hat{\imath} = 0 \qquad \hat{\jmath} \times \hat{\imath} = -\hat{k} \qquad \hat{k} \times \hat{\imath} = \hat{\jmath} \tag{1.29}$$

$$\hat{\imath} \times \hat{\jmath} = \hat{k} \qquad \hat{\jmath} \times \hat{\jmath} = 0 \qquad \hat{k} \times \hat{\jmath} = -\hat{\imath} \tag{1.30}$$

$$\hat{\imath} \times \hat{k} = -\hat{\jmath} \qquad \hat{\jmath} \times \hat{k} = \hat{\imath} \qquad \hat{k} \times \hat{k} = 0 \tag{1.31}$$

o vetor $\vec{C}$, resultado do produto vetorial entre $\vec{A}$ e $\vec{B}$, é dado por

$$\vec{C} = \vec{A} \times \vec{B} = (A_yB_z - A_zB_y)\hat{\imath} + (A_zB_x - A_xB_z)\hat{\jmath} + (A_xB_y - A_yB_x)\hat{k} \tag{1.32}$$

É fácil mostrar que a expressão acima pode ser escrita na forma de um determinante, ou seja,

$$\vec{A} \times \vec{B} = \begin{vmatrix} \hat{\imath} & \hat{\jmath} & \hat{k} \\ A_x & A_y & A_z \\ B_x & B_y & B_z \end{vmatrix} \tag{1.33}$$

No produto escalar, a ordem do produto não importa, ou seja,

$$\vec{A} \cdot \vec{B} = \vec{B} \cdot \vec{A} \tag{1.34}$$

Isso não é uma surpresa, pois o resultado do produto escalar é um número, em outras palavras, o produto escalar é comutativo. Já o produto vetorial não obedece à propriedade comutativa, ou seja,

$$\vec{A} \times \vec{B} \neq \vec{B} \times \vec{A} \tag{1.35}$$

É fácil mostrar e por isso deixaremos como como exercício mostrar que,

$$\vec{A} \times \vec{B} = -\vec{B} \times \vec{A} \tag{1.36}$$

1.1.8 Identidades vetoriais

Nesta seção serão listadas algumas relações entre vetores que possam ser úteis (Tab.1.1). Algumas delas serão demonstradas, enquanto outras deixaremos como exercícios.

$$\vec{A}\cdot(\vec{B}+\vec{C}) = \vec{A}\cdot\vec{B}+\vec{A}\cdot\vec{C} \quad (1.37)$$

$$\vec{A}\cdot(a\vec{B}) = a\vec{A}\cdot\vec{B} \quad \text{onde } a \text{ é um escalar} \quad (1.38)$$

$$\vec{A}\times(\vec{B}+\vec{C}) = \vec{A}\times\vec{B}+\vec{A}\times\vec{C} \quad (1.39)$$

$$(\vec{A}+\vec{B})\times\vec{C} = \vec{A}\times\vec{C}+\vec{B}\times\vec{C} \quad (1.40)$$

$$\vec{A}\times a\vec{B} = a\vec{A}\times\vec{B} \quad \text{onde } a \text{ é um escalar} \quad (1.41)$$

$$\vec{A}\cdot(\vec{A}\times\vec{B}) = 0 \quad (1.42)$$

$$\vec{A}\cdot\vec{B}\times\vec{C} = \vec{B}\cdot\vec{C}\times\vec{A} = \vec{C}\cdot\vec{A}\times\vec{B} \quad (1.43)$$

$$\vec{A}\times(\vec{B}\times\vec{C}) = \vec{B}(\vec{A}\cdot\vec{C}) - \vec{C}(\vec{A}\cdot\vec{B}) \quad (1.44)$$

Tabela 1.1: Identidades vetoriais.

Exercício Resolvido 1.1.1

Demonstre que

$$\vec{A}\cdot(\vec{B}+\vec{C}) = \vec{A}\cdot\vec{B}+\vec{A}\cdot\vec{C}$$

SOLUÇÃO: *Definindo um vetor $\vec{D}$ como*

$$\vec{D} = \vec{B}+\vec{C} = (B_x + C_x)\hat{i} + (B_y + C_y)\hat{j} + (B_z + C_z)\hat{k}$$

temos que

$$\vec{A}\cdot\vec{D} = A_xD_x + A_yD_y + A_zD_z$$
$$\vec{A}\cdot\vec{D} = A_x(B_x + C_x) + A_y(B_y + C_y) + A_z(B_z + C_z)$$

Lembrando que os componentes são escalares, a relação acima pode ser escrita como

$$\vec{A}\cdot\vec{D} = A_xB_x + A_xC_x + A_yB_y + A_yC_y + A_zB_z + A_zC_z$$

A partir da relação anterior, fica fácil identificar que

$$\vec{A}\cdot\vec{D} = A_xB_x + A_yB_y + A_zB_z + A_xC_x + A_yC_y + A_zC_z$$
$$\vec{A}\cdot(\vec{B}+\vec{C}) = \vec{A}\cdot\vec{B}+\vec{A}\cdot\vec{C}$$

■

Exercício Resolvido 1.1.2

Demonstre que

$$\vec{A}\times(\vec{B}+\vec{C}) = \vec{A}\times\vec{B}+\vec{A}\times\vec{C}$$

SOLUÇÃO: *Definindo um $\vec{D}$ como*

$$\vec{D} = \vec{B} + \vec{C}$$
$$\vec{D} = (B_x + C_x)\hat{i} + (B_y + C_y)\hat{j} + (B_z + C_z)\hat{k}$$

temos:

$$\vec{A} \times \vec{D} = (A_y D_z - A_z D_y)\hat{i} + (A_x D_z - A_z D_x)\hat{j} + (A_x D_y - A_y D_x)\hat{k}$$
$$\vec{A} \times \vec{D} = [A_y(B_z + C_z) - A_z(B_y + C_y)]\hat{i} + [A_x(B_z + C_z) - A_z(B_x + C_x)]\hat{j}$$
$$+[A_x(B_y + C_y) - A_y(B_x + C_x)]\hat{k}$$

Rearranjando os termos conseguimos

$$\vec{A} \times \vec{D} = [(A_y B_z - A_z B_y) + (A_y C_z - A_z C_y)]\hat{i} + [(A_x B_z - A_z B_x) + (A_x C_z - A_z C_x)]\hat{j}$$
$$+[(A_x B_y - A_y B_x) + (A_x C_y - A_y C_x)]\hat{k}$$
$$\vec{A} \times \vec{D} = (A_y B_z - A_z B_y)\hat{i} + (A_x B_z - A_z B_x)\hat{j} + (A_x B_y - A_y B_x)\hat{k} + (A_y C_z - A_z C_y)\hat{i}$$
$$+(A_x C_z - A_z C_x)\hat{j} + (A_x C_y - A_y C_x)\hat{k}$$

Com a Eq. (1.32), temos

$$\vec{A} \times (\vec{B} + \vec{C}) = \vec{A} \times \vec{B} + \vec{A} \times \vec{C}$$

■

Exercício Resolvido 1.1.3

Demonstre que

$$\vec{A} \cdot \vec{B} \times \vec{C} = \vec{B} \cdot \vec{C} \times \vec{A}$$

SOLUÇÃO: *Definindo um vetor $\vec{D}$ como*

$$\vec{D} = \vec{B} \times \vec{C}$$
$$\vec{D} = (B_y C_z - B_z C_y)\hat{i} + (B_x C_z - B_z C_x)\hat{j} + (B_x C_y - B_y C_x)\hat{k}$$

temos

$$\vec{A} \cdot \vec{D} = A_x D_x + A_y D_y + A_z D_z$$
$$\vec{A} \cdot \vec{D} = A_x(B_y C_z - B_z C_y) + A_y(B_x C_z - B_z C_x) + A_z(B_x C_y - B_y C_x)$$

Fazendo as multiplicações e rearranjando os termos, obtemos

$$\vec{A} \cdot \vec{D} = B_x(C_y A_z - C_z A_y) + B_y(C_z A_x - C_x A_z) + B_z(C_x A_y - C_y A_x)$$

É fácil perceber que

$$(\vec{C}\times\vec{A})_x = C_yA_z - C_zA_y \qquad (\vec{C}\times\vec{A})_y = C_zA_x - C_xA_z \qquad (\vec{C}\times\vec{A})_z = C_xA_y - C_yA_x$$

Então

$$\vec{A}\cdot\vec{D} = B_x(\vec{C}\times\vec{A})_x + B_y(\vec{C}\times\vec{A})_y + B_z(\vec{C}\times\vec{A})_z$$

logo, temos finalmente

$$\vec{A}\cdot\vec{B}\times\vec{C} = \vec{B}\cdot\vec{C}\times\vec{A}$$

■

1.2 Sistemas de coordenadas

Em muitas situações que envolvem a solução de problemas e a formulação de conceitos físicos, é importante fazer uso de um sistema de coordenadas adequado a simetria do problema. Nesta seção são descritas os três sistemas de coordenadas: o sistema de coordenadas cartesianas, o de coordenadas cilíndricas e o de coordenadas esféricas.

1.2.1 Coordenadas cartesianas

Em um sistema de coordenadas cartesianas, um ponto $P(x,y,z)$ é localizado pela intersecção de três planos perpendiculares entre si, com as coordenadas x, y e z constantes, como mostrado na Fig. 1.15.

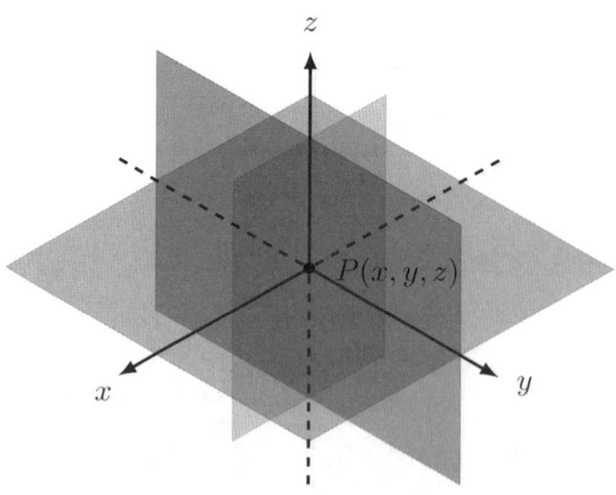

Figura 1.15: *Sistema de coordenadas cartesianas.*

Nesse sistema, o comprimento diferencial $d\vec{\ell}$, o elemento de área e o de volume são dados por:

$$d\vec{\ell} = dx\hat{i} + dy\hat{j} + dz\hat{k} \tag{1.45}$$

$$dA_z = dxdy \tag{1.46}$$

$$dA_y = dxdz \tag{1.47}$$

$$dA_x = dydz \tag{1.48}$$

$$dv = dxdydz \tag{1.49}$$

Na Fig. 1.16, mostramos os respectivos elementos de áreas dados pelas Eq. (1.46-1.48) e o elemento de volume dv. Os elementos das Eq. (1.46-1.48) representam as projeções do elemento de volume dv nos planos xy, xz e yz, respectivamente.

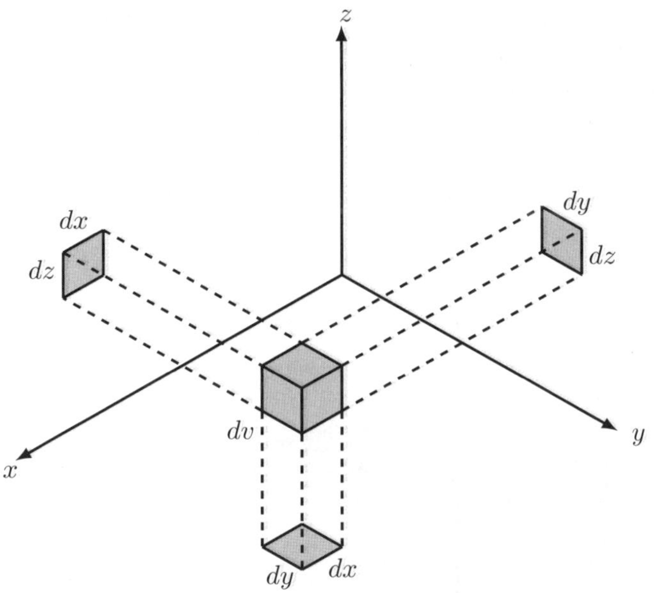

Figura 1.16: *Elementos de volume e de área em um sistema de coordenadas cartesianas.*

Exercício Resolvido 1.2.1

Considere um cubo de lado ℓ, cuja densidade volumétrica varia com a coordenada x da seguinte forma: $\rho = \alpha x$, onde α é uma constante. Determine a massa desse cubo.

SOLUÇÃO: *Como a densidade varia com a coordenada x, podemos determinar a massa do cubo da seguinte maneira:*

$$m = \int_V \rho dv$$

$$m = \int_0^\ell \int_0^\ell \int_0^\ell \alpha x dx dy dz$$

Ao resolver as integrais, encontramos que

$$m = \frac{\alpha \ell^4}{2}$$

■

1.2.2 Coordenadas cilíndricas

Em um sistema de coordenadas cilíndricas circulares, as coordenadas de localização de um ponto são (ρ,ϕ,z), onde ρ é a distância perpendicular ao eixo z, ϕ é o ângulo entre o eixo x e o semiplano que passa pelo eixo z e z é um plano paralelo ao plano xy. Na Fig. 1.17, mostramos cada uma das coordenadas. Os limites para ρ, ϕ e z são:

$$0 \leq \rho < \infty \qquad 0 \leq \phi \leq 2\pi \qquad -\infty < z < \infty \tag{1.50}$$

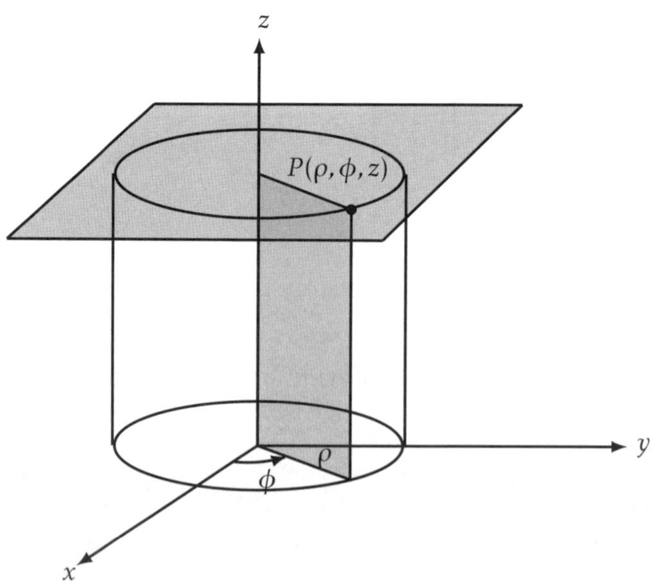

Figura 1.17: *Sistema de coordenadas cilíndricas.*

É fácil perceber pela Fig. 1.17 que as relações de transformação de coordenadas cartesianas para as coordenadas cilíndricas são dadas por

$$x = \rho \cos \phi \qquad y = \rho \sin \phi \qquad z = z \tag{1.51}$$

O vetor posição $\vec{r}$ e o vetor deslocamento diferencial $d\vec{\ell}$ em coordenadas cilíndricas são dados por

$$\vec{r} = \rho \hat{\rho} + z\hat{z} \tag{1.52}$$

$$d\vec{\ell} = \hat{\rho} d\rho + \rho d\phi \hat{\phi} + dz\hat{z} \tag{1.53}$$

onde os vetores unitários $\hat{\rho}$, $\hat{\phi}$ e $\hat{z}$ estão representados na Fig. 1.18.

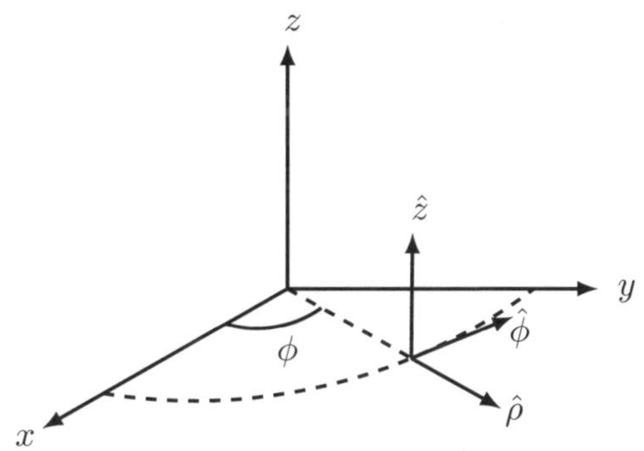

Figura 1.18: *Vetores unitários no sistema de coordenadas cilíndricas.*

Já na Fig. 1.19 mostramos o elemento de volume dv e a projeção deste no plano xy (área), dados respectivamente por

$$dv = \rho d\rho d\phi dz \tag{1.54}$$

$$dA = \rho d\rho d\phi \tag{1.55}$$

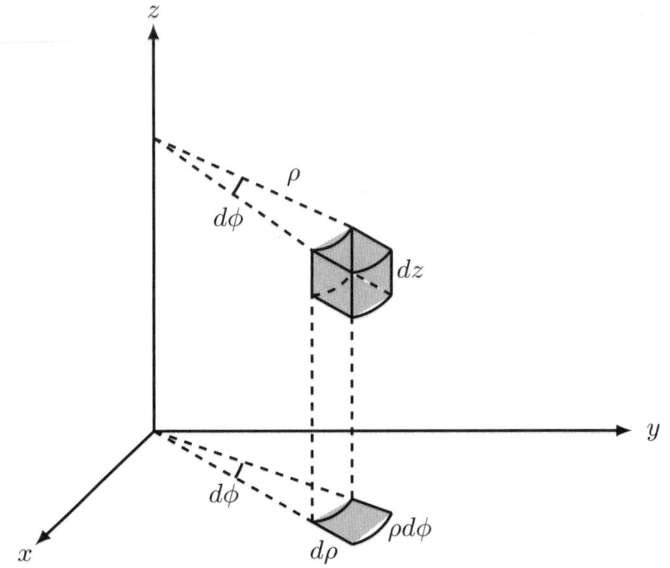

Figura 1.19: *Elementos de volume e de área em um sistema de coordenadas cilíndricas.*

Exercício Resolvido 1.2.2

Considere $f(x,y,z) = \sqrt{x^2+y^2+z^2}$ e calcule

$$\int_V f(x,y,z)dv$$

onde V é um cilindro definido por $x^2+y^2 \leq 1$ e $0 \leq z \leq 1$.

SOLUÇÃO: *Primeiro, vamos escrever a integral em coordenadas cilíndricas, substituindo*

$$x = \rho\cos\phi \qquad y = \rho\sin\phi \qquad z = z$$

em $\int_V f(x,y,z)dv$ *para conseguir*

$$\iiint_V \sqrt{x^2+y^2+z^2}dv = \iiint_V \sqrt{\rho^2+z^2}\rho d\rho d\phi dz$$

com os seguintes limites: $0 \leq \rho \leq 1, 0 \leq \phi \leq 2\pi$ *e* $0 \leq z \leq 1$. *Resolvendo as integrais em* ϕ *e* ρ, *que são imediatas, temos*

$$\int_0^1\int_0^{2\pi}\int_0^1 \sqrt{\rho^2+z^2}\rho d\rho d\phi dz = \frac{2\pi}{3}\left[\int_0^1 (1+z^2)^{3/2}dz - \int_0^1 z^3 dz\right]$$

A segunda integral acima é imediata, mas a primeira pode ser resolvida por substituição trigonométrica. Dessa forma, temos

$$\int_0^1 z^3 dz = \frac{1}{4}$$

$$\int_0^1 (1+z^2)^{3/2} dz = \left[\frac{3}{8}\ln\left(\sqrt{z^2+1}+z\right)+\left(\frac{z^3}{4}+\frac{5z}{8}\right)\sqrt{z^2+1}\right]_0^1 = \frac{7}{4\sqrt{2}}+\frac{3}{8}\ln\left(\sqrt{2}+1\right)$$

Dos resultados acima, obtemos finalmente que

$$\iiint_V \sqrt{x^2+y^2+z^2}\,dv = \frac{\pi}{12}\left[7\sqrt{2}+3\ln(1+\sqrt{2})-2\right]$$

■

1.2.3 Coordenadas esféricas

As coordenadas esféricas (r,θ,ϕ) são definidas como mostra a Fig. 1.20, onde r é o raio de uma esfera centrado na origem e θ é o ângulo polar, ou seja, o ângulo entre o eixo z e o vetor $\vec{r}$. Já a coordenada azimutal ϕ é definida como o ângulo entre a projeção do vetor $\vec{r}$ no plano xy e o eixo x. Os limites para r, θ e ϕ são

$$0 \leq r < \infty \qquad 0 \leq \theta \leq \pi \qquad 0 \leq \phi \leq 2\pi \tag{1.56}$$

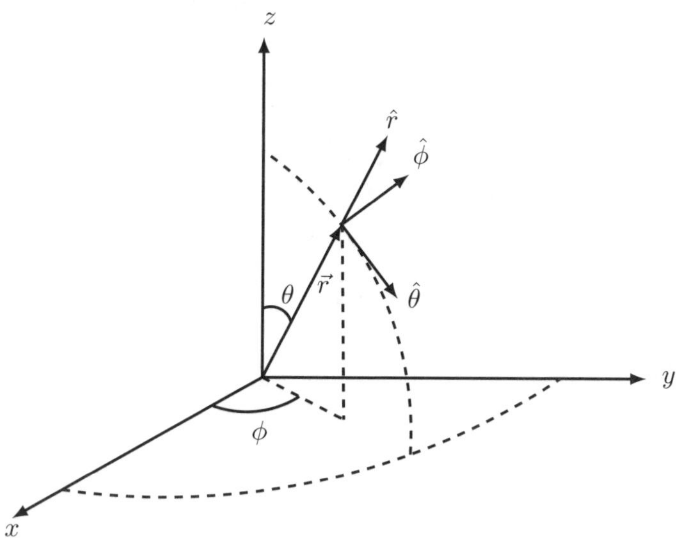

Figura 1.20: *Sistema de coordenadas esféricas.*

Analisando a Fig. 1.20, podemos facilmente encontrar as equações correspondentes de transformação das coordenadas cartesianas em esféricas, ou seja:

$$x = r\sin\theta\cos\phi \tag{1.57}$$

$$y = r\sin\theta\sin\phi \tag{1.58}$$

$$z = r\cos\theta \tag{1.59}$$

No sistema de coordenadas esféricas, o vetor posição é dado por

$$\vec{r} = r\sin\theta\cos\phi\hat{i} + r\sin\theta\sin\phi\hat{j} + r\cos\theta\hat{k} \tag{1.60}$$

com

$$\hat{i} = \sin\theta\cos\phi\hat{r} + \cos\theta\cos\phi\hat{\theta} - \sin\phi\hat{\phi} \tag{1.61}$$

$$\hat{j} = \sin\theta\sin\phi\hat{r} + \cos\theta\sin\phi\hat{\theta} + \cos\phi\hat{\phi} \tag{1.62}$$

$$\hat{k} = \cos\theta\hat{r} - \sin\theta\hat{\theta} \tag{1.63}$$

Já o elemento de comprimento é dado da seguinte forma:

$$d\vec{\ell} = dr\hat{r} + rd\theta\hat{\theta} + r\sin\theta d\phi\hat{\phi} \tag{1.64}$$

O elemento de área representado na Fig. 1.21 pela região hachurada e o elemento de volume são guais a

$$dA = r^2\sin\theta d\theta d\phi \tag{1.65}$$

$$dv = r^2\sin\theta dr d\theta d\phi \tag{1.66}$$

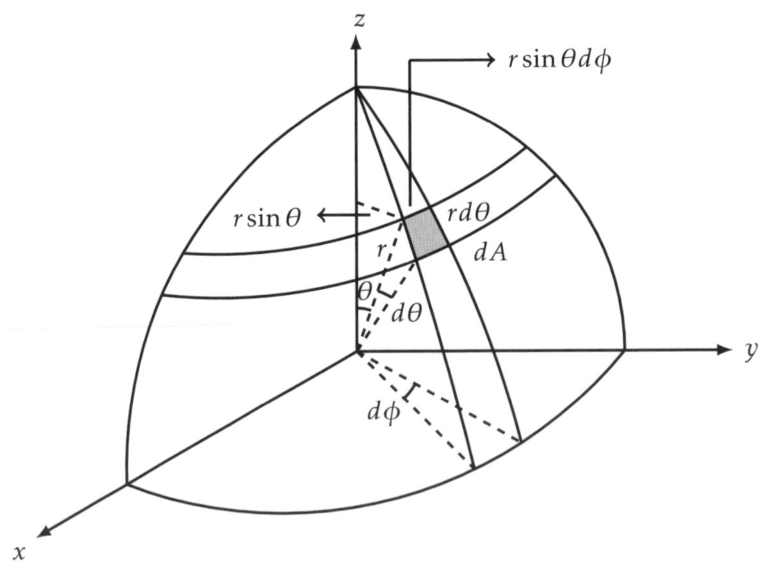

Figura 1.21: *Elemento de área em um sistema de coordenadas esféricas.*

Exercício Resolvido 1.2.3

Encontre o valor de

$$\int_V z dv$$

onde V é o volume definido por $1 \leq x^2 + y^2 + z^2 \leq 4$ e $z \geq 0$.

SOLUÇÃO: *Primeiro vamos transformar a integral em coordenadas esféricas, substituindo*

$$x = r \sin\theta \cos\phi \qquad y = \rho \sin\theta \sin\phi \qquad z = r \sin\theta$$

em $\int_V z dv$*, para assim obter*

$$\iiint_V z dv = \iiint_V r \sin\theta r^2 \sin\theta dr d\theta d\phi$$

com os seguintes limites: $1 \leq r \leq 2, 0 \leq \theta \leq \pi/2$ e $0 \leq \phi \leq 2\pi$. *Resolvendo as integrais, temos que*

$$\int_1^2 \int_0^{\pi/2} \int_0^{2\pi} r \sin\theta r^2 \sin\theta dr d\theta d\phi = \frac{15\pi}{4}$$

Logo,

$$\iiint_V z dv = \frac{15\pi}{4}$$

■

1.3 Funções vetoriais

1.3.1 Derivadas de funções vetoriais

Um vetor $\vec{F}$ em coordenadas cartesianas, por exemplo, pode ser função de uma grandeza escalar t e ser escrito da seguinte forma:

$$\vec{F} = \vec{F}(t) \tag{1.67}$$

$$\vec{F} = F_x(t)\hat{i} + F_y(t)\hat{j} + F_z(t)\hat{k} \tag{1.68}$$

onde $F_x(t), F_y(t)$ e $F_z(t)$ são as componentes do vetor $\vec{F}(t)$. É importante salientar que a função $\vec{F}$ pode ser representada em qualquer sistema de coordenadas. A derivada da função $\vec{F}$ é determinada da seguinte forma:

$$\frac{d\vec{F}}{dt} = \lim_{\Delta t \to 0} \frac{\vec{F}(t + \Delta t) - \vec{F}(t)}{\Delta t} \tag{1.69}$$

Considerando $\vec{F}$ como demonstrada na Eq. (1.68) e substituindo na Eq. (1.69), temos

$$\frac{d\vec{F}}{dt} = \lim_{\Delta t \to 0} \frac{F_x(t+\Delta t) - F_x(t)}{\Delta t}\hat{i} + \lim_{\Delta t \to 0} \frac{F_y(t+\Delta t) - F_y(t)}{\Delta t}\hat{j} + \lim_{\Delta t \to 0} \frac{F_z(t+\Delta t) - F_z(t)}{\Delta t}\hat{k} \quad (1.70)$$

É fácil perceber que a derivada de uma função vetorial é dada por

$$\frac{d\vec{F}}{dt} = \frac{dF_x(t)}{dt}\hat{i} + \frac{dF_y(t)}{dt}\hat{j} + \frac{dF_z(t)}{dt}\hat{k} \quad (1.71)$$

Usando o mesmo procedimento, é fácil demonstrar as propriedades de diferenciação para funções vetoriais mostradas na Tab.1.2, portanto deixaremos como exercícios.

Propriedades de diferenciação de funções vetoriais

$$\frac{d}{dt}(\vec{F} + \vec{G}) = \frac{d\vec{F}}{dt} + \frac{d\vec{G}}{dt} \quad (1.72)$$

$$\frac{d}{dt}(f\vec{F}) = \frac{df}{dt}\vec{F} + f\frac{d\vec{F}}{dt} \quad (1.73)$$

$$\frac{d}{dt}(\vec{F} \cdot \vec{G}) = \frac{d\vec{F}}{dt} \cdot \vec{G} + \vec{F} \cdot \frac{d\vec{G}}{dt} \quad (1.74)$$

$$\frac{d}{dt}(\vec{F} \times \vec{G}) = \frac{d\vec{F}}{dt} \times \vec{G} + \vec{F} \times \frac{d\vec{G}}{dt} \quad (1.75)$$

Tabela 1.2: Propriedades da diferenciação de funções vetoriais.

É importante perceber que as regras de diferenciação de funções vetoriais obedecem às mesmas regras de diferenciação do cálculo diferencial tratado de forma ordinária. Um ponto relevante é a regra dada pela Eq. (1.75), em que produto vetorial não é comutativo, portanto a ordem da diferenciação tem um papel substancial.

1.3.2 Integrais de funções vetoriais

1.3.2.1 Integral de linha

Consideremos a Fig. 1.22, onde a curva C no plano xy une os pontos A e B. Sejam as funções $P(x,y)$ e $Q(x,y)$ contínuas em todos os pontos da curva C.

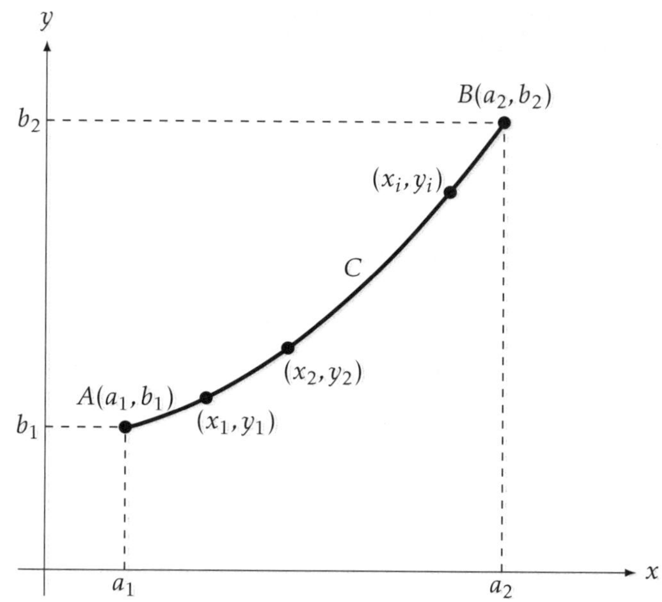

Figura 1.22: *Curva C no plano xy.*

Podemos ainda dividir a curva C em n partes, de maneira a escolher os pontos $(x_1, y_1), (x_2, y_2), \cdots, (x_{n-1}, y_{n-1})$. A partir disso, podemos formar a seguinte soma:

$$S = \sum_{i=1}^{n} \{P(x_i, y_i)\Delta x_i + Q(x_i, y_i)\Delta y_i\} \tag{1.76}$$

sendo $\Delta x_i = (x_i - x_{i-1})$ e $\Delta y_i = (y_i - y_{i-1})$, com $i = 1, 2...n$. Dividindo a curva, de modo que $n \to \infty$, ou seja, que Δx_i e Δy_i tendem a zero, e considerando que o limite da soma S exista, chamamos S de integral de linha ao longo do caminho C e representamos por

$$\int_C P(x, y)dx + Q(x, y)dy \tag{1.77}$$

O resultado dado pela Eq. (1.76) pode ser estendido a três dimensões, e, nesse caso, temos a seguinte representação:

$$\int_C \vec{f} \cdot d\vec{\ell} \tag{1.78}$$

com $\vec{f}$=$P(x, y, z)\hat{i} + Q(x, y, z)\hat{j} + H(x, y, z)\hat{k}$ e $d\vec{\ell} = dx\hat{i} + dy\hat{j} + dz\hat{k}$.

Exercício Resolvido 1.3.1

Se $\vec{f} = (2x - 3yz)\hat{\imath} + (2y + 5xz)\hat{\jmath} + (1 - xyz)\hat{k}$, calcule

$$\int_C \vec{f} \cdot d\vec{\ell}$$

do ponto $a(0,0,0)$ ao $b(1,1,1)$ ao longo do caminho C, definido por:
a) $x = t, y = t^2, z = t^3$.
b) Segmento de reta passando pelos pontos a e b.

SOLUÇÃO:

a)

$$\int_C \vec{f} \cdot d\vec{\ell} = \int [(2x - 3yz)\hat{\imath} + (2y + 5xz)\hat{\jmath} + (1 - xyz)\hat{k}] \cdot (dx\hat{\imath} + dy\hat{\jmath} + dz\hat{k})$$

Como o caminho é definido por $x = t, y = t^2$ e $z = t^3$, temos que

$$\int_C \vec{f} \cdot d\vec{\ell} = \int_0^1 (2t - 3t^5)dt + (2t^2 + 5t^4)2tdt + (1 - t^6)3t^3dt$$

Resolvendo a integral do lado direito, obtemos

$$\int_C \vec{f} \cdot d\vec{\ell} = \frac{23}{6}.$$

■

b)

$$\int_C \vec{f} \cdot d\vec{\ell} = \int [(2x - 3yz)\hat{\imath} + (2y + 5xz)\hat{\jmath} + (1 - xyz)\hat{k}] \cdot (dx\hat{\imath} + dy\hat{\jmath} + dz\hat{k})$$

Como o caminho é definido pela reta r que passa pelos pontos $a(0,0,0)$ e $b(1,1,1)$, a equação paramétrica da reta é dada por

$$r: \begin{cases} x = t, \\ y = t, \\ z = t. \end{cases}$$

Com isso, temos

$$\int_C \vec{f} \cdot d\vec{\ell} = \int_0^1 (2t - 3t^2)dt + (2t + 5t^2)dt + (1 - t^3)dt$$

que, resolvendo a integral do lado direito, obtemos

$$\int_C \vec{f} \cdot d\vec{\ell} = \frac{41}{12}$$

■

1.3.2.2 Integral de superfície

Consideremos um determinado volume V, cuja superfície S é limitada por uma curva no espaço, como mostrado na Fig. 1.23, onde $\hat{n}$ é o vetor normal da superfície.

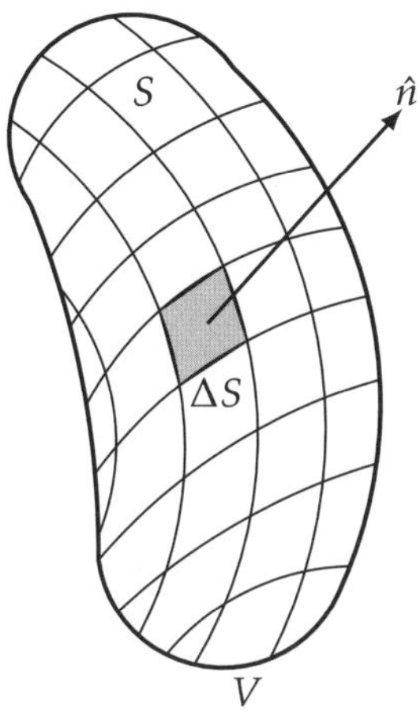

Figura 1.23: *Superfície S de um volume V.*

Suponhamos que cada ponto da superfície S seja definido pelo vetor

$$\vec{f} = P(x,y,z)\hat{i} + Q(x,y,z)\hat{j} + H(x,y,z)\hat{k} \tag{1.79}$$

e que as funções $P(x,y,z)$, $Q(x,y,z)$ e $H(x,y,z)$ sejam contínuas e uniformes nas coordenadas cartesianas x, y e z. Dividindo a superfície S em elementos de área ΔS e escolhendo um ponto ξ_i em cada uma das áreas elementares ΔS_i, podemos formar a seguinte soma:

$$\sum_{i=1} \vec{f}(\xi_i) \cdot \hat{n}(\xi_i)\Delta S_i \tag{1.80}$$

Com todos os elementos de área ΔS_i da Eq. (1.80) tendendo a zero e realizando a soma em toda a superfície S, temos o que chamamos de integral de superfície:

$$\lim_{\Delta S_i \to 0} \sum_{i=1} \vec{f}(\xi_i) \cdot \hat{n}(\xi_i)\Delta S_i = \int_S \vec{f} \cdot \hat{n} dS \tag{1.81}$$

Na física, podemos interpretar a integral de superfície dada pela Eq. (1.81) como sendo o fluxo do campo vetorial $\vec{f}$ que cruza determinada superfície S.

Exercício Resolvido 1.3.2

Encontre o fluxo do campo vetorial $\vec{f} = 2xy\hat{\imath}+y^2\hat{\jmath}+(x+3y)\hat{k}$ através da superfície S limitada por um retângulo no plano xy, cujos vértices são (0,0), (3,0), (3,2) e (0,2).

SOLUÇÃO: *Na Fig. 1.24, mostramos a região da superfície S, assim como o vetor normal $\hat{n}$.*

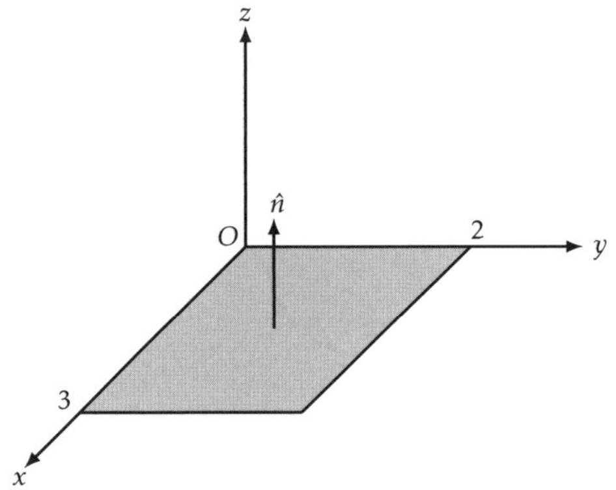

Figura 1.24: *Exercício resolvido 1.3.2.*

Pela figura, fica fácil perceber que o vetor normal é dado por $\hat{n} = \hat{k}$, e com isso temos

$$\int_S \vec{f}\cdot\hat{n}dS = \int_S [2xy\hat{\imath} + y^2\hat{\jmath} + (x+3y)\hat{k}]\cdot\hat{k}dS$$

$$\int_S \vec{f}\cdot\hat{n}dS = \int_0^3\int_0^2 (x+3y)dydx$$

Resolvendo as integrais, obtemos

$$\int_S \vec{f}\cdot\hat{n}dS = 27.$$

■

1.4 Operadores vetoriais

O mundo real é tridimensional, portanto muitos de seus fenômenos precisam ser descritos utilizando a álgebra vetorial. Alguns fenômenos são melhores descritos e entendidos se utilizarmos o que chamamos de operadores vetoriais, divididos em gradiente, divergente e rotacional. Há inúmeras situações em que se faz uso desses operadores. Na termodinâmica, utilizamos as isotermas para descrever regiões de temperatura constante.

Entretanto, para determinar o sentido da variação máxima da temperatura, usamos o gradiente. As equações de Maxwell (pilar do eletromagnetismo) são representadas na sua forma diferencial utilizando os três operadores vetoriais. Nas seções que seguem, são descritos os operadores vetoriais e algumas das suas propriedades.

1.4.1 Gradiente

Consideremos uma função $f(x,y,z)$ contínua, cujas derivadas existem em um domínio D. A derivada total de $f(x,y,z)$ é dada por

$$df = \frac{\partial f}{\partial x}dx + \frac{\partial f}{\partial y}dy + \frac{\partial f}{\partial z}dz. \tag{1.82}$$

A Eq. (1.82) pode ser escrita como um produto escalar da seguinte forma:

$$df = \left(\frac{\partial f}{\partial x}\hat{i} + \frac{\partial f}{\partial y}\hat{j} + \frac{\partial f}{\partial z}\hat{k}\right)\cdot(dx\hat{i} + dy\hat{j} + dz\hat{k}) \tag{1.83}$$

$$df = \nabla f \cdot d\vec{\ell} \tag{1.84}$$

onde

$$\nabla f = \frac{\partial f}{\partial x}\hat{i} + \frac{\partial f}{\partial y}\hat{j} + \frac{\partial f}{\partial z}\hat{k} \tag{1.85}$$

é o gradiente da função $f(x,y,z)$.

1.4.1.1 Interpretação geométrica do gradiente

Na Fig. 1.25, temos a representação da função $f(x,y,z) = \alpha$, onde α é uma constante. Da Eq. (1.84), temos que a variação de $f(x,y,z)$ ao longo de $d\vec{\ell}$, no sentido de A para B, é

$$df = \nabla f \cdot d\vec{\ell} = 0 \tag{1.86}$$

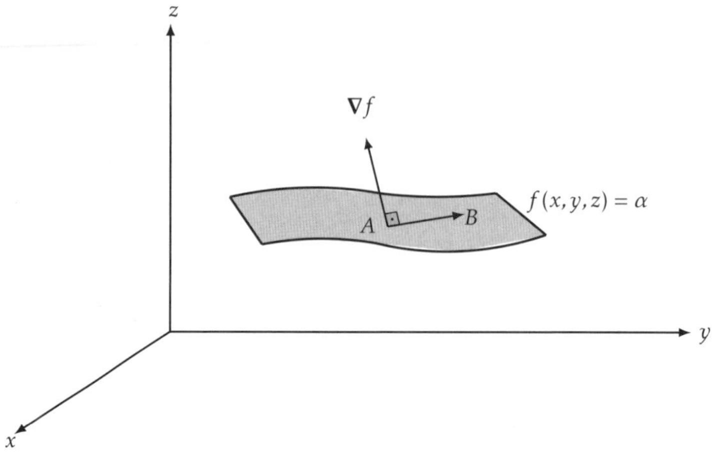

Figura 1.25: *Variação da função $f(x, y, z) = \alpha$, no sentido de A para B.*

Podemos notar pela Eq. (1.86) que o vetor ∇f é perpendicular ao vetor $d\vec{\ell}$, isso indica que o vetor ∇f é normal a superfície definida por $f(x, y, z)$. Consideremos agora a variação da função como mostrado na Fig. 1.26, no sentido de A para B. Nesse caso, temos

$$df = \alpha_2 - \alpha_1 = \Delta\alpha \tag{1.87}$$

$$\Delta\alpha = \nabla f \cdot d\vec{\ell} \tag{1.88}$$

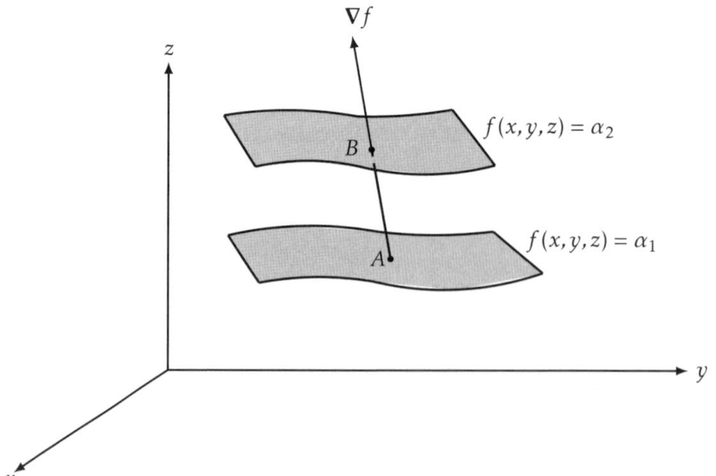

Figura 1.26: *Variação da função $f(x, y, z)$, no sentido de A para B, com $\alpha_2 > \alpha_1$.*

Para um dado valor de $d\vec{\ell}$, a variação de df é máxima quando escolhemos um $d\vec{\ell}$ paralelo ao vetor ∇f. Dessa forma, o vetor ∇f indica a direção da variação máxima da função $f(x,y,z)$.

1.4.1.2 Teorema do gradiente

O teorema do gradiente afirma que a integral de linha de um campo vetorial $\vec{F}$ dado por $\vec{F} = \nabla f$, onde $f(x,y,z)$ é uma função escalar, depende apenas da função f calculada nos extremos da curva C. Dessa forma, temos

$$\int_a^b \nabla f \cdot d\vec{\ell} = f(b) - f(a) \tag{1.89}$$

A partir do teorema do gradiente, representado pela Eq. (1.89), é imediato ver que

$$\int_a^b \nabla f \cdot d\vec{\ell} \qquad \text{independe do caminho escolhido para ir de } a \text{ até } b \tag{1.90}$$

e

$$\oint_C \nabla f \cdot d\vec{\ell} = 0 \tag{1.91}$$

Exercício Resolvido 1.4.1

Dado a função $f(x,y,z) = 3x^4y - 2y^2z^2$ e o ponto P(1,2,-1), determine a direção a partir do ponto P, em que a variação de f é máxima.

SOLUÇÃO: *A direção em que ocorre a variação máxima da função f é dada pelo vetor ∇f no ponto P, ou seja,*

$$\nabla f = \frac{\partial f}{\partial x}\hat{i} + \frac{\partial f}{\partial y}\hat{j} + \frac{\partial f}{\partial z}\hat{k}$$

$$\nabla f = 12x^3y\hat{i} + (3x^4 - 4yz^2)\hat{j} - 4y^2z\hat{k}$$

No ponto P, temos

$$\nabla f = 24\hat{i} - 5\hat{j} + 4\hat{k}$$

■

1.4.2 Divergente

O operador divergente de uma função vetorial $\vec{f}(x, y, z)$ é definido como

$$\nabla \cdot \vec{f} = \lim_{V \to 0} \frac{1}{V} \oint_S \vec{f} \cdot \hat{n} dS \tag{1.92}$$

Considere o elemento de volume em coordenadas cartesianas como mostrado na Fig. 1.27 e o ponto $P(x_0, y_0, z_0)$. Na figura, os vetores $\hat{n}_i$, com $i = 1, \cdots 6$, são os vetores normais a cada face do elemento de volume.

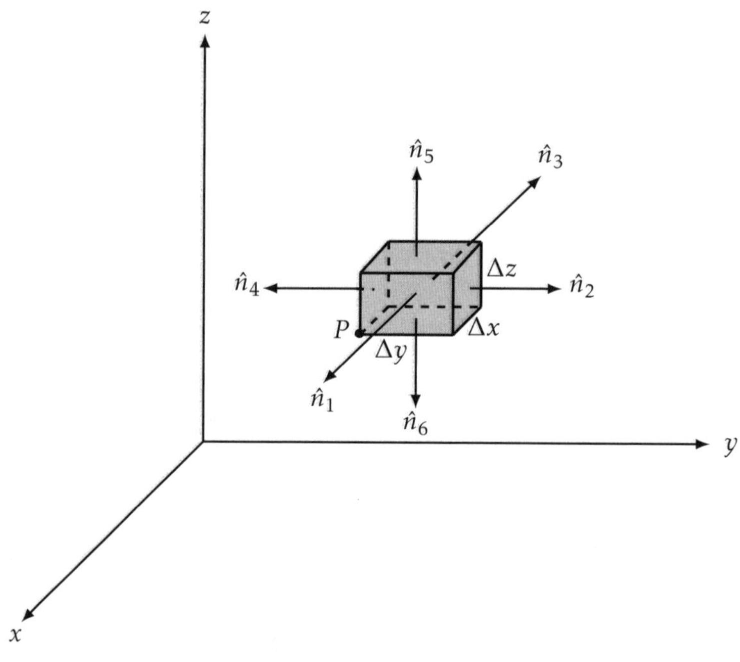

Figura 1.27: *Elemento de volume em coordenadas cartesianas e o ponto* $P(x_0, y_0, z_0)$.

Utilizando a Fig. 1.27, a integral de superfície dada pela Eq. (1.92) fica determinada da seguinte maneira:

$$\oint_S \vec{f} \cdot \hat{n} dS = \int \vec{f} \cdot \hat{n}_1 dA + \int \vec{f} \cdot \hat{n}_2 dA + \cdots + \int \vec{f} \cdot \hat{n}_6 dA \tag{1.93}$$

Considere que

$$\int \vec{f} \cdot \hat{n}_1 dA = f_x(x_0, y_0, z_0) \Delta y \Delta z \tag{1.94}$$

$$\int \vec{f} \cdot \hat{n}_2 dA = f_y(x_0, y_0 + \Delta y, z_0) \Delta x \Delta z \tag{1.95}$$

$$\int \vec{f} \cdot \hat{n}_3 dA = -f_x(x_0 - \Delta x, y_0, z_0)\Delta y \Delta z \tag{1.96}$$

$$\int \vec{f} \cdot \hat{n}_4 dA = -f_y(x_0, y_0, z_0)\Delta x \Delta z \tag{1.97}$$

$$\int \vec{f} \cdot \hat{n}_5 dA = f_z(x_0, y_0, z_0 + \Delta z)\Delta x \Delta y \tag{1.98}$$

$$\int \vec{f} \cdot \hat{n}_6 dA = -f_z(x_0, y_0, z_0)\Delta x \Delta y \tag{1.99}$$

onde f_x, f_y e f_z são os componentes da função vetorial $\vec{f}(x_0, y_0, z_0)$. Expandindo em série de Taylor (ver Apêndice C.2), os resultados das integrais dadas pelas Eq. (1.95 e 1.96) e Eq. (1.98), temos

$$f_x(x_0 - \Delta x, y_0, z_0) = f_x(x_0, y_0, z_0) - \frac{\partial f_x}{\partial x}\Delta x + \cdots \tag{1.100}$$

$$f_y(x_0, y_0 + \Delta y, z_0) = f_y(x_0, y_0, z_0) + \frac{\partial f_y}{\partial y}\Delta y + \cdots \tag{1.101}$$

$$f_z(x_0, y_0, z_0 + \Delta z) = f_z(x_0, y_0, z_0) + \frac{\partial f_z}{\partial z}\Delta z + \cdots \tag{1.102}$$

Ao substituir os resultados obtidos acima na Eq. (1.93), temos

$$\oint \vec{f} \cdot \hat{n} dS \approx \frac{\partial f_x}{\partial x}\Delta x \Delta y \Delta z + \frac{\partial f_y}{\partial y}\Delta x \Delta y \Delta z + \frac{\partial f_z}{\partial z}\Delta x \Delta y \Delta z \tag{1.103}$$

Utilizando agora a definição de divergente dada pela Eq. (1.92), temos

$$\nabla \cdot \vec{f} = \lim_{V \to 0} \frac{1}{V}\left(\frac{\partial f_x}{\partial x} + \frac{\partial f_y}{\partial y} + \frac{\partial f_z}{\partial z}\right)\Delta x \Delta y \Delta z \tag{1.104}$$

Finalmente, para resolver o limite, o divergente pode ser escrito da seguinte forma:

$$\nabla \cdot \vec{f} = \frac{\partial f_x}{\partial x} + \frac{\partial f_y}{\partial y} + \frac{\partial f_z}{\partial z} \tag{1.105}$$

1.4.2.1 Interpretação física do divergente

Consideremos o escoamento de um fluído que cruza uma determinada superfície que delimita duas regiões. O fluxo líquido da quantidade de fluído que atravessa a superfície está associado ao divergente. Na Fig. 1.28, temos a representação de campo vetorial, onde o divergente é positivo (a), negativo (b) e nulo (c). Divergente nulo significa que o fluxo líquido do campo vetorial é zero.

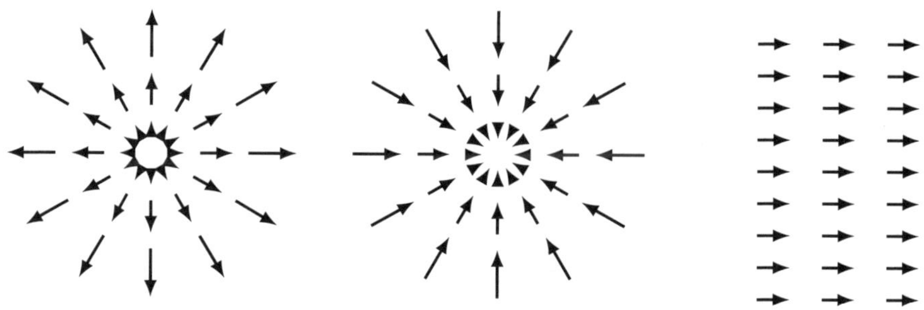

(a) (b) (c)

Figura 1.28: *Representação do divergente de uma função vetorial* $\vec{f}(x,y,z)$. *Em (a),* $\nabla \cdot \vec{f}(x,y,z) > 0$. *Em (b),* $\nabla \cdot \vec{f}(x,y,z) < 0$. *Já em (c),* $\nabla \cdot \vec{f}(x,y,z) = 0$.

1.4.2.2 Teorema do divergente

O teorema do divergente, também conhecido como o *Teorema de Gauss*, relaciona a integral de volume do divergente do campo vetorial com a integral de superfície da projeção do campo vetorial ao longo do vetor normal a superfície que encerra o volume, ou seja,

$$\int_V \nabla \cdot \vec{f} dv = \oint_S \vec{f} \cdot \hat{n} dS \tag{1.106}$$

Exercício Resolvido 1.4.2

Dado o campo vetorial $\vec{f}(x,y,z) = xz^2\hat{\imath} - 3y\hat{\jmath} + 2xy^2z$, determine $\nabla \cdot \vec{f}$.

SOLUÇÃO: *A partir da definição de divergente, temos*

$$\nabla \cdot \vec{f} = \frac{\partial f_x}{\partial x} + \frac{\partial f_y}{\partial y} + \frac{\partial f_z}{\partial z}$$

Identificando $f_x = xz^2$, $f_y = -3y$ e $f_z = 2xy^2z$ como os componentes cartesianos do campo vetorial $\vec{f}$, temos finalmente que

$$\nabla \cdot \vec{f} = -3 + 2xy^2 + z^2$$

■

Exercício Resolvido 1.4.3

Considere $\varphi(x,y,z)$ uma função escalar e $\vec{F}(x,y,z)$ um campo vetorial e mostre que

$$\nabla \cdot (\varphi\vec{F}) = (\nabla\varphi) \cdot \vec{F} + \varphi(\nabla \cdot \vec{F})$$

SOLUÇÃO: *A partir da definição de divergente, temos*

$$\nabla \cdot (\varphi\vec{F}) = \nabla \cdot (\varphi F_x\hat{i} + \varphi F_y\hat{j} + \varphi F_z\hat{k})$$

$$\nabla \cdot (\varphi\vec{F}) = \frac{\partial(\varphi F_x)}{\partial x} + \frac{\partial(\varphi F_y)}{\partial y} + \frac{\partial(\varphi F_z)}{\partial z}$$

Sabendo que φ e F são funções de (x,y,z) e aplicando as regras de derivação, obtemos

$$\nabla \cdot (\varphi\vec{F}) = \varphi\frac{\partial F_x}{\partial x} + F_x\frac{\partial\varphi}{\partial x} + \varphi\frac{\partial F_y}{\partial y} + F_y\frac{\partial\varphi}{\partial y} + \varphi\frac{\partial F_z}{\partial z} + F_z\frac{\partial\varphi}{\partial z}$$

E rearranjando os termos, obtemos

$$\nabla \cdot (\varphi\vec{F}) = F_x\frac{\partial\varphi}{\partial x} + F_y\frac{\partial\varphi}{\partial y} + F_z\frac{\partial\varphi}{\partial z} + \varphi\left(\frac{\partial F_x}{\partial x} + \frac{\partial F_y}{\partial y} + \frac{\partial F_z}{\partial z}\right)$$

Ao analisar a expressão acima, fica fácil perceber que o primeiro termo corresponde ao produto escalar entre o campo vetorial $\vec{F}$ e $\nabla\varphi$, enquanto o segundo termo é simplesmente o produto entre φ e $\nabla \cdot \vec{F}$, logo

$$\nabla \cdot (\varphi\vec{F}) = (\nabla\varphi) \cdot \vec{F} + \varphi(\nabla \cdot \vec{F})$$

■

Exercício Resolvido 1.4.4

Verifique o teorema da divergência para $\vec{f} = (2x - z)\hat{i} + x^2y\hat{j} - xz^2\hat{k}$ através da superfície de um cubo limitado por $x = 0$, $x = 1$, $y = 0$, $y = 1$, $z = 0$ e $z = 1$.

SOLUÇÃO: *Primeiro, vamos determinar o valor de* $\int_S \vec{f} \cdot dS$, *onde* S *é a superfície do cubo mostrado na Fig. 1.29.*

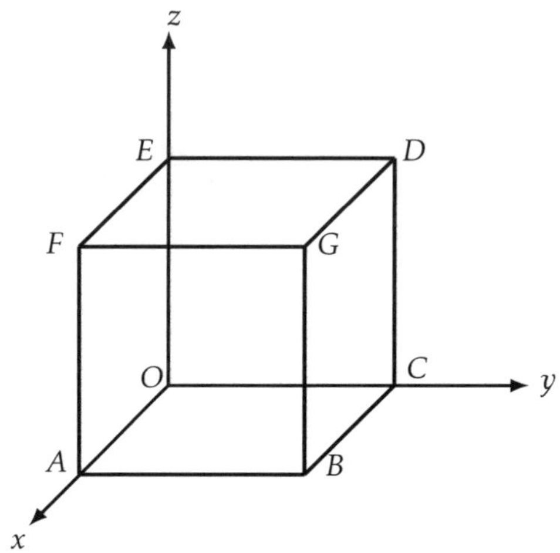

Figura 1.29: *Exercício resolvido 1.4.4.*

Para a face $ABGF$ $\hat{n} = \hat{i}$ *e* $x = 1$, *temos*

$$\int_S \vec{f} \cdot \hat{n} dS = \int_0^1 \int_0^1 [(2-z)\hat{i} + y\hat{j} - z^2\hat{k}] \cdot \hat{i} dy dz = \int_0^1 \int_0^1 (2-z) dy dz = \frac{3}{2}$$

Para a face $BCDG$ $\hat{n} = \hat{j}$ *e* $y = 1$,

$$\int_S \vec{f} \cdot \hat{n} dS = \int_0^1 \int_0^1 [(2-z)\hat{i} + x^2\hat{j} - xz^2\hat{k}] \cdot \hat{j} dx dz = \int_0^1 \int_0^1 x^2 dx dz = \frac{1}{3}$$

Para a face $CDEO$ $\hat{n} = -\hat{i}$ *e* $x = 0$,

$$\int_S \vec{f} \cdot \hat{n} dS = \int_0^1 \int_0^1 [(-z)\hat{i}] \cdot (-\hat{i}) dy dz = \int_0^1 \int_0^1 -(-z) dy dz = \frac{1}{2}$$

Para a face $OEFA$ $\hat{n} = -\hat{j}$ *e* $y = 0$,

$$\int_S \vec{f} \cdot \hat{n} dS = \int_0^1 \int_0^1 [(2x-z)\hat{i} - xz^2\hat{k}] \cdot (-\hat{j}) dx dz = 0$$

Para a face $FGDE$ $\hat{n} = \hat{k}$ *e* $z = 1$,

$$\int_S \vec{f} \cdot \hat{n} dS = \int_0^1 \int_0^1 [(2x-1)\hat{i} + x^2y\hat{j} - x\hat{k}] \cdot (\hat{k}) dx dy = \int_0^1 \int_0^1 -x dy dz = -\frac{1}{2}$$

E para a face $ABCO$ $\hat{n} = -\hat{k}$ e $z = 0$, temos

$$\int_S \vec{f} \cdot \hat{n} dS = \int_0^1 \int_0^1 [(2x)\hat{\imath} + x^2 y\hat{\jmath}] \cdot (-\hat{k}) dxdy = 0$$

Como

$$\int_S \vec{f} \cdot \hat{n} dS = \int_{ABGF} \vec{f} \cdot \hat{n} dS + \int_{BCDG} \vec{f} \cdot \hat{n} dS + \int_{CDEO} \vec{f} \cdot \hat{n} dS + \\ + \int_{OEFA} \vec{f} \cdot \hat{n} dS + \int_{FGDE} \vec{f} \cdot \hat{n} dS + \int_{ABCO} \vec{f} \cdot \hat{n} dS$$

temos que

$$\int_S \vec{f} \cdot \hat{n} dS = \frac{3}{2} + \frac{1}{3} + \frac{1}{2} + 0 - \frac{1}{2} + 0 = \frac{11}{6}$$

Agora, vamos determinar o valor de $\int_V \nabla \cdot \vec{f} dv$. Calculando o divergente do campo vetorial $\vec{f}$, temos

$$\nabla \cdot \vec{f} = 2 + x^2 - 2xz$$

Com isso, concluímos que

$$\int_V \nabla \cdot \vec{f} dv = \int_V (2 + x^2 - 2xz) dxdydz = \int_0^1 \int_0^1 \int_0^1 (2 + x^2 - 2xz) dxdydz = \frac{11}{6}$$

Dessa forma, mostramos que o teorema da divergência é verificado nesse caso. ∎

1.4.3 Rotacional

O rotacional de um campo vetorial $\vec{f}(x, y, z)$ é definido como

$$\nabla \times \vec{f} = \lim_{\Delta S \to 0} \frac{1}{\Delta S} \oint \vec{f} \cdot d\vec{\ell} \tag{1.107}$$

Considerando o elemento de área mostrado na Fig. 1.30 e a componente x da Eq. (1.107), temos

$$(\nabla \times \vec{f})_x = \lim_{\Delta S_x \to 0} \frac{1}{\Delta S_x} \oint \vec{f} \cdot d\vec{\ell} \tag{1.108}$$

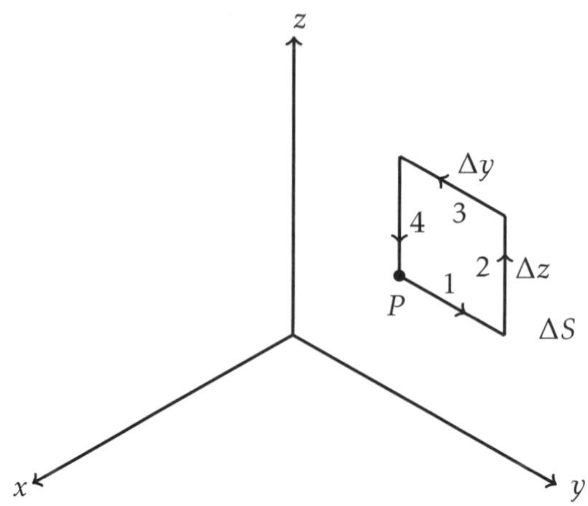

Figura 1.30: *Contorno de um elemento de área percorrido no sentido anti-horário partindo do ponto* $P(x_0, y_0, z_0)$.

Com auxílio da Fig. 1.30, o lado direito da Eq. (1.107) pode assim ser determinado da seguinte maneira:

$$\oint \vec{f} \cdot d\vec{\ell} = \int_{c1} \vec{f} \cdot d\vec{\ell}_1 + \int_{c2} \vec{f} \cdot d\vec{\ell}_2 + \int_{c3} \vec{f} \cdot d\vec{\ell}_3 + \int_{c4} \vec{f} \cdot d\vec{\ell}_4 \tag{1.109}$$

Considerando que

$$\int_{c1} \vec{f} \cdot d\vec{\ell}_1 = f_y(x_0, y_0, z_0)\Delta y \tag{1.110}$$

$$\int_{c2} \vec{f} \cdot d\vec{\ell}_2 = f_z(x_0, y_0, z_0)\Delta z \tag{1.111}$$

$$\int_{c3} \vec{f} \cdot d\vec{\ell}_3 = -f_y(x_0, y_0, z_0 + \Delta z)\Delta y \tag{1.112}$$

$$\int_{c4} \vec{f} \cdot d\vec{\ell}_4 = -f_z(x_0, y_0, z_0 + \Delta z)\Delta z \tag{1.113}$$

Dessa forma, podemos concluir que

$$\oint \vec{f} \cdot d\vec{\ell} = f_y(x_0, y_0, z_0)\Delta y + f_z(x_0, y_0, z_0)\Delta z - f_y(x_0, y_0, z_0 + \Delta z)\Delta y - \\ - f_z(x_0, y_0, z_0 + \Delta z)\Delta z \tag{1.114}$$

Expandindo o terceiro e o quarto termo da Eq. (1.114) em série de Taylor, temos que

$$f_y(x_0, y_0, z_0 + \Delta z) = f_y(x_0, y_0, z_0) + \frac{\partial f_y}{\partial z}\Delta z \tag{1.115}$$

$$f_z(x_0, y_0 + \Delta y, z_0) = f_z(x_0, y_0, z_0) + \frac{\partial f_z}{\partial y}\Delta y \tag{1.116}$$

e substituindo as equações acima na Eq. (1.114), conseguimos

$$\oint \vec{f} \cdot d\vec{\ell} = \left(\frac{\partial f_z}{\partial y} - \frac{\partial f_y}{\partial z}\right)\Delta y \Delta z \tag{1.117}$$

Logo, a Eq. (1.108) fica sendo

$$(\nabla \times \vec{f})_x = \lim_{\Delta_x \to 0} \frac{1}{\Delta S_x}\left(\frac{\partial f_z}{\partial y} - \frac{\partial f_y}{\partial z}\right)\Delta y \Delta z \tag{1.118}$$

Levando em conta que $\Delta S_x = \Delta y \Delta z$, finalmente a componente x do rotacional do campo vetorial $\vec{f}(x, y, z)$ é dada por

$$(\nabla \times \vec{f})_x = \left(\frac{\partial f_z}{\partial y} - \frac{\partial f_y}{\partial z}\right) \tag{1.119}$$

Ao utilizar o mesmo procedimento para as outras direções, pode-se demonstrar que o rotacional em coordenadas cartesianas é dado por

$$\nabla \times \vec{f} = \left(\frac{\partial f_z}{\partial y} - \frac{\partial f_y}{\partial z}\right)\hat{i} + \left(\frac{\partial f_x}{\partial z} - \frac{\partial f_z}{\partial x}\right)\hat{j} + \left(\frac{\partial f_y}{\partial x} - \frac{\partial f_x}{\partial y}\right)\hat{k} \tag{1.120}$$

É imediato perceber que a Eq. (1.120) pode ainda ser obtida resolvendo o determinante

$$\nabla \times \vec{f} = \begin{vmatrix} \hat{i} & \hat{j} & \hat{k} \\ \dfrac{\partial}{\partial x} & \dfrac{\partial}{\partial y} & \dfrac{\partial}{\partial z} \\ f_x & f_y & f_z \end{vmatrix} \tag{1.121}$$

Exercício Resolvido 1.4.5

Dado o campo vetorial $\vec{G}(x, y, z) = xz^2\hat{i} + yz\hat{j} + (2x - z)\hat{k}$, determine $\nabla \times \vec{G}$.

SOLUÇÃO: *A partir da definição de rotacional, temos*

$$\nabla\times\vec{G}=\begin{vmatrix}\hat{i} & \hat{j} & \hat{k}\\ \dfrac{\partial}{\partial x} & \dfrac{\partial}{\partial y} & \dfrac{\partial}{\partial z}\\ G_x & G_y & G_z\end{vmatrix}$$

$$\nabla\times\vec{G}=\left(\frac{\partial G_z}{\partial y}-\frac{\partial G_y}{\partial z}\right)\hat{i}+\left(\frac{\partial G_x}{\partial z}-\frac{\partial G_z}{\partial x}\right)\hat{j}+\left(\frac{\partial G_y}{\partial x}-\frac{\partial G_x}{\partial y}\right)\hat{k}$$

e identificando $G_x = xz^2$, $G_y = yz$ *e* $G_z = (2x - z)$ *como as componentes cartesianas do campo vetorial* $\vec{G}$, *temos*

$$\nabla\times\vec{G}=(0-y)\,\hat{i}+(2xz-2)\,\hat{j}+(0-0)\,\hat{k}$$

Finalmente, ao rearranjar os termos, concluímos que

$$\nabla\times\vec{G}=-y\hat{i}+2(xz-1)\hat{j}$$

■

Exercício Resolvido 1.4.6

Mostre que

$$\nabla\times(\vec{A}+\vec{B})=\nabla\times\vec{A}+\nabla\times\vec{B}$$

SOLUÇÃO: *Vamos assumir que os vetores* $\vec{A}$ *e* $\vec{B}$ *estão em coordendas cartesianas, ou seja,*

$$\vec{A}=A_x\hat{i}+A_y\hat{j}+A_z\hat{k}$$

$$\vec{B}=B_x\hat{i}+B_y\hat{j}+B_z\hat{k}$$

e que a soma desses vetores é dada por

$$\vec{A}+\vec{B}=(A_x+B_x)\hat{i}+(A_y+B_y)\hat{j}+(A_z+B_z)\hat{k}$$

O rotacional de um campo vetorial $\vec{f}$ *é determinado por*

$$\nabla\times\vec{f}=\left(\frac{\partial f_z}{\partial y}-\frac{\partial f_y}{\partial z}\right)\hat{i}+\left(\frac{\partial f_x}{\partial z}-\frac{\partial f_z}{\partial x}\right)\hat{j}+\left(\frac{\partial f_y}{\partial x}-\frac{\partial f_x}{\partial y}\right)\hat{k}$$

Vamos utilizar, por simplicidade, apenas a componente x *do* $\nabla\times\vec{f}$, *ou seja,*

$$(\nabla\times\vec{f})_x=\left(\frac{\partial f_z}{\partial y}-\frac{\partial f_y}{\partial z}\right)$$

Identificando que $f_y = A_y + B_y$ *e* $f_z = A_z + B_z$, *temos*

$$(\nabla \times \vec{f})_x = \left(\frac{\partial A_z}{\partial y} - \frac{\partial B_z}{\partial y}\right) - \left(\frac{\partial A_y}{\partial z} - \frac{\partial B_y}{\partial z}\right)$$

que, rearranjando os termos, conseguimos

$$(\nabla \times \vec{f})_x = \left(\frac{\partial A_z}{\partial y} - \frac{\partial A_y}{\partial z}\right) + \left(\frac{\partial B_z}{\partial y} - \frac{\partial B_y}{\partial z}\right)$$

É fácil perceber que o primeiro termo à direita é $(\nabla \times \vec{A})_x$ *e o segundo,* $(\nabla \times \vec{B})_x$. *Seguindo o mesmo procedimento, deixaremos como exercício encontrar que*

$$(\nabla \times \vec{f})_y = \left(\frac{\partial A_x}{\partial z} - \frac{\partial A_z}{\partial x}\right) + \left(\frac{\partial B_x}{\partial z} - \frac{\partial B_z}{\partial x}\right)$$

$$(\nabla \times \vec{f})_z = \left(\frac{\partial A_y}{\partial x} - \frac{\partial A_x}{\partial y}\right) + \left(\frac{\partial B_y}{\partial x} - \frac{\partial B_x}{\partial y}\right)$$

Assim, finalmente conseguimos

$$\nabla \times (\vec{A} + \vec{B}) = \nabla \times \vec{A} + \nabla \times \vec{B}$$

■

1.4.3.1 Interpretação física do rotacional

Uma função vetorial com rotacional diferente de zero possui vorticidade ou circulação. Na Fig. 1.31, há uma representação de dois campos vetoriais cujo rotacional é diferente de zero. Para entender melhor o significado do rotacional, considere o campo de velocidade da água quando se esvazia uma banheira. Nessa situação, o fluxo de água adquire em geral uma circulação.

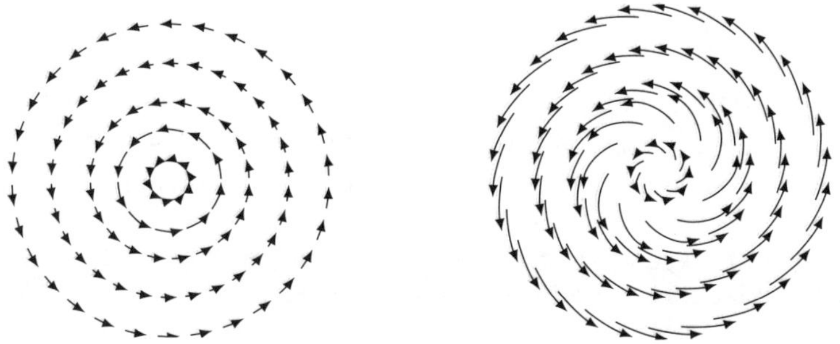

Figura 1.31: *Funções vetoriais com rotacionais diferentes de zero.*

1.4.3.2 Teorema de Stokes

A integral de linha de uma função vetorial segundo uma curva fechada C é igual à integral do componente, ao longo do vetor normal a superfície, do rotacional da função vetorial sobre a superfície limitada pela curva (ver Fig. 1.32), ou seja,

$$\int_S (\nabla \times \vec{f}) \cdot \hat{n} dS = \oint_C \vec{f} \cdot d\vec{\ell} \tag{1.122}$$

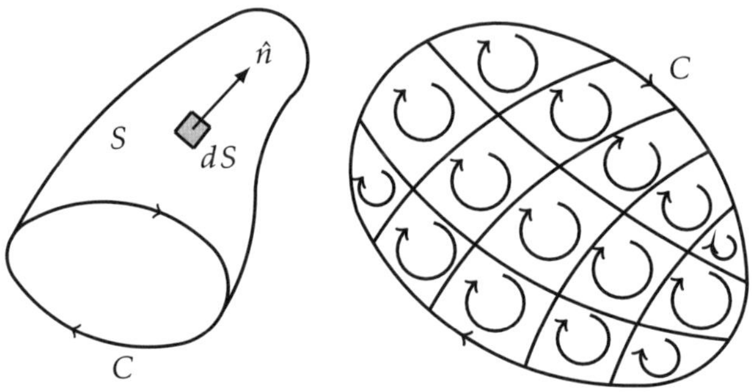

Figura 1.32: *Representação geométrica do teorema de Stokes.*

É interessante analisarmos o teorema Stokes a partir do caminho em que a integral à direita da Eq. (1.122) é calculada. Há dois casos do ponto de vista da física que são interessantes. O primeiro corresponde ao resultado da integral nulo, o que implica que a integral de linha da função $\vec{f}$ de um ponto a a outro b independente do caminho. Sendo assim, dizemos que o campo vetorial definido pela função$\vec{f}$ é conservativo. Podemos ainda dizer que um campo vetorial é dito conservativo se

$$\nabla \times \vec{f} = 0 \tag{1.123}$$

Uma consequência da Eq. (1.123) é a existência de uma função escalar U, que pode ser utilizada para determinar o campo vetorial $\vec{f}$. Sendo assim, o campo vetorial $\vec{f}$ pode ser encontrado da seguinte forma:

$$\vec{f} = \nabla U \tag{1.124}$$

O segundo caso é aquele em que o resultado da integral depende do caminho. Nessa condição, dizemos que o campo vetorial é não conservativo. A implicação física é o envolvimento das forças dissipativas, como a força de atrito, nos processos de troca de energia.

Exercício Resolvido 1.4.7

Verifique o teorema de Stokes para o campo vetorial $\vec{G}(x,y,z) = 2y\hat{i} + 3x\hat{j} - z^2\hat{k}$, onde S é a superfície da metade superior da esfera $x^2 + y^2 + z^2 = 9$.

SOLUÇÃO: *A partir do teorema de Stokes, temos*

$$\int_S (\nabla \times \vec{G}) \cdot \hat{n} dS = \oint_C \vec{G} \cdot d\vec{\ell}$$

Primeiramente, vamos determinar o valor de $\oint_C \vec{G} \cdot d\vec{\ell}$ *no contorno* C*, ou seja,*

$$\oint_C \vec{G} \cdot d\vec{\ell} = \oint_C (2y\hat{i} + 3x\hat{j} - z^2\hat{k}) \cdot (dx\hat{i} + dy\hat{j} + dz\hat{k})$$

$$\oint_C \vec{G} \cdot d\vec{\ell} = \oint_C (2ydx + 3xdy - z^2dz)$$

Como o contorno C *é um círculo de raio* $R = 3$ *localizado em* $z = 0$*, sua equação corresponde a* $x^2 + y^2 = 9$*. Utilizando coordenadas polares, temos que*

$$\oint_C \vec{G} \cdot d\vec{\ell} = -2\int_0^{2\pi} R\sin\theta R\sin\theta d\theta + 3\int_0^{2\pi} R\cos\theta R\cos\theta d\theta$$

$$\oint_C \vec{G} \cdot d\vec{\ell} = -2R^2\int_0^{2\pi} \sin^2\theta d\theta + 3R^2\int_0^{2\pi} \cos^2\theta d\theta$$

Resolvendo as integrais, temos

$$\oint_C \vec{G} \cdot d\vec{\ell} = 9\pi$$

Agora, vamos determinar o valor de $\int_S (\nabla \times \vec{G}) \cdot \hat{n} dS$*. Sabendo-se que*

$$\int_S (\nabla \times \vec{G}) \cdot \hat{n} dS = \int_S (\nabla \times \vec{G}) \cdot \hat{n} \frac{dxdy}{|\hat{n} \cdot \hat{k}|}$$

que

$$\nabla \times \vec{G} = \hat{k},$$

$$\hat{n} = \frac{x\hat{i} + y\hat{j} + z\hat{k}}{3},$$

e

$$|\hat{n} \cdot \hat{k}| = \frac{z}{3}$$

temos

$$\int_S (\nabla \times \vec{G}) \cdot \hat{n} dS = \int \hat{k} \cdot \left(\frac{x\hat{i} + y\hat{j} + z\hat{k}}{3}\right) \frac{dxdy}{|z/3|}$$

$$\int_S (\nabla \times \vec{G}) \cdot \hat{n} dS = \int dxdy = \pi R^2$$

Conhecendo que $R = 3$, concluímos que

$$\int_S (\nabla \times \vec{G}) \cdot \hat{n} dS = 9\pi$$

Com isso, mostramos que o o teorema de Stokes é verificado nesse caso. ■

1.4.4 Operador ∇

Como consequência das definições para o gradiente, divergente e rotacional discutidas nas secções anteriores, podemos definir um operador, chamado de operador *nabla* (∇) em coordenadas cartesianas, da seguinte forma:

$$\nabla \equiv \frac{\partial}{\partial x}\hat{i} + \frac{\partial}{\partial y}\hat{j} + \frac{\partial}{\partial z}\hat{k} \tag{1.125}$$

Fazendo uso do operador ∇ como definido pela Eq. (1.125), podemos determinar o divergente e o rotacional como o produto escalar e vetorial entre o operador ∇ com o campo vetorial $\vec{F}$ da seguinte maneira:

$$\nabla \cdot \vec{F} = \frac{\partial F_x}{\partial x} + \frac{\partial F_y}{\partial y} + \frac{\partial F_z}{\partial z} \tag{1.126}$$

$$\nabla \times \vec{F} = \begin{vmatrix} \hat{i} & \hat{j} & \hat{k} \\ \dfrac{\partial}{\partial x} & \dfrac{\partial}{\partial y} & \dfrac{\partial}{\partial z} \\ F_x & F_y & F_z \end{vmatrix} \tag{1.127}$$

Já o gradiente de uma função escalar G pode ser determinado simplesmente por atuação do operador ∇ na função escalar G. Assim,

$$\nabla G = \frac{\partial G}{\partial x}\hat{i} + \frac{\partial G}{\partial y}\hat{j} + \frac{\partial G}{\partial z}\hat{k} \tag{1.128}$$

Além das operações descritas anteriormente para o operador ∇, temos ainda a operação dupla do operador ∇, ou seja,

$$\nabla \cdot \nabla = \nabla^2 \tag{1.129}$$

onde o operador ∇^2 é conhecido como operador Laplaciano. Em coordenadas cartesianas, o Laplaciano é dado por

$$\nabla^2 G = \frac{\partial^2 G}{\partial x^2} + \frac{\partial^2 G}{\partial y^2} + \frac{\partial^2 G}{\partial z^2} \tag{1.130}$$

Exercício Resolvido 1.4.8

Verifique se a função $G(x,y,z) = \dfrac{C}{\sqrt{x^2+y^2+z^2}}$, com C sendo uma constante, satisfaz a equação $\nabla^2 G = 0$.

SOLUÇÃO: *Como a função $G(x,y,z)$ está em coordenadas cartesianas, o Laplaciano é dado por*

$$\nabla^2 G = \frac{\partial^2 G}{\partial x^2} + \frac{\partial^2 G}{\partial y^2} + \frac{\partial^2 G}{\partial z^2}$$

Como a função G depende explicitamente das coordenadas (x,y,z), realizando a primeira e a segunda derivada da função $G(x,y,z)$ que deixaremos como exercício, temos que

$$\frac{\partial^2 G}{\partial x^2} = \frac{2x^2 - y^2 - z^2}{(x^2+y^2+z^2)^{5/2}},$$

$$\frac{\partial^2 G}{\partial y^2} = \frac{-x^2 + 2y^2 - z^2}{(x^2+y^2+z^2)^{5/2}},$$

e

$$\frac{\partial^2 G}{\partial z^2} = \frac{-x^2 - y^2 + 2z^2}{(x^2+y^2+z^2)^{5/2}}$$

Com os resultados acima, é fácil perceber que a função $G(x,y,z)$ satisfaz a equação $\nabla^2 G = 0$. ■

Exercício Resolvido 1.4.9

Mostre que $\nabla \cdot (U\vec{A}) = (\nabla U) \cdot \vec{A} + U(\nabla \cdot \vec{A})$.

SOLUÇÃO: *Considerando que*

$$U\vec{A} = UA_x\hat{i} + UA_y\hat{j} + UA_z\hat{k}$$

é dado em coordenadas cartesianas, temos

$$\nabla \cdot (U\vec{A}) = \frac{\partial (UA_x)}{\partial x} + \frac{\partial (UA_y)}{\partial y} + \frac{\partial (UA_z)}{\partial z}$$

Realizando as devidas derivadas, conseguimos

$$\nabla \cdot (U\vec{A}) = U\frac{\partial A_x}{\partial x} + A_x\frac{\partial U}{\partial x} + U\frac{\partial A_y}{\partial y} + A_y\frac{\partial U}{\partial y} + U\frac{\partial A_z}{\partial z} + A_z\frac{\partial U}{\partial z}$$

Ao rearranjar os termos, a equação acima pode ainda ser escrita da seguinte maneira:

$$\nabla \cdot (U\vec{A}) = \left(\frac{\partial U}{\partial x}\hat{i} + \frac{\partial U}{\partial y}\hat{j} + \frac{\partial U}{\partial z}\hat{k}\right) \cdot \left(A_x\hat{i} + A_y\hat{j} + A_z\hat{k}\right) + U\left(\frac{\partial A_x}{\partial x} + \frac{\partial A_y}{\partial y} + \frac{\partial A_z}{\partial z}\right)$$

Se analisarmos o lado direito da equação acima, chegamos à conclusão de que

$$\nabla \cdot (U\vec{A}) = (\nabla U) \cdot \vec{A} + U(\nabla \cdot \vec{A})$$

■

As operações com o operador ∇ independem da escolha do sistema de coordenadas. O operador ∇ pode ser expresso em qualquer sistema de coordenada ortogonal. Nas tabelas 1.3 e 1.4, mostramos o gradiente, o divergente, o rotacional e o Laplaciano em coordenadas cilíndricas e esféricas.

Além disso, o operador ∇ também pode ser aplicado de forma diferente para várias funções, sejam elas escalares, sejam vetoriais. Nos capítulos que seguem, utilizaremos algumas dessas identidades, mostradas na tabela 1.5 abaixo.

Gradiente

$$\nabla G = \frac{\partial G}{\partial \rho}\hat{\rho} + \frac{1}{\rho}\frac{\partial G}{\partial \phi}\hat{\phi} + \frac{\partial G}{\partial z}\hat{k} \tag{1.131}$$

Divergente

$$\nabla \cdot \vec{F} = \frac{1}{\rho}\frac{\partial}{\partial \rho}\left(\rho F_\rho\right) + \frac{1}{\rho}\frac{\partial F_\phi}{\partial \phi} + \frac{\partial F_z}{\partial z} \tag{1.132}$$

Rotacional

$$\nabla \times \vec{F} = \left(\frac{1}{\rho}\frac{\partial F_z}{\partial \phi} - \frac{\partial F_\phi}{\partial z}\right)\hat{\rho} + \left(\frac{\partial F_\rho}{\partial z} - \frac{\partial F_z}{\partial \rho}\right)\hat{\phi} + \frac{1}{\rho}\left(\frac{\partial}{\partial \rho}(\rho F_\phi) - \frac{\partial F_\rho}{\partial \phi}\right)\hat{k} \tag{1.133}$$

Laplaciano

$$\nabla^2 G = \frac{1}{\rho}\frac{\partial}{\partial \rho}\left(\rho\frac{\partial G}{\partial \rho}\right) + \frac{1}{\rho^2}\frac{\partial^2 G}{\partial \phi^2} + \frac{\partial^2 G}{\partial z^2} \tag{1.134}$$

Tabela 1.3: Gradiente, divergente, rotacional e Laplaciano em coordenadas cilíndricas.

Gradiente

$$\nabla G = \frac{\partial G}{\partial r}\hat{r} + \frac{1}{r}\frac{\partial G}{\partial \theta}\hat{\theta} + \frac{1}{r\sin\theta}\frac{\partial G}{\partial \phi}\hat{\phi} \tag{1.135}$$

Divergente

$$\nabla \cdot \vec{F} = \frac{1}{r^2}\frac{\partial}{\partial r}(r^2 F_r) + \frac{1}{r\sin\theta}\frac{\partial}{\partial \theta}(F_\theta \sin\theta) + \frac{1}{r\sin\theta}\frac{\partial F_\phi}{\partial \phi} \tag{1.136}$$

Rotacional

$$\nabla \times \vec{F} = \frac{1}{r\sin\theta}\left[\frac{\partial}{\partial \theta}(F_\phi \sin\theta) - \frac{\partial F_\theta}{\partial \phi}\right]\hat{r} + \frac{1}{r}\left[\frac{1}{\sin\theta}\frac{\partial F_r}{\partial \phi} - \frac{\partial}{\partial r}(rF_\phi)\right]\hat{\theta} + \frac{1}{r}\left[\frac{\partial}{\partial r}(rF_\theta) - \frac{\partial F_r}{\partial \theta}\right]\hat{\phi} \tag{1.137}$$

Laplaciano

$$\nabla^2 G = \frac{1}{r^2}\frac{\partial}{\partial r}\left(r^2\frac{\partial G}{\partial r}\right) + \frac{1}{r^2\sin\theta}\frac{\partial}{\partial \theta}\left(\sin\theta\frac{\partial G}{\partial \theta}\right) + \frac{1}{r^2\sin^2\theta}\frac{\partial^2 G}{\partial \phi^2} \tag{1.138}$$

Tabela 1.4: Gradiente, divergente, rotacional e Laplaciano em coordenadas esféricas.

$$\nabla(U+V) = \nabla U + \nabla V \tag{1.139}$$

$$\nabla \cdot (\vec{A}+\vec{B}) = \nabla \cdot \vec{A} + \nabla \cdot \vec{B} \tag{1.140}$$

$$\nabla \times (\vec{A}+\vec{B}) = \nabla \times \vec{A} + \nabla \times \vec{B} \tag{1.141}$$

$$\nabla \cdot (U\vec{A}) = (\nabla U)\cdot \vec{A} + U(\nabla \cdot \vec{A}) \tag{1.142}$$

$$\nabla \times (U\vec{A}) = (\nabla U)\times \vec{A} + U(\nabla \times \vec{A}) \tag{1.143}$$

$$\nabla \cdot (\vec{A}\times\vec{B}) = \vec{B}\cdot(\nabla\times\vec{A}) - \vec{A}\cdot(\nabla\times\vec{B}) \tag{1.144}$$

$$\nabla \times (\vec{A}\times\vec{B}) = (\vec{B}\cdot\nabla)\vec{A} - \vec{B}(\nabla\cdot\vec{A}) - (\vec{A}\cdot\nabla)\vec{B} + \vec{A}(\nabla\cdot\vec{B}) \tag{1.145}$$

$$\nabla(\vec{A}\cdot\vec{B}) = (\vec{B}\cdot\nabla)\vec{A} + (\vec{A}\cdot\nabla)\vec{B} + \vec{B}\times(\nabla\times\vec{A}) + \vec{A}\times(\nabla\times\vec{B}) \tag{1.146}$$

$$\nabla\cdot\nabla U = \nabla^2 U \tag{1.147}$$

$$\nabla\times(\nabla U) = 0 \tag{1.148}$$

$$\nabla\cdot(\nabla\times\vec{A}) = 0 \tag{1.149}$$

$$\nabla\times(\nabla\times\vec{A}) = \nabla(\nabla\cdot\vec{A}) - \nabla^2\vec{A} \tag{1.150}$$

Tabela 1.5: Identidades vetoriais do operador (∇) *nabla*.

1.5 Problemas

1. Dados os vetores

$$\vec{A} = 1\hat{i} + 2\hat{j} + 3\hat{k}$$

$$\vec{B} = 3\hat{i} - 4\hat{j} + 5\hat{k}$$

Determine:
a) $\vec{A} + \vec{B}$
b) $\vec{A} - \vec{B}$
c) $\vec{A} \cdot \vec{B}$
d) $\vec{A} \times \vec{B}$
e) O ângulo entre os vetores $\vec{A}$ e $\vec{B}$

2. Mostre que:

$$\vec{A} \times \vec{B} = -\vec{B} \times \vec{A}$$

3. Dados os vetores

$$\vec{F}_1 = 3\hat{i} + 4\hat{j} + 5\hat{k}$$

$$\vec{F}_2 = a\hat{i} - 8\hat{j} + b\hat{k}$$

$$\vec{F}_3 = -b\hat{i} + c\hat{j} - 6\hat{k}$$

Determine os valores de a, b e c (escalares) para que $\vec{F}_1 + \vec{F}_2 = \vec{F}_3$.

4. Para qual valor de a (escalar) os vetores $\vec{u}$=3$\hat{i} + 2\hat{j} - 7\hat{k}$ e $\vec{v}$=a$\hat{i} + 3\hat{j} - 2\hat{k}$ serão:
a) Perpendiculares
b) Paralelos

5. Dado o vetor $\vec{u}$=8$\hat{i} - 3\hat{j} + 2\hat{k}$, determine:

a) o ângulo α entre o vetor $\vec{u}$ e o eixo x
b) o ângulo β entre o vetor $\vec{u}$ e o eixo y
c) o ângulo γ entre o vetor $\vec{u}$ e o eixo z
d) Verifique que $\cos^2(\alpha) + \cos^2(\beta) + \cos^2(\gamma)$=1.

6. Considere a Fig. 1.33 e utilize a álgebra vetorial para mostrar que:
a) $\cos(\alpha - \beta) = \cos(\alpha)\cos(\beta) + \sin(\alpha)\sin(\beta)$
b) $\sin(\alpha - \beta) = \sin(\alpha)\cos(\beta) - \sin(\beta)\cos(\alpha)$

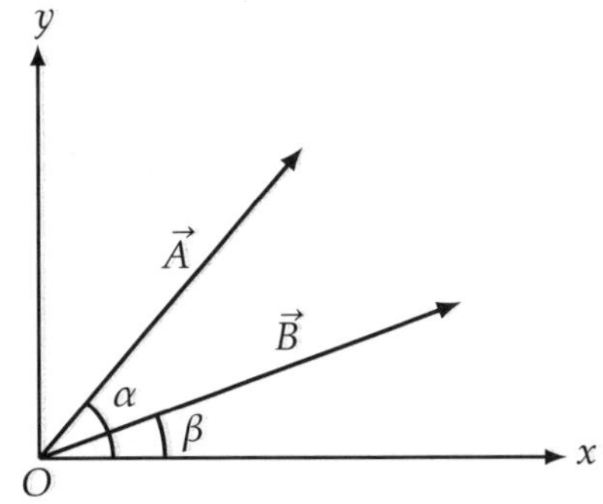

Figura 1.33: *Problema 6.*

7. Utilizando a Fig. 1.34 e a álgebra vetorial, mostre que:

$$\frac{\sin(\alpha)}{|\vec{A}|} = \frac{\sin(\beta)}{|\vec{B}|} = \frac{\sin(\gamma)}{|\vec{C}|}$$

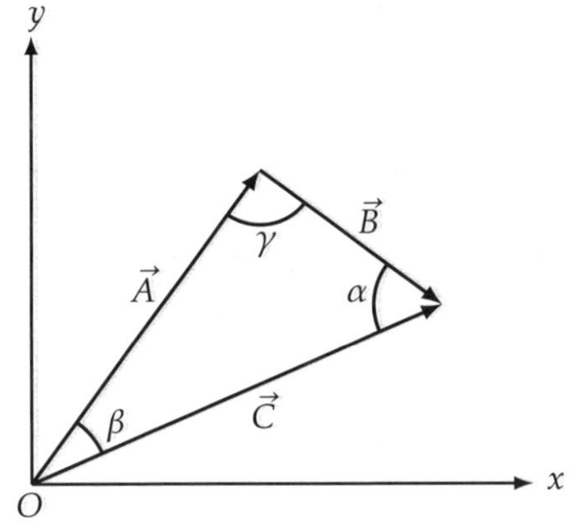

Figura 1.34: *Problema 7.*

8. Mostre que:
   a) $\vec{A}\cdot(\vec{B}+\vec{C}) = \vec{A}\cdot\vec{B}+\vec{A}\cdot\vec{C}$
   b) $\vec{A}\times(\vec{B}+\vec{C}) = \vec{A}\times\vec{B}+\vec{A}\times\vec{C}$
   c) $(\vec{A}-\vec{B})\cdot(\vec{A}+\vec{B}) = A^2 - B^2$
   d) $(\vec{A}-\vec{B})\times(\vec{A}+\vec{B}) = 2(\vec{A}\times\vec{B})$

9. Considere o vetor $\vec{F} = \vec{v}\times\vec{G}$. Se

$$\vec{v} = \hat{i} \quad \text{e} \quad \vec{F} = 2\hat{k} - 4\hat{j}$$

$$\vec{v} = \hat{j} \quad \text{e} \quad \vec{F} = 4\hat{i} - \hat{k}$$

$$\vec{v} = \hat{k} \quad \text{e} \quad \vec{F} = \hat{j} - 2\hat{i}$$

determine o vetor $\vec{G}$.

10. Se $\vec{N}$ for um vetor constante e $\vec{r}$ for um vetor que vai da origem até o ponto $P(x,y,z)$, mostre que:
   a) $(\vec{r} - \vec{N}) \cdot \vec{N} = 0$ é a equação de um plano.
   b) $(\vec{r} - \vec{N}) \cdot \vec{r} = 0$ é a equação de uma esfera.

11. Considere $f(x,y,z) = (x^2 + y^2 + z^2)^{3/2}$ e determine:
   a) ∇f no ponto (3,2,1)
   b) O módulo do ∇f no ponto (3,2,1)
   c) A direção do ∇f no ponto (3,2,1)

12. Determine um vetor unitário que é perpendicular à superfície definida por

$$S = ax^2 + by^2 + cz^2$$

   no ponto (1,1,1).

13. Se o vetor $\vec{G}$ depende do tempo t e das coordenadas (x,y,z), prove que:

$$d\vec{G} = (d\vec{r} \cdot \nabla)\vec{G} + \frac{\partial \vec{G}}{\partial t} dt$$

14. Considere $U(x,y,z) = x^2yz^3$ e $\vec{G}(x,y,z) = xz\hat{i} - y^2\hat{j} + 2x^2y\hat{k}$ e determine:
   a) ∇U
   b) $\nabla \cdot \vec{G}$
   c) $\nabla \times \vec{G}$
   d) $\nabla^2 U$

15. Considere o vetor $\vec{r}$ partindo da origem até o ponto (x,y,z).
   a) Determine $\nabla \cdot \vec{r}$.
   b) Determine $\nabla \times \vec{r}$.
   c) Mostre que $(\vec{u} \cdot \nabla)\vec{r} = \vec{u}$, sendo $\vec{u}$ um vetor constante.

16. Considere o vetor $\vec{r}$ partindo da origem até o ponto (x,y,z) e $f(r)$ como uma função apenas de r. Mostre que:

$$\nabla f(r) = \frac{\vec{r}}{r}\frac{df}{dr}$$

17. Se $a = \vec{A} \cdot \vec{r}$, mostre que:

$$\nabla U(a) = \vec{A}\frac{dU}{da}$$

18. Mostre que:

$$\nabla \times (U \nabla U) = 0$$

19. Demonstre as identidades 1.148, 1.149 e 1.150 mostradas na tabela 1.5.

20. Considere os vetores unitários $\hat{\rho}$, $\hat{\phi}$ e $\hat{z}$ em coordenadas cilíndricas (Fig. 1.18) e mostre que esses vetores estão relacionados aos vetores $\hat{i}$, $\hat{j}$ e $\hat{k}$ em coordenadas cartesianas por:

$$\begin{aligned} \hat{\rho} &= \cos\phi \hat{i} + \sin\phi \hat{j} \\ \hat{\varphi} &= -\sin\phi \hat{i} + \cos\phi \hat{j} \\ \hat{z} &= \hat{k} \end{aligned}$$

21. Considere os vetores unitários em coordenadas $\hat{i}$, $\hat{j}$ e $\hat{k}$ cartesianas e mostre que esses vetores estão relacionados aos vetores $\hat{\rho}$, $\hat{\phi}$ e $\hat{z}$ em coordenadas cilíndricas por:

$$\begin{aligned} \hat{i} &= \cos\phi \hat{\rho} - \sin\phi \hat{\phi} \\ \hat{j} &= \sin\phi \hat{\rho} + \cos\phi \hat{\phi} \\ \hat{k} &= \hat{z} \end{aligned}$$

22. Considere o vetor

$$\vec{F} = \frac{-x}{x^2+y^2}\hat{i} + \frac{x}{x^2+y^2}\hat{j}$$

e escreva-o em coordenadas cilíndricas, determinando o rotacional de $\vec{F}$.

23. Considere os vetores unitários $\hat{r}$, $\hat{\theta}$ e $\hat{\phi}$ em coordenadas esféricas (Fig. 1.20) e mostre que esses vetores estão relacionados aos vetores $\hat{i}$, $\hat{j}$ e $\hat{k}$ em coordenadas cartesianas por:

$$\begin{aligned} \hat{i} &= \sin\theta\cos\phi \hat{r} + \cos\theta\cos\phi \hat{\theta} - \sin\phi \hat{\phi} \\ \hat{j} &= \sin\theta\sin\phi \hat{r} + \cos\theta\sin\phi \hat{\theta} + \cos\phi \hat{\phi} \\ \hat{k} &= \cos\theta \hat{r} - \sin\theta \hat{\theta} \end{aligned}$$

24. Considere

$$U(r,\theta,\phi) = \frac{2\cos\theta + 3\sin^3\theta\cos\phi}{r^2}$$

e determine $\nabla^2 U$.

25. Sendo A e B constantes, mostre que:
a) $\nabla^2 U(\rho, \theta, z) = 0$ para $U(\rho, \theta, z) = A + B \ln \rho$
b) $\nabla^2 U(r, \theta, \phi) = 0$ para $U(r, \theta, \phi) = A + B/r$

26. Se $\vec{F} = (x^2 - y^2)\hat{i} + 2xy\hat{j}$, determine:

$$\int_C \vec{F} \cdot d\vec{r}$$

ao longo da curva C no plano xy, dada por $y = x^2 - x$ do ponto $(1, 0)$ a $(2, 0)$.

27. Calcule

$$\oint_C (x^2 - xy^3)dx + (y^2 - 2xy)dy$$

onde C é um quadrado de vértices em $(0, 0), (2, 0), (2, 2), (0, 2)$.

28. Determine, ao longo dos caminhos mostrados na Fig. 1.35:

$$\int_C (x^2 - y)dx + (y^2 + x)dy$$

a) Partindo do ponto A, indo diretamente ao ponto C.
b) Partindo do ponto A, indo para o ponto B, e deste para o ponto C.

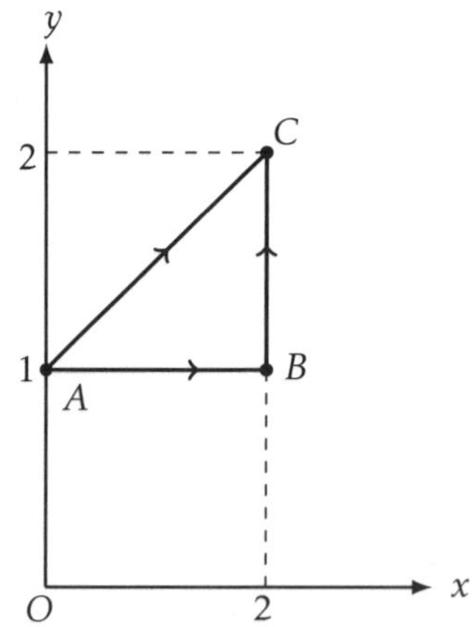

Figura 1.35: *Problema 28.*

29. Considere que

$$\vec{F} = \frac{-y\hat{i} + x\hat{j}}{x^2 + y^2}$$

e determine o valor de $\int_C \vec{F} \cdot d\vec{r}$ para qualquer caminho fechado.

30. Determine

$$\int_S \vec{F} \cdot \hat{n} dS$$

com $\vec{F} = (z^2 - x)\hat{i} - xy\hat{j} + 3z\hat{k}$ e S sendo a superfície que define a região limitada por $z = 4 - y^2$, $x = 0$, $x = 3$ e o plano xy.

31. Determine

$$\int_S \vec{F} \cdot \hat{n} dS$$

com $\vec{F} = (2x + 3z)\hat{i} - (xz + y)\hat{j} + (y^2 + 2z)\hat{k}$ e S sendo a superfície da esfera de centro (3,-1,2) e raio 3.

32. Calcule

$$\int_S (\nabla \times \vec{A}) \cdot \hat{n} dS$$

com $\vec{A} = (x-z)\hat{i} + (x^3 + yz)\hat{j} - 3xy^2\hat{k}$ e S sendo a superfície do cone $z = 2 - \sqrt{x^2 + y^2}$ acima do plano xy.

33. a) Mostre que $\vec{E} = (2xy + 3)\hat{i} + (x^2 - 4z)\hat{j} - 4y\hat{k}$ é um campo conservativo.
b) Determine uma função escalar U, de modo que $\vec{E} = \nabla U$.
c) Calcule

$$\int_C \vec{E} \cdot d\vec{r}$$

ao longo do caminho C que liga os pontos $(3, 1, 2)$ e $(2, 1, -1)$.

34. Considere um caminho ligando um ponto qualquer da esfera $x^2 + y^2 + z^2 = a^2$ a um ponto da esfera $x^2 + y^2 + z^2 = b^2$ e mostre que, se $\vec{F} = 5r^3\vec{r}$, onde $\vec{r} = x\hat{i} + y\hat{j} + z\hat{k}$, temos

$$\int_C \vec{F} \cdot d\vec{r} = b^5 - a^5$$

Capítulo 2

Fundamentos

Na natureza, há muitos elementos químicos formados por átomos que, quando agrupados na forma de moléculas ou isoladamente, dão origem a diversos materiais com aplicações tecnológicas. As diversas propriedades dos materiais estão relacionadas às características de cada grupo de átomo que forma o material. Dessa maneira, diversos modelos foram propostos para explicar o átomo, de forma a compreender sua constituição e interações com outros átomos e moléculas. Todo e qualquer átomo encontrado na natureza é eletricamente neutro, ou seja, as quantidades de cargas negativas (elétrons) e de cargas positivas (prótons) encontradas nos átomos são iguais - por exemplo, o átomo de hidrogênio possui um próton e um elétron.

Com o passar do tempo vários cientistas propuseram modelos que pudessem explicar o átomo. Entre eles, estão Joseph John Thomson (1856-1940), Ernest Rutherford (1871-1937) e Niels Bohr (1885-1962). Entretanto, os modelos propostos explicavam alguns fenômenos e falhavam na explicação de outros. Podemos definir as descrições do átomo feitas por Thomson e Rutherford como a descrição clássica. Já Bohr em sua descrição introduz conceitos de uma nova teoria, chamada posteriormente de Mecânica Quântica, que, nos dias de hoje, é quem oferece a descrição mais completa do átomo.

2.1 Modelos Atômicos

Nesta seção, apresentaremos os modelos atômicos clássicos de Thomson e de Rutherford, que possuem similaridades, como a neutralidade do átomo, e grandes diferenças em relação aos conceitos fundamentais que descrevem o átomo. Apresentaremos também as ideias do modelo proposto Bohr, que deu início a uma nova teoria para descrição do átomo e consequentemente da matéria.

2.1.1 Modelo de Thomson

O modelo de Thomson (1897), como representado na Fig. 2.1, ficou conhecido como o modelo do *pudim de passas*, pois propõe que o átomo seja formado por cargas negativas (elétrons) distribuídas em um mar de cargas positivas.

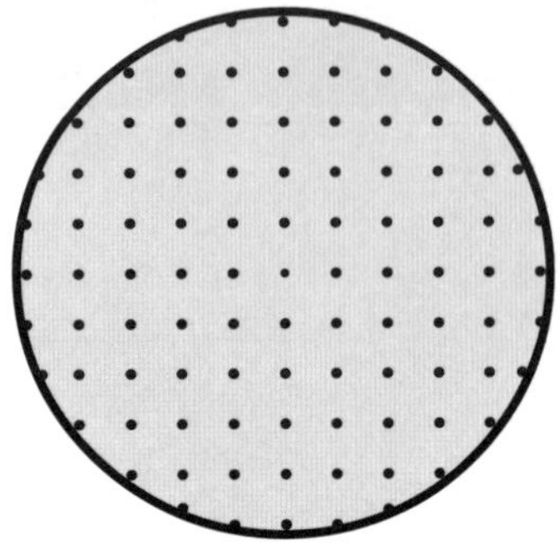

Figura 2.1: *Modelo de Thomson para o átomo.*

O modelo de Thomson também propõe que o átomo seja eletricamente neutro, assim a quantidade de carga total é nula, ou seja,

$$Q = qZ + (-qZ) \tag{2.1}$$

onde o primeiro termo corresponde ao total de cargas positivas e o segundo, ao total de cargas negativas, com Z sendo o número atômico correspondente.

O modelo de Thomson explica qualitativamente a emissão de radiação eletromagnética por um corpo a alta temperatura. Em átomos excitados, os elétrons vibram em torno de suas posições de equilíbrio, emitindo radiação eletromagnética. Entretanto o modelo não explica quantitativamente os espectros observados experimentalmente. Quando os elétrons do átomo de Thomson são excitados, eles emitem radiação em apenas uma frequência na faixa do ultravioleta (λ=120nm), o que não estava de acordo com os dados experimentais. O modelo também falha ao prever que o espalhamento das partículas pelo átomo seria pequeno mesmo com a massa da partícula alfa sendo cerca de 7 mil vezes maior que a massa do elétron.

2.1.2 Modelo de Rutherford

O modelo para o átomo proposto por Rutherford em 1911 consiste em uma região central chamada de núcleo, onde toda a massa está concentrada, e uma região periférica chamada de eletrosfera, onde as cargas negativas (elétrons), que possuem carga elétrica igual a 1.602×10^{-19} C e massa igual a 9.109×10^{-31} kg, estão orbitando ao redor do núcleo. O modelo de Rutherford também é chamado de *modelo planetário* por possuir semelhanças com o sistema solar, tendo o Sol como a região central (núcleo) e os planetas (elétrons) orbitando ao seu redor. Na Fig. 2.2, mostramos uma representação do modelo de Rutherford.

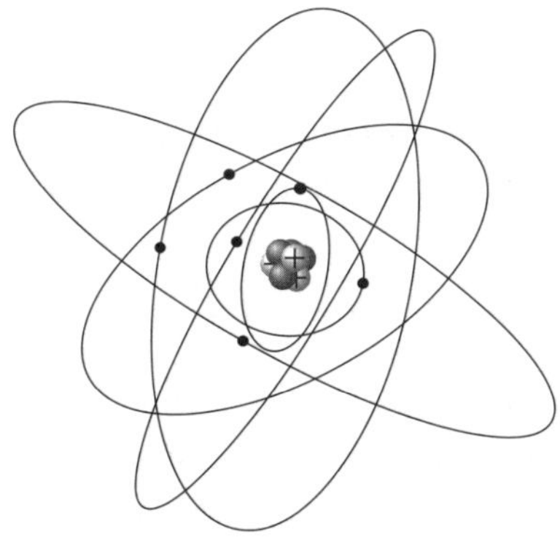

Figura 2.2: *Modelo de Rutherford para o átomo.*

No núcleo estão as partículas positivas (prótons) e os nêutrons. O próton tem massa igual a 1,673$\times$10^{-27} kg e sua carga elétrica é igual em módulo ao valor da carga do elétron, ou seja, 1,602$\times$10^{-19} C. Já os nêutrons possuem carga elétrica nula e tem massa igual a 1,675$\times$10^{-27} kg. Assim como o átomo de Thomson, o átomo de Rutherford também é eletricamente neutro.

No modelo de Rutherford, as cargas negativas circulam o núcleo, porém, pelo eletromagnetismo, qualquer partícula carregada e acelerada emite radiação eletromagnética. O fato de a partícula emitir radiação permitiria seu colapso com o núcleo, o que tornaria o átomo instável. A taxa de emissão de radiação, na forma de ondas eletromagnética, por uma partícula carregada depende da aceleração da partícula. É possível mostrar que a potência dessa radiação é dada por

$$P \propto \dot{v}^2 \tag{2.2}$$

onde $\dot{v}$ representa a aceleração da partícula. O colapso do elétron com o núcleo era de fato o problema do modelo de Rutherford, pois se sabia que o átomo era estável. O problema da instabilidade foi resolvido com os postulados de Bohr.

2.1.3 Modelo de Bohr

O modelo de Bohr para o átomo é baseado em 4 postulados, conhecidos como os *postulados de Bohr*.

2.1.3.1 Postulados de Bohr

1° postulado - Um elétron em um átomo se move em órbitas circulares em torno do núcleo sob influência da atração coulombiana, obedecendo as leis da mecânica clássica.
2° postulado - Um elétron só pode se mover em uma órbita na qual o momento angular orbital $\vec{L}$ for um múltiplo de $h/2\pi$.

3° postulado - O elétron não emite radiação eletromagnética quando está em movimento em uma dada órbita. A energia total é constante.

4° postulado - É emitida radiação eletromagnética se um elétron muda de uma órbita de energia E_i para uma órbita de energia E_f. A frequência da radiação emitida é dada por

$$\nu = \frac{E_f - E_i}{h} \tag{2.3}$$

sendo h a constante de Planck, cujo valor é $6{,}626 \times 10^{-34}$Js.

O modelo proposto por Bohr explica os dados experimentais (espectro) que os modelos de Thomson e Rutherford não são capazes de explicar.

Uma descrição completa do modelo atômico deu-se a partir do desenvolvimento da teoria de Schroedinger da mecânica quântica, que explica muito bem a formação de átomos e moléculas. A mecânica quântica é um dos pilares da física, porém, embora seja um assunto de grande interesse, ele foge do nosso propósito, portanto não será tratado neste livro.

2.2 Características das cargas elétricas

Uma das características mais importantes das cargas elétricas é a possibilidade das partículas sofrerem atração ou repulsão. A interação elétrica entre cargas de sinais iguais é a repulsão, enquanto a interação entre cargas de sinais diferentes é a atração. A Fig. 2.3 mostra os tipos de interações entre as cargas positivas e negativas, com $\vec{F}_{12}$ representando a força que a carga 1 exerce sobre a carga 2 e $\vec{F}_{21}$, a força que a carga 2 exerce sobre a carga 1. É importante notar que as forças $\vec{F}_{12}$ e $\vec{F}_{21}$ têm os mesmos módulos e direção, mas sentidos opostos, ou seja, formam um par de ação e reação.

Figura 2.3: *Interação entre cargas elétricas.*

2.3 Corpos eletrizados

Na natureza, os corpos são eletricamente neutros, ou seja, não possuem cargas em excesso. Quando os corpos possuem cargas em excesso, são chamados de corpos eletrizados. Um corpo está eletrizado positivamente quando possui um excesso de cargas positivas; quando o excesso é de cargas negativas, dizemos que o corpo está eletrizado negativamente. Quando o corpo não possui cargas positivas ou negativas em excesso, dizemos que está neutro. Podemos resumir essas informações da seguinte forma:

$$N_{\mathrm{p}} > N_{\mathrm{n}} \rightarrow \text{Eletrizado positivamente} \tag{2.4}$$

$$N_{\mathrm{p}} < N_{\mathrm{n}} \rightarrow \text{Eletrizado negativamente} \tag{2.5}$$

$$N_{\mathrm{p}} = N_{\mathrm{n}} \rightarrow \text{Neutro} \tag{2.6}$$

onde N_{p} e N_{n} são, respectivamente, os números de cargas positivas e negativas. Assim podemos escrever que a carga total de um corpo é dada por

$$Q = q(N_{\mathrm{p}} - N_{\mathrm{n}}) \tag{2.7}$$

com q sendo a carga elementar dada pela carga do elétron. No Sistema Internacional (SI) de unidades, a unidade de carga elétrica é o Coulomb (**C**), em homenagem Charles Augustin de Coulomb, que formulou a força de interação elétrica entre corpos carregados.

2.4 Processos de eletrização

O processo de eletrização consiste em transferir cargas de um corpo para outro, de modo que um deles tenha um excesso de cargas, ou positivas ou negativas. Como são baseados no movimento de portadores de cargas, então, antes de descrevermos os processos de eletrização, definiremos corpos condutores e isolantes.

2.4.1 Condutores

Os condutores são materiais que possuem elétrons, chamados de elétrons livres, que se movimentam livremente pelo material, pois estão fracamente ligados ao núcleo. Os melhores condutores são os metais.

2.4.2 Isolantes

Os materiais isolantes, diferentemente dos condutores no fato dos isolantes, não possuem elétrons livres, ou seja, seus elétrons estão fortemente ligados ao núcleo. Como exemplos de isolantes temos a borracha, a madeira, o vidro etc.

2.4.3 Eletrização por atrito

O processo de eletrização por atrito consiste na transferência de cargas entre dois corpos inicialmente neutros através do atrito entre eles. A Fig. 2.4 mostra o processo de eletrização por atrito.

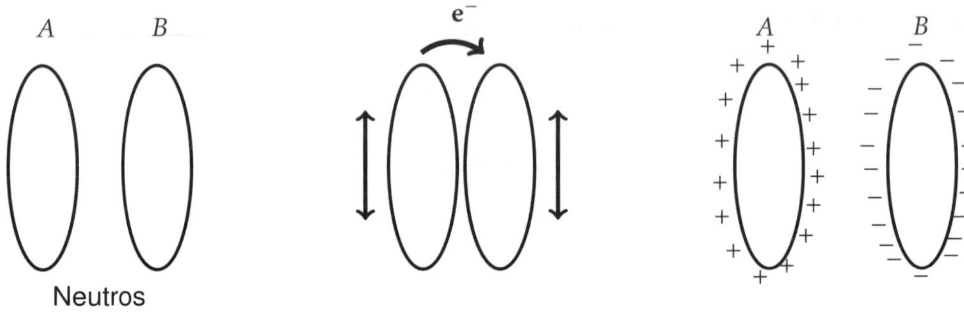

Figura 2.4: *Processo de eletrização por atrito.*

Na Fig. 2.4 vemos que o corpo A, inicialmente neutro, doa elétrons para o corpo B, também inicialmente neutro. Assim, o corpo A fica com um excesso de cargas positivas e o corpo B fica com um excesso de cargas negativas. É interessante notar que os corpos inicialmente neutros ficam eletrizados com cargas de sinais opostos. Os elétrons transferidos de um corpo para outro são aqueles que estão na superfície dos corpos, fracamente ligados aos respectivos núcleos, e, devido ao atrito, puderam ser transferidos de um corpo para o outro.

2.4.4 Eletrização por contato

O processo de eletrização por contato consiste, por exemplo, no contato entre um corpo neutro e um eletrizado positiva ou negativamente. A Fig. 2.5 mostra o processo de eletrização por contato.

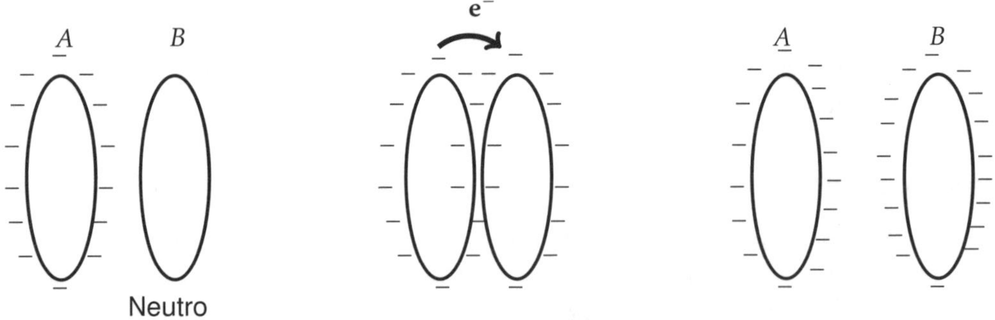

Figura 2.5: *Processo de eletrização por contato.*

Na Fig. 2.5, o corpo A carregado (eletrizado negativamente) é colocado em contato com o corpo B neutro. Durante o contato, há uma redistribuição das cargas elétricas sobre todo o corpo, e, após atingirem o equilíbrio eletrostático, os corpos ficam carregados com cargas de mesmo sinal. É importante dizer que o processo de eletrização por contato seria igual, caso o corpo A estivesse no início com excesso de carga positiva. A única diferença está no sentido da transferência da carga negativa. Na Fig. 2.6, mostramos o processo de eletrização por contato de um corpo A carregado positivamente. Estando os elétrons livres para se mover, eles vão por atração eletrostática do corpo B para o corpo A. Como o corpo B vai doar elétrons, ele ficará com um excesso de cargas positivas, porém as cargas negativas que o corpo A irá receber não são suficientes para equilibrar as cargas positivas, então o corpo A continuará com um excesso de cargas positivas.

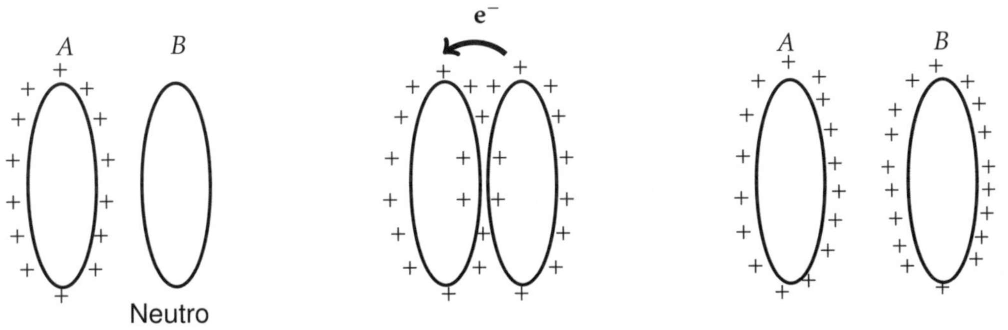

Figura 2.6: *Processo de eletrização por contato.*

2.4.5 Eletrização por indução

Diferentemente dos processos de eletrização por atrito e por contato, a eletrização por indução não envolve nenhum tipo de contato, como esquematizado na Fig. 2.7. Podemos descrever o processo de eletrização por indução da seguinte forma: aproximamos um corpo eletrizado positivamente (por exemplo) de um corpo A inicialmente neutro. Devido à atração eletrostática, há um acúmulo de cargas de um sinal na região mais próxima do corpo eletrizado e um acúmulo de cargas de sinal contrário na região mais afastada. É evidente que, nessa situação, o corpo A ainda continua neutro, pois só ocorreu uma redistribuição das cargas. Ainda na presença do corpo eletrizado, conectamos o corpo A à terra. Nesse momento, há um deslocamento das cargas negativas da terra para o corpo A, que equilibram as cargas positivas, e, após atingir o equilíbrio eletrostático, o deslocamento de elétrons cessa, eletrizando o corpo A negativamente. Finalmente cortamos o fio ligado a terra (fio terra) e afastamos os corpos, obtendo assim um corpo eletrizado sem a necessidade de qualquer tipo de contato. É importante notar que o ponto onde conectamos o fio terra não faz nenhuma diferença.

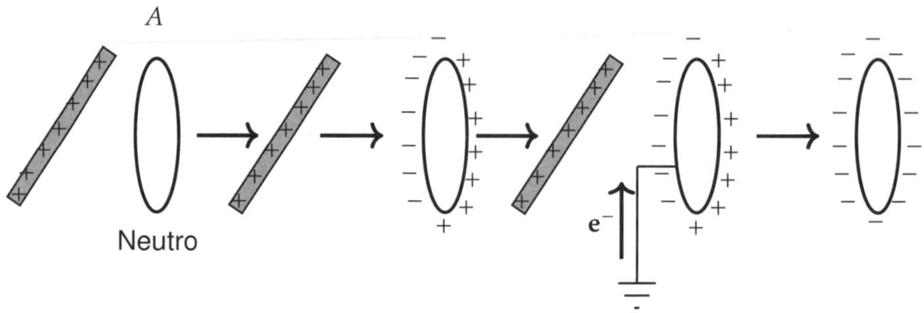

Figura 2.7: *Processo de eletrização por indução.*

2.5 Princípio da conservação da carga

Até agora, falamos dos processos de eletrização por atrito, por contato e por indução, em que há um deslocamento de carga de um corpo para outro. Porém vale salientar que, durante qualquer um dos processos de eletrização, não há criação ou destruição dessas cargas, apenas um rearranjo nos corpos. Esse comportamento é descrito pelo princípio da conservação da carga elétrica, que pode ser anunciado da seguinte maneira:

> *A carga total em um sistema isolado, isto é, a soma algébrica das cargas positivas e negativas em qualquer instante nunca varia.*

Na Fig. 2.8, temos um sistema fechado onde um corpo A carregado com uma carga Q_{A} doa, através da eletrização por atrito, certa quantidade de carga q para um corpo inicialmente com uma carga Q_{B}. A quantidade de carga do corpo A fica sendo $(Q_{\mathrm{A}} - q)$ e a do corpo B, $(Q_{\mathrm{B}} + q)$. Então, antes do processo de eletrização, temos que a carga total é

$$Q_{\mathrm{Antes}} = Q_{\mathrm{A}} + Q_{\mathrm{B}} \tag{2.8}$$

E, após a eletrização, temos

$$Q_{\mathrm{Depois}} = (Q_{\mathrm{A}} - q) + (Q_{\mathrm{B}} + q) \tag{2.9}$$

Fica evidente pelas Eqs. (2.8) e (2.9) que a quantidade de carga total do sistema permanece constante, o que explica o princípio da conservação da carga. Caso os corpos sejam idênticos, a quantidade de carga de cada corpo ao final do processo é

$$Q_{\mathrm{A}}^{\mathrm{Depois}} = Q_{\mathrm{B}}^{\mathrm{Depois}} = \frac{Q_{\mathrm{A}}^{\mathrm{Antes}} + Q_{\mathrm{B}}^{\mathrm{Antes}}}{2} \tag{2.10}$$

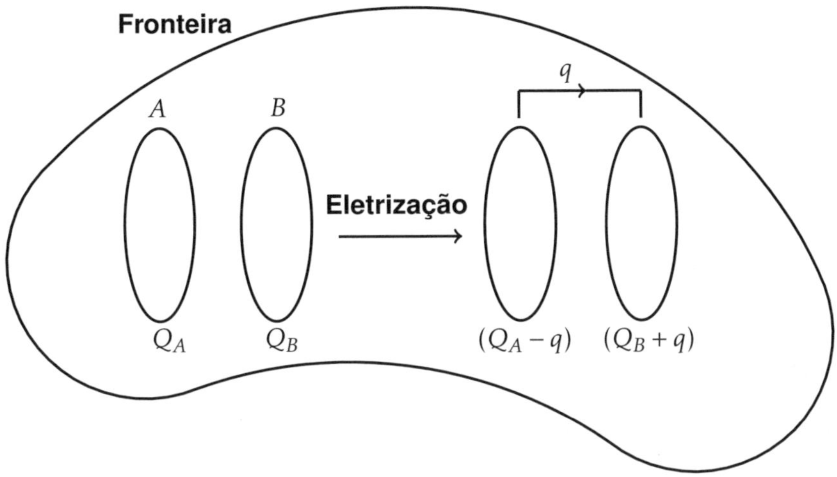

Figura 2.8: *Princípio da conservação da carga.*

2.6 Problemas

1. Uma esfera condutora possui três cavidades. No centro da cavidade A, há um carga $2q$, e no centro da cavidade B, uma carga de $-4q$. Já no centro da cavidade C, não há nenhuma carga. Qual o valor da carga induzida nas superfícies de cada cavidade?

2. Uma carga positiva Q está a uma distância h acima do plano condutor infinito aterrado. Qual a carga total induzida no plano?

3. Considere os corpos A, B e C idênticos. Sabe-se que os corpos A e B foram eletrizados e que o corpo A cedeu elétrons ao corpo B. Inicialmente o corpo C, estava neutro e que após contato com o corpo A foi eletrizado. Ao final dos processos descritos, as cargas elétricas de A, B e C são, respectivamente:
a) positiva, negativa e positiva;
b) negativa, positiva e negativa;
c) positiva, positiva e positiva;
d) negativa, negativa e positiva;
e) positiva, positiva e negativa.

4. Uma esfera condutora está presa a um fio isolante. Um bastão isolante é colocado próximo da esfera suspensa pelo fio e observa-se que ela é atraída. Com base nessa situação, as considerações a abaixo são feitas:
I. O bastão e a esfera estão eletrizados com cargas de sinais opostos.
II. O bastão está carregado, mas a esfera está neutra.
III. O bastão está neutro, mas a esfera está carregada.

Diante do exposto nos itens I, II e III pode estar correto o que se afirma em:
a) I, somente.
b) I e II, somente.
c) I e III, somente.
d) II e III, somente.
e) I, II e III.

5. Considere quatro esferas (E_1, E_2, E_3 e E_4) que são idênticas, pequenas e condutoras. As esferas estão eletrizadas respectivamente com $-2Q$, $4Q$, $3Q$ e $6Q$. A esfera E_1 é colocada em contato com a esfera E_2 e, a seguir, com as esferas E_3 e E_4. Ao final do procedimento, qual deve ser o valor da carga na esfera E_1?

6. Três esferas condutoras idênticas A, B e C estão isoladas. Sabe-se que, a esfera A esta carregada com uma quantidade de carga elétrica igual a Q_A =6.4μC e que as esferas B e C estão descarregadas e por isso neutras. Coloca-se em contato as esferas A e B até atingir o equilíbrio eletrostático e depois separam-se. O procedimento é repetido com as esferas B e C. Qual o número total de elétrons que, nesses dois procedimentos, fluem de uma esfera para outra?

7. Sobre uma mesa estão duas barras isolantes e idênticas tem em suas extremidades esferas carregadas. Considere que uma delas (barra A) é fixa e que a outra (barra B) pode girar sem qualquer atrito em torno do centro fixo O. Nas situações I e II, a barra B foi colocada em equilíbrio, em posições opostas, como mostra a Fig. 2.9. Qual o tipo de equilíbrio da barra B para cada uma das duas situações?

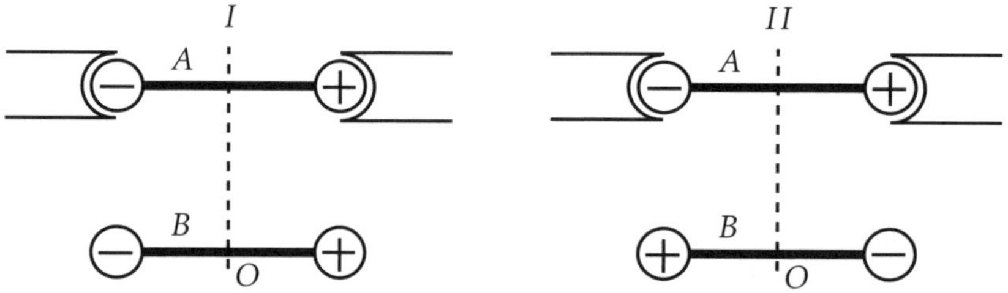

Figura 2.9: *Problema 7.*

8. Quatro esferas condutoras idênticas (A, B, C, D e E) estão separadas e isoladas. A esfera E, que inicialmente está neutra, é colocada em contato com a esfera A, e depois são separadas. Em seguida, a esfera E é colocada em contato com a esfera B, que possuía inicialmente uma carga igual a -32q, e ao final são separadas. Finalmente a esfera E é colocada em contato com a esfera C, que inicialmente possuía uma carga igual a 48q. Após o contato entre as esferas E e C, elas são separadas. Sabendo-se que a carga final da esfera E é 18q, encontre qual era a carga inicial da esfera A.

Capítulo 3

Força elétrica

3.1 Força elétrica

A interação elétrica entre dois corpos eletricamente carregados pode ser descrita por uma força diretamente proporcional ao produto das cargas e inversamente proporcional ao quadrado da distância entre eles. Essa força será de atração se os corpos possuírem cargas de sinais opostos e de repulsão se as cargas forem de mesmo sinal.

A força de interação elétrica entre corpos carregados também é conhecida como a lei de Coulomb, pois foi Charles Augustin de Coulomb (1736-1806) o primeiro a publicar seu formalismo.

Considerando duas cargas puntiformes Q_1 e Q_2, como mostradas na Fig. 3.1, podemos escrever a força de interação elétrica entre as cargas como

$$\vec{F} = \frac{Q_1 Q_2}{4\pi\epsilon_0} \frac{(\vec{r}_2 - \vec{r}_1)}{|\vec{r}_2 - \vec{r}_1|^3} \tag{3.1}$$

onde ϵ_0 é a permissividade elétrica do vácuo dada por $8{,}85\times10^{-12}C^2/Nm^2$. A linha de ação da força está ao longo do vetor $(\vec{r}_2 - \vec{r}_1)$ e será de atração se as cargas tiverem sinais contrários ou de repulsão se tiverem sinais iguais.

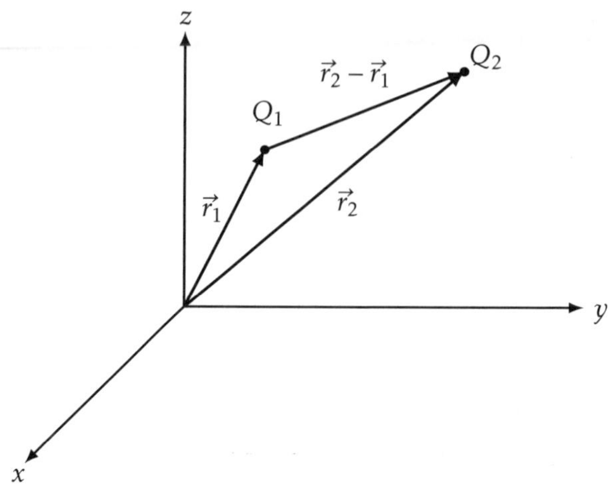

Figura 3.1: *Cargas elétricas puntiformes Q_1 e Q_2, separadas pela distância $|\vec{r}_2 - \vec{r}_1|$.*

Consideremos agora um sistema discreto de n cargas puntiforme, como mostrado na Fig. 3.2. Nesse caso, a força $\vec{F}$ sobre a carga q_0, localizada pelo vetor $\vec{r}_0$, fica determinada da seguinte forma:

$$\vec{F} = \sum_{i=1}^{n} \frac{q_0 Q_i}{4\pi\epsilon_0} \frac{(\vec{r}_0 - \vec{r}_i)}{|\vec{r}_0 - \vec{r}_i|^3} \tag{3.2}$$

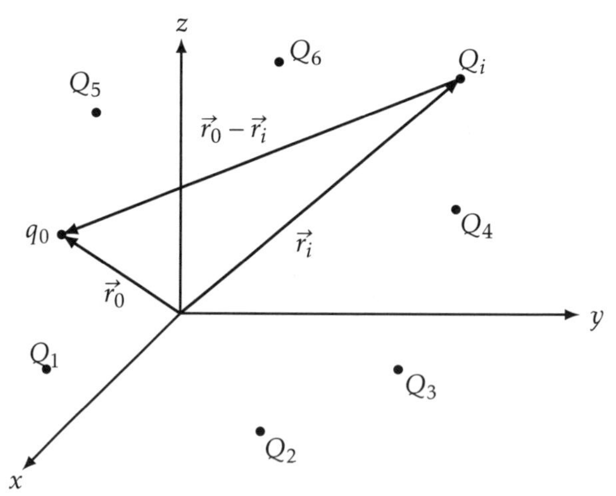

Figura 3.2: *Sistema discreto de cargas puntiformes.*

A Eq. (3.2) representa o princípio da superposição, em que a força total sobre a carga

q_0 é a soma vetorial das forças individualmente atuantes em q_0. O princípio garante ainda que essa força total independa das interações entre cada um dos pares Q_i e Q_j, para $i = 1 \cdots n$ e $j = 1 \cdots n$, com $i \neq j$.

Exercício Resolvido 3.1.1

Uma carga puntiforme Q_1=3μC está localizada no ponto P_1(0,-2,7) m, e outra carga puntiforme Q_2=-5μC está localizada no P_2(2,4,4) m. Considerando que as cargas estão no espaço vazio, determine a força elétrica da carga Q_1 sobre a carga Q_2.

SOLUÇÃO: *A força elétrica entre as cargas é definida pela lei de Coulomb.*

$$\vec{F}_{12} = \frac{Q_1 Q_2}{4\pi\epsilon_0} \frac{(\vec{r}_2 - \vec{r}_1)}{|\vec{r}_2 - \vec{r}_1|^3}$$

Onde $\vec{r}_1$ e $\vec{r}_2$ são os vetores que localizam as cargas no espaço. Na Fig. 3.3, são mostrados os vetores $\vec{r}_1$ e $\vec{r}_2$, assim como o vetor $(\vec{r}_2 - \vec{r}_1)$. Como as cargas possuem sinais opostos, a força entre as cargas é de atração.

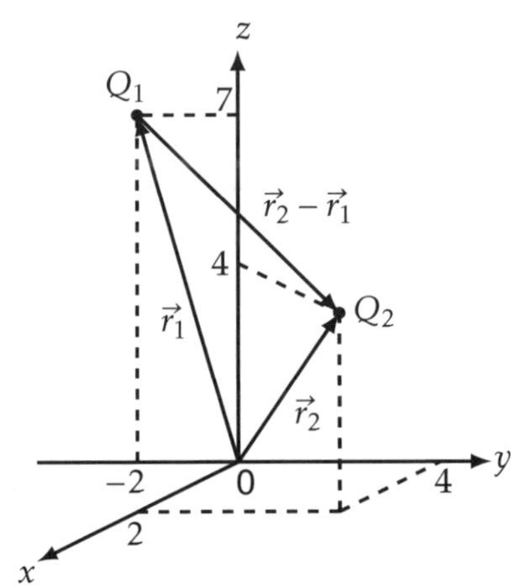

Figura 3.3: *Exercício resolvido 3.1.1.*

Pela Fig. 3.3, temos

$$\begin{aligned} \vec{r}_1 &= -2\hat{j} + 7\hat{k} \\ \vec{r}_2 &= 2\hat{i} + 4\hat{j} + 4\hat{k} \\ \vec{r}_2 - \vec{r}_1 &= 2\hat{i} + 6\hat{j} - 3\hat{k} \\ |\vec{r}_2 - \vec{r}_1| &= \sqrt{2^2 + 6^2 + (-3)^2} = 7 \end{aligned}$$

que, substituindo na lei de Coulomb, a força sobre a carga 2 devido à carga 1, ou seja, a $\vec{F}_{12}$ *é*

$$\vec{F}_{12} = \frac{3\times10^{-6}(-5\times10^{-6})}{4\pi 8,85\times10^{-12}}\frac{(2\hat{i}+6\hat{j}-3\hat{k})}{(7)^3}$$

$$\vec{F}_{12} = -(0,786\hat{i}+2,359\hat{j}-1,179\hat{k})mN$$

■

Exercício Resolvido 3.1.2

As cargas q_0, $q_1 = q$ e $q_2 = -q$ estão localizadas nos pontos P_0(a,a), P_1(0,0) e P_2(0,a), respectivamente. Determine a força resultante sobre a carga colocada no ponto P_0.

SOLUÇÃO: *Na Fig. 3.4 mostramos as forças* $\vec{F}_{10}$ *e* $\vec{F}_{20}$ *que atuam sobre a carga* q_0 *devido as cargas* q_1 *e* q_2 *respectivamente.*

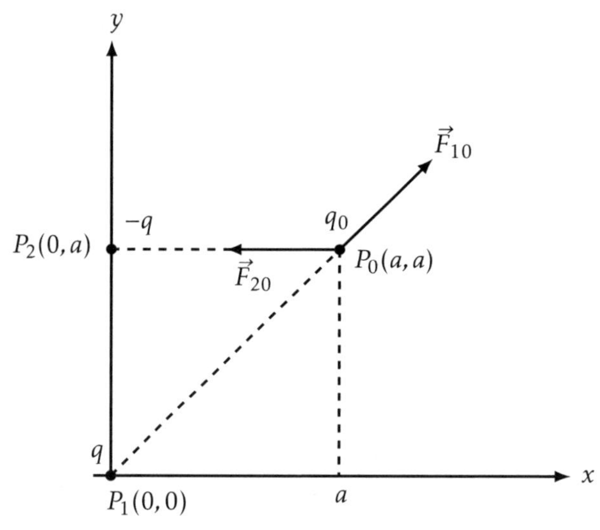

Figura 3.4: *Exercício resolvido 3.1.2.*

A força resultante sobre q_0*, pelo principio da superposição, é igual a*

$$\vec{F} = \vec{F}_{10} + \vec{F}_{20}$$

onde

$$\vec{F}_{10} = \frac{qq_0}{4\pi\epsilon_0}\frac{(\hat{i}+\hat{j})}{2^{3/2}a^2}$$

$$\vec{F}_{20} = -\frac{qq_0}{4\pi\epsilon_0}\frac{1}{a^2}\hat{i}$$

Dessa forma, a força resultante é igual a

$$\vec{F} = -\frac{qq_0}{4\pi\epsilon_0}\frac{1}{a^2}\hat{i} + \frac{qq_0}{4\pi\epsilon_0}\frac{(\hat{i}+\hat{j})}{2^{3/2}a^2}$$

$$\vec{F} = \frac{qq_0}{4\pi\epsilon_0}\frac{1}{a^2}\left[\frac{(1-2\sqrt{2})\hat{i}+\hat{j}}{2\sqrt{2}}\right]$$

■

Podemos utilizar a Eq. (3.2) para determinar a força entre uma carga puntiforme q_0 e um corpo carregado com uma distribuição contínua de cargas. Na Fig. 3.5, mostramos um corpo com uma distribuição contínua de cargas e uma carga puntiforme q_0.

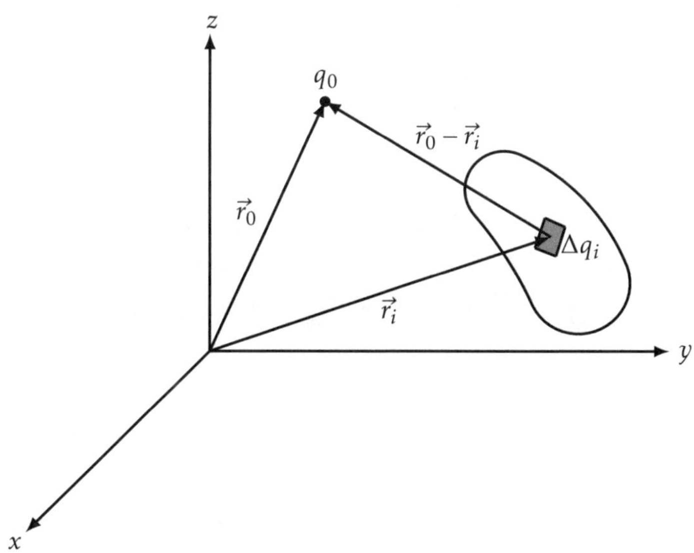

Figura 3.5: *Corpo carregado com uma distribuição contínua de cargas.*

A força sobre a carga q_0, utilizando o princípio da superposição, pode ser determinada da seguinte forma:

$$\vec{F} = \frac{1}{4\pi\epsilon_0}\frac{q_0\Delta q_1(\vec{r}_0-\vec{r}_1)}{|\vec{r}_0-\vec{r}_1|^3} + \frac{1}{4\pi\epsilon_0}\frac{q_0\Delta q_2(\vec{r}_0-\vec{r}_2)}{|\vec{r}_0-\vec{r}_2|^3} + \cdots + \frac{1}{4\pi\epsilon_0}\frac{q_0\Delta q_n(\vec{r}_0-\vec{r}_n)}{|\vec{r}_0-\vec{r}_n|^3} \quad (3.3)$$

$$\vec{F} = \sum_{i=1}^{n}\frac{1}{4\pi\epsilon_0}\frac{q_0\Delta q_i(\vec{r}_0-\vec{r}_i)}{|\vec{r}_0-\vec{r}_i|^3} \quad (3.4)$$

Na Eq. (3.4), podemos tomar o elemento de carga Δq, contido em um elemento de volume infinitesimal, pequeno o suficiente para que a distância entre as cargas seja tão pequena que a distribuição possa ser considerada contínua. Dessa forma, a Eq. (3.4) fica sendo

$$\vec{F} = \lim_{\Delta q_i \to 0} \sum \frac{1}{4\pi\epsilon_0} \frac{q_0 \Delta q_i (\vec{r}_0 - \vec{r}_i)}{|\vec{r}_0 - \vec{r}_i|^3} \tag{3.5}$$

$$\vec{F} = \frac{1}{4\pi\epsilon_0} \int \frac{q_0(\vec{r}_0 - \vec{r})}{|\vec{r}_0 - \vec{r}|^3} dq \tag{3.6}$$

onde $\vec{r}_0$ e $\vec{r}$ são os vetores que localizam a carga e o corpo carregado, respectivamente. É importante notar que, dependendo da forma como a carga está distribuída no espaço, o elemento de carga dq é dado por

$$dq = \lambda d\ell \quad \text{distribuição linear de cargas} \tag{3.7}$$

$$dq = \sigma dA \quad \text{distribuição superficial de cargas} \tag{3.8}$$

$$dq = \rho dv \quad \text{distribuição volumétrica de cargas} \tag{3.9}$$

onde λ, σ e ρ são as densidades linear, superficial e volumétrica de cargas. De uma maneira geral, as densidades podem ser funções da posição (x,y,z).

Exercício Resolvido 3.1.3

Uma barra de comprimento L, uniformemente carregada com uma quantidade de carga Q, está localizada ao longo do eixo x e a uma distância d da origem. Encontre a força que essa barra exerce sobre uma carga q_0 colocada na origem.

SOLUÇÃO: *Como a distribuição de cargas na barra é contínua, a força sobre a carga q_0 é dada por*

$$\vec{F} = \int d\vec{F}$$

$$d\vec{F} = \frac{1}{4\pi\epsilon_0} \frac{q_0(\vec{r} - \vec{r}_0)}{|\vec{r} - \vec{r}_0|^3} dq$$

Utilizando a Fig. 3.6 e considerando que $\vec{r}$ localiza o elemento de carga dq e $\vec{r}_0$, a carga q_0, temos

$$\vec{r}_0 = 0 \qquad \vec{r} = x\hat{i}$$

$$\vec{r}_0 - \vec{r} = -x\hat{i}$$

$$|\vec{r}_0 - \vec{r}| = x$$

$$dq = \lambda dx$$

onde λ é densidade linear de cargas.

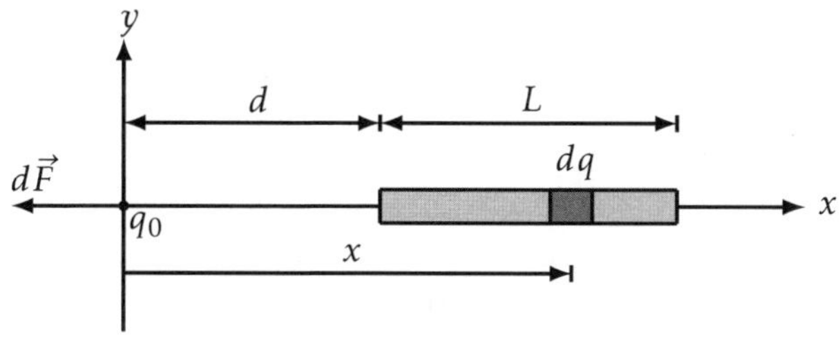

Figura 3.6: *Exercício resolvido 3.1.3.*

Dessa maneira, a força sobre a carga q_0 fica

$$\vec{F} = -\frac{1}{4\pi\epsilon_0}\int_d^{d+L}\frac{q_0 x\hat{i}}{|\sqrt{x^2}|^3}dq$$
$$\vec{F} = -\frac{q_0\lambda}{4\pi\epsilon_0}\int_d^{d+L}\frac{1}{x^2}dx\hat{i}$$

e, resolvendo a integral, conseguimos

$$\vec{F} = -\frac{q_0\lambda}{4\pi\epsilon_0}\frac{L}{d(L+d)}\hat{i}$$

É interessante analisar a força total encontrada quando a barra está muito afastada da carga q_0, ou seja, na condição de $d >> L$. Nesse caso, temos

$$\vec{F} = -\frac{q_0\lambda}{4\pi\epsilon_0}\frac{L}{d^2(1+d/L)}\hat{i}$$

Como $d >> L$ e a carga total na barra é Q=λL, a força total é dada por

$$\vec{F} \approx -\frac{q_0 Q}{4\pi\epsilon_0}\frac{1}{d^2}\hat{i}.$$

É importante perceber que, na condição $d >> L$, a barra pode ser considerada uma carga puntiforme, e, dessa maneira, o sistema pode ser tratado como a interação entre duas cargas puntiformes. Por isso, a força entre elas é inversamente proporcional ao quadrado da distância, como era de se esperar. ■

3.2 Problemas

1. Duas cargas puntiformes Q_1 e Q_2 estão localizadas em $(4,0,-3)$cm e $(2,0,1)$cm, respectivamente. Se Q_1= 4 nC e Q_2=3 nC, determine a força entre Q_1 e Q_2.

2. Considere que nos pontos $A(1,0,0)$m, $B(-1,0,0)$m, $C(0,1,0)$m e $D(0,-1,0)$m estão localizadas cargas pontuais de 50 nC. Determine a força total sobre a carga localizada no ponto A.

3. Em cubo de lado L, há oito cargas puntiformes q distribuídas em cada um dos vértices do cubo. Considere como referência a carga na origem e determine a força total sobre a carga localizada no ponto $P(L,L,L)$.

4. Duas esferas condutoras pequenas de massa M estão igualmente carregadas. Elas estão suspensas em um mesmo ponto, por dois longos fios de comprimentos iguais a L. As cargas das esferas estarão em equilíbrio quando a distância for igual a a ($a << L$). Em um momento posterior, uma das esferas é descarregada. Qual será a nova distância ($b << L$) entre as esferas, quando, após se tocarem, o equilíbrio entre elas for estabelecido?

5. Três corpos eletrizados com cargas q_1, q_2 e q_3 estão em equilíbrio e situados sobre uma mesa horizontal sem atrito, como mostra a Fig. 3.7. Sendo q_2=1,5 μC, determine os sinais e os valores de q_1 e q_3.

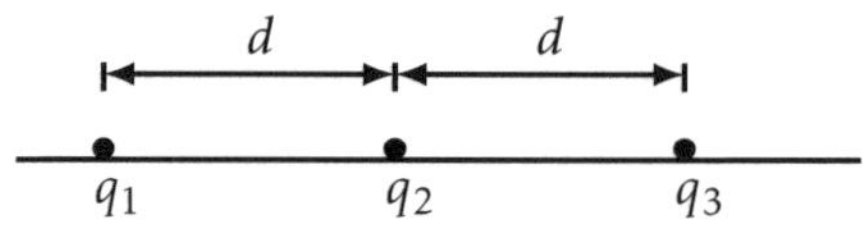

Figura 3.7: *Problema 5.*

6. Na Fig.3.8, os elétrons ($-e$) estão sobre o eixo x e os íons de cargas $-q$, sobre o eixo y. O elétron 2 pode mover-se, porém as outras três partículas estão fixas a uma distância horizontal R do elétron 2 e tem como objetivo impedir que o ele se mova. Para valores fisicamente possíveis de $q \leq 5e$, determine os três menores valores possíveis de θ.

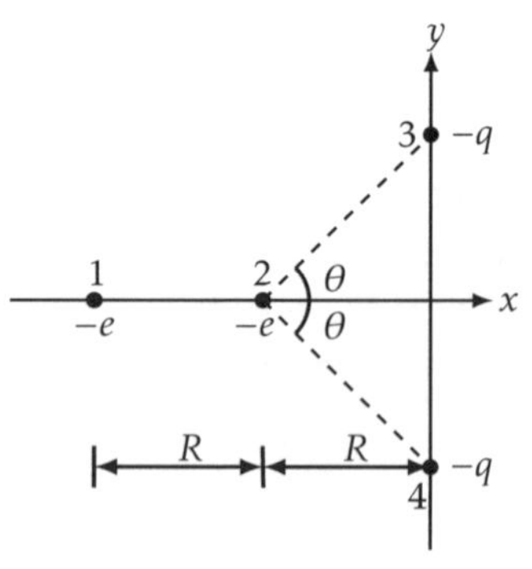

Figura 3.8: *Problema 6.*

7. Quatro partículas idênticas têm, cada uma, uma carga Q e estão fixas nos vértices de um quadrado de lado L. Outra carga $-q$ está a uma distância z do plano do quadrado, ao longo de uma linha perpendicular que passa pelo seu centro, como mostrado na Fig. 3.9.

   a) Mostre que a força sobre a carga $-q$ é:

$$\vec{F} = -\frac{qQz}{\pi\varepsilon_0[z^2 + (L^2/2)]^{3/2}}\hat{k}$$

   b) Mostre que, para $z \ll L$, o movimento da carga $-q$ é harmônico simples quando deslocada da posição de equilíbrio.

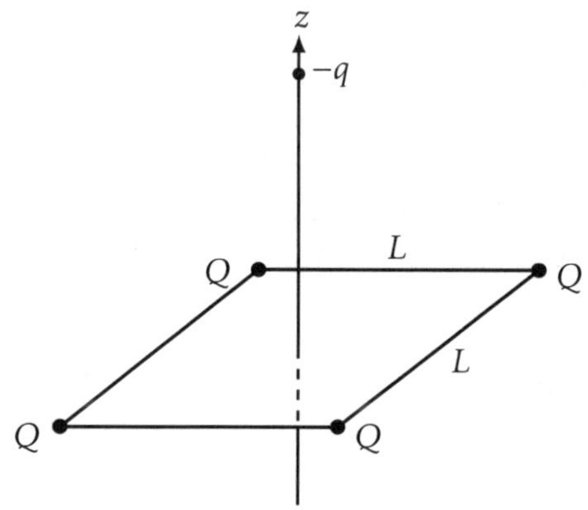

Figura 3.9: *Problema 7.*

8. Uma certa carga deve ser dividida em duas partes Q e $Q-q$. Determine a relação entre Q e q, para que a o módulo da força entre as cargas seja a máxima.

9. Um cubo de aresta ℓ está carregado com uma densidade volumétrica de carga que depende apenas da coordenada x, da seguinte forma: $\rho(x) = \rho_0 \sin(\pi x/\ell)$, com $0 \leq x \leq \ell$, sendo ρ_0 uma constante e x, a distância perpendicular a um das faces do cubo. Determine a carga total do cubo.

10. Em um disco de raio R, há uma distribuição não uniforme de cargas que depende apenas da coordenada radial. Sabendo-se que a densidade de carga é dada por $\sigma(r) = \sigma_0 r^2/R^2$, com $0 \leq r \leq R$, que r é a distância radial e σ_0 é uma constante, determine a carga total na superfície do disco.

11. Considere que um cilindro muito longo de comprimento ℓ e de raio R está carregado com uma densidade volumétrica de carga dada por $\rho(r) = \rho_0(1 - r/R)$, com

$0 \leq r \leq R$, ρ_0, sendo uma constante e r a distância radial. Determine a carga total por unidade de comprimento contida no cilindro.

12. Um feixe de elétrons emitido por um tubo de raios catódicos possui simetria cilíndrica e uma densidade de carga, dada por:

$$\begin{aligned} \rho &= -\rho_0/(r^2+a^2) \quad \text{para} \quad 0 \leq r \leq b \\ \rho &= 0 \quad \text{para} \quad r > b \end{aligned}$$

Determine a carga total por unidade de comprimento ao longo do feixe.

13. Sobre a superfície de um cilindro de raio R e altura h ($0 \leq z \leq h$), há uma densidade de carga dada por $\sigma = \sigma_0 z^2$, com σ_0 sendo uma constante. Determine a carga total na superfície de um cilindro.

14. Determine a carga total no volume de uma esfera de raio R, com uma densidade de carga dada por $\rho = \rho_0/r\sin\theta$, sendo ρ_0 uma constante.

15. Considere uma carga Q_0 colocada na origem de um sistema de coordenadas e uma barra carregada uniformemente com uma densidade linear de carga λ, a uma distância d da carga e de comprimento L, colocada ao longo do eixo x. Determine a força entre a carga e a barra.

16. Na Fig. 3.10, uma carga Q é distribuída uniformemente sobre uma haste localizada no eixo Oy, desde $y = 0$ até $y = a$. Uma carga puntiforme negativa $-q$ está sobre a parte positiva do eixo Ox a uma distância x da origem.
a) Encontre as componentes x e y da força que a haste exerce sobre a carga $-q$.
b) Mostre que para pontos $x \gg a$ as componentes x e y da força são dadas por

$$F_x \cong -\frac{kQq}{x^2} \qquad F_y \cong \frac{kQqa}{2x^3}$$

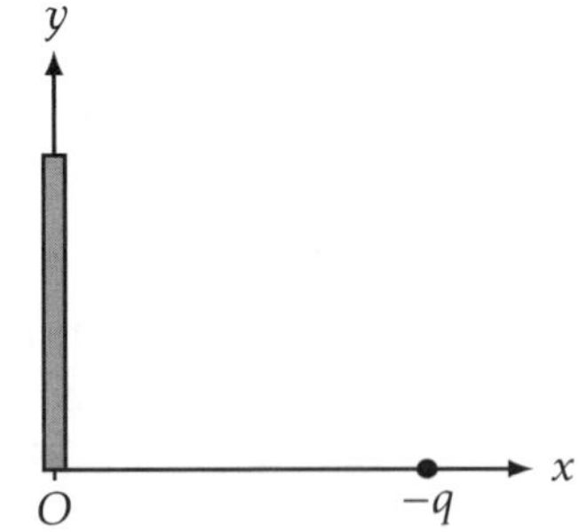

Figura 3.10: *Problema 16.*

17. Três pequenas esferas idênticas de massa M estão suspensas a partir de um mesmo ponto por fios de massa desprezível e de comprimento ℓ. Uma carga Q é dividida igualmente entre as esperas, e, no equilíbrio, se posicionam nos vértices de um triângulo equilátero horizontal de lado d. Mostre que:

$$Q^2 = \frac{12\pi\epsilon_0 M g d^3}{\sqrt{\ell^2 + d^2/3}}$$

18. Um anel de arrame fino e de raio R está carregado uniformemente com carga q. No centro do anel, há uma carga Q_0, sendo $Q_0 >> q$. Determine a força de tração sofrida pelo fio de arrame.

19. Uma carga q está localizada no ponto $P(0,0,H)$. Determine a força entre a carga q e um plano carregado uniformemente com uma densidade de carga constante σ_0. O plano está descrito por $-a \leq x \leq a$, $b \leq y \leq b$ e $z = 0$.

20. Um disco de raio R está carregado com uma densidade superficial de carga $\sigma = Ar^2$, onde A é uma constante. Determine a unidade da constante A, a carga total no disco e a força entre o disco e uma carga q colocada no ponto $P(0,0,z)$.

21. Duas linhas de cargas de mesmo comprimento L são paralelas, como mostradas na Fig. 3.11. Ambas estão carregadas uniformemente com uma densidade linear de carga constante λ. Mostre que a força sobre a linha 2 devido a linha 1 é dada por

$$\vec{F} = \frac{-\lambda^2}{2\pi\epsilon_0}\left[1 - \sqrt{1 + \frac{L^2}{a^2}}\right]\hat{i}$$

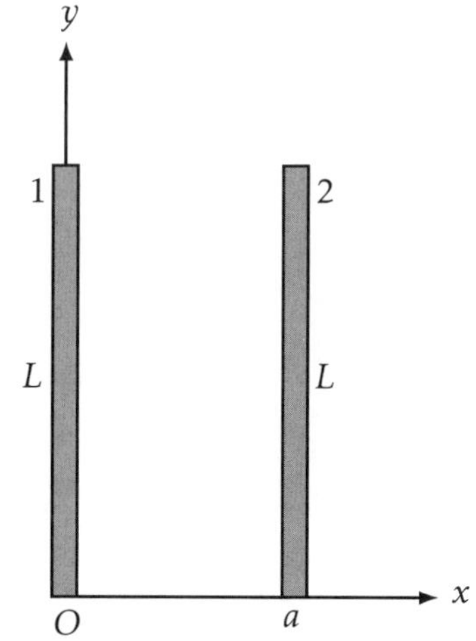

Figura 3.11: *Problema 21.*

22. Considere uma esfera de raio R, com uma distribuição volumétrica uniforme de carga igual a ρ. Determine a força sobre uma carga q colocada no ponto $P(0,0,z)$ quando o ponto P estiver
a) Fora da esfera, $z > R$.
b) Dentro da esfera, $z < R$.

Capítulo 4

Campo elétrico

Uma maneira importante de descrever a interação entre corpos carregados e a influência deles em seu entorno é através do campo elétrico. Entretanto, primeiramente é necessário definir de maneira geral o conceito de campo.

> *Campo é uma função que descreve uma quantidade física em todos os pontos do espaço. Um campo pode ser escalar ou vetorial.*

Campo escalar: Descreve uma quantidade física especificada simplesmente por um número em cada ponto. Como exemplos de campos escalares temos temperatura, densidade, potencial elétrico etc.

Campo vetorial: A grandeza que descreve um campo vetorial é o vetor. Em cada ponto do espaço, a grandeza é representada por três elementos: um número, uma direção e um sentido. Como exemplos de campos vetoriais temos velocidade, campo elétrico, força, campo magnético etc.

4.1 Campo elétrico

Podemos definir como campo elétrico uma região criada no espaço devido à presença de corpos carregados, também conhecidos como fontes de campo elétrico. Ele é similar ao campo magnético, que é causado pela modificação no espaço e no tempo graças à presença de corpos que possuem massa. O campo gravitacional criado pela Terra tem a direção radial e sempre aponta para o centro do planeta. Já o campo elétrico pode apontar tanto na direção da carga quanto na direção oposta.

4.1.1 Vetor campo elétrico

O vetor campo elétrico pode ser definido como a força a que uma carga q fica sujeita quando colocada em uma região do espaço onde há outras cargas elétricas. Matematicamente, podemos escrever o vetor campo elétrico da seguinte forma:

$$\vec{E} = \frac{\vec{F}}{q} \tag{4.1}$$

onde $\vec{F}$ é força a que a carga q, também chamada de carga de prova, fica sujeita, devido à presença do campo elétrico. Como o campo elétrico é a força por unidade de carga, temos que a unidade de campo elétrico no sistema internacional é (N/C), ou seja, Newton/Coulomb. É importante notar que, a rigor, devemos definir o campo elétrico da seguinte forma:

$$\vec{E} = \lim_{q \to 0} \frac{\vec{F}}{q} \tag{4.2}$$

O rigor na definição do campo elétrico pela Eq.(4.2) reside no fato de que a carga de prova também gera um campo ao seu redor. Para que esse campo não tenha influência e possa ser desprezado em relação ao campo elétrico do resto do sistema, devemos escolher a menor carga de prova possível. Embora a definição dada pela Eq.(4.2) seja puramente matemática, há, como podemos notar, uma grande implicação física. É importante notar ainda que a força sobre a carga q é devido ao campo elétrico criado pelas cargas presentes no espaço.

4.1.2 Direção e sentido do vetor campo elétrico

Na seção anterior, o campo elétrico foi definido como um campo vetorial. Sendo assim, a direção e o sentido do campo elétrico são parâmetros importantes na descrição do mesmo. Logo, para que o campo elétrico fique completamente caracterizado, devemos definir um módulo, uma direção e um sentido. Antes de definir o módulo, vamos primeiramente definir a direção e o sentido do campo elétrico. Consideremos a Fig. 4.1, onde há uma carga Q que cria o campo elétrico em um ponto P a certa distância da carga fonte Q. Se a carga for positiva, o campo será na direção radial e apontando para fora da carga. Se a carga for negativa, o campo será radial e apontando para a carga.

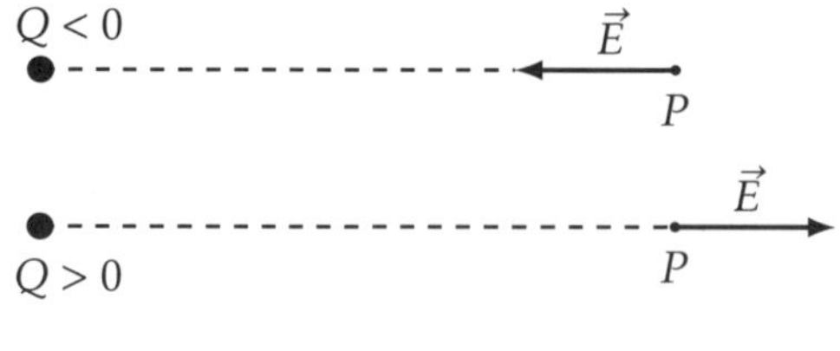

Figura 4.1: *Direção e sentido do campo elétrico.*

Uma vez definidos a direção e o sentido do campo, podemos analisar agora o sentido da força sobre uma carga colocada no ponto P. A carga ficará sujeita a uma força que tem a mesma direção do campo elétrico, porém o sentido dependerá do sinal da carga. Na Fig. 4.2, mostramos a direção e o sentido da força que atua sobre a carga q colocada no ponto P.

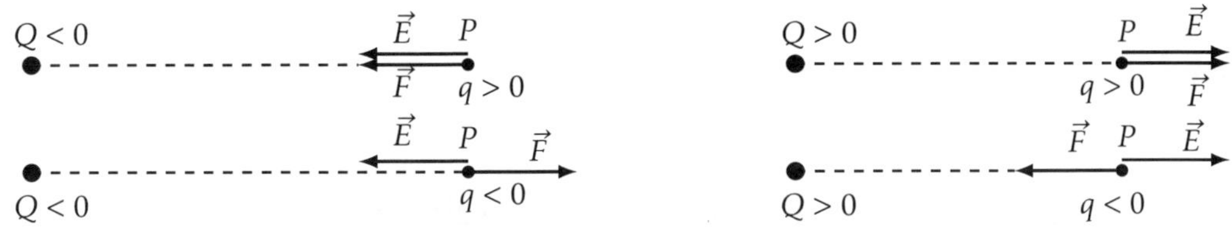

Figura 4.2: *Direção e sentido da força sobre uma carga q, devido ao campo criado pela carga Q.*

4.1.3 Vetor campo elétrico de uma carga puntiforme

Consideremos uma carga puntiforme Q e um ponto P a uma distância r da carga que cria o campo elétrico. Uma carga q colocada no ponto P fica sujeita a uma força devido à carga Q dada pela lei de Coulomb, explicitada pela Eq.(3.1), da seguinte forma:

$$\vec{F} = \frac{Qq}{4\pi\epsilon_0} \frac{(\vec{r} - \vec{r}_0)}{|\vec{r} - \vec{r}_0|^3} \tag{4.3}$$

onde os vetores $\vec{r}$ e $\vec{r}_0$ estão representados na Fig. 4.3.

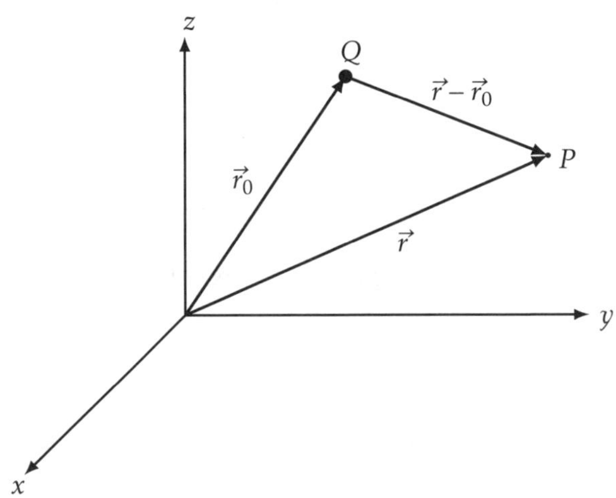

Figura 4.3: *Representação dos vetores $\vec{r}$ e $\vec{r}_0$ e o ponto P.*

Utilizando a definição de campo elétrico dada pela Eq.(4.1) e pela Eq.(4.3), o campo elétrico devido a uma carga puntiforme Q é dado por

$$\vec{E} = \frac{Q}{4\pi\epsilon_0} \frac{(\vec{r} - \vec{r_0})}{|\vec{r} - \vec{r_0}|^3} \tag{4.4}$$

É importante notar que a Eq.(4.4), que determina o campo elétrico em um ponto Pcriado por uma carga fonte Q, como mostrado na Fig. 4.3, independe da carga de prova q.

4.1.4 Princípio da superposição para o campo elétrico

Para um sistema de carga, como o mostrado na Fig. 4.4, o campo elétrico resultante em ponto P no espaço é a soma vetorial dos campos criados por cada uma das cargas individualmente, ou seja,

$$\vec{E_P} = \vec{E_1} + \vec{E_2} + \vec{E_3} + \cdots + \vec{E_i} \tag{4.5}$$

onde $\vec{E}_1$, $\vec{E}_2$ e $\vec{E}_i$ são os campos criados pelas cargas Q_1, Q_2 e Q_i, respectivamente.

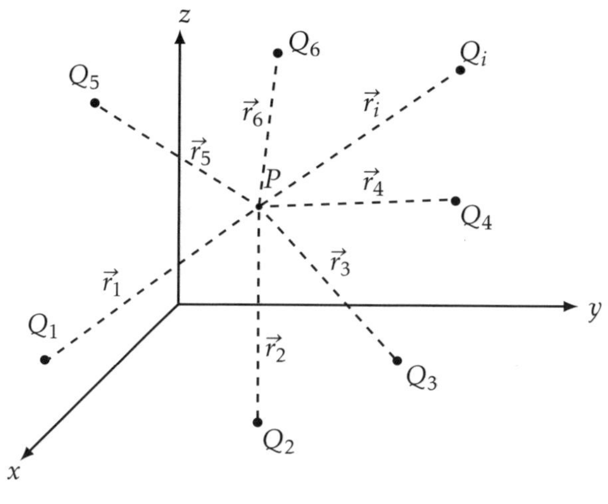

Figura 4.4: *Princípio da superposição para o campo elétrico de um sistema de cargas puntiformes.*

4.1.5 Vetor campo elétrico para uma distribuição contínua de cargas

Utilizando o princípio da superposição e as ideias desenvolvidas no Cap.3, podemos determinar o campo elétrico devido a uma distribuição contínua de cargas da seguinte forma:

$$\vec{E} = \frac{1}{4\pi\epsilon_0} \int \frac{(\vec{r} - \vec{r_0})}{|\vec{r} - \vec{r_0}|^3} dq \tag{4.6}$$

É importante salientar que, dependendo do tipo da distribuição de cargas, o elemento de carga dq deverá ser da forma das Eqs.(3.7-3.9).

Exercício Resolvido 4.1.1

Considere uma linha de carga infinita está localizada por toda a extensão do eixo x e carregada uniformemente com uma densidade linear de cargas igual a λ. Determine o campo elétrico em um ponto P localizado no eixo y.

SOLUÇÃO: *campo elétrico no ponto P devido à linha de carga é dado por*

$$\vec{E} = \int d\vec{E}$$

Considere que

$$d\vec{E} = \frac{1}{4\pi\epsilon_0}\frac{(\vec{r}-\vec{r}_0)}{|\vec{r}-\vec{r}_0|^3}dq$$

sendo o campo elétrico devido ao elemento de carga dq localizado ao longo da barra. Com isso, o campo total devido à barra é

$$\vec{E} = \frac{1}{4\pi\epsilon_0}\int\frac{(\vec{r}-\vec{r}_0)}{|\vec{r}-\vec{r}_0|^3}dq$$

e, com auxílio da Fig. 4.5, temos

$$\vec{r} = y\hat{j} \qquad \text{e} \qquad \vec{r}_0 = x\hat{i}$$
$$\vec{r}-\vec{r}_0 = y\hat{j} - x\hat{i}$$
$$|\vec{r}-\vec{r}_0| = \sqrt{x^2+y^2}$$
$$dq = \lambda dx$$

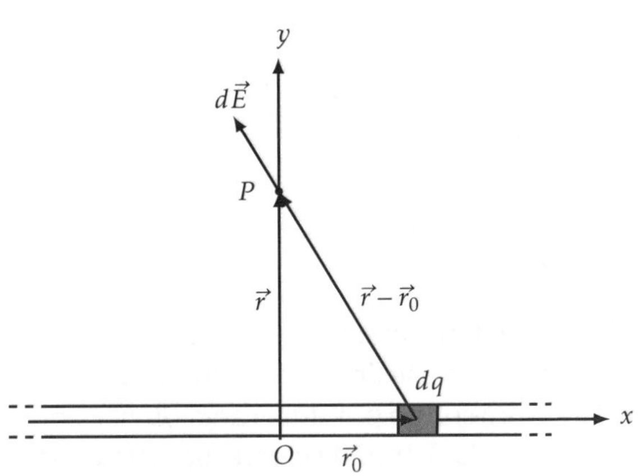

Figura 4.5: *Exercício resolvido 4.1.1.*

Dessa maneira, o campo elétrico é dado por

$$\vec{E} = \frac{\lambda}{4\pi\epsilon_0}\int_{-\infty}^{\infty}\frac{(y\hat{j} - x\hat{i})}{(x^2+y^2)^{3/2}}dx$$

$$\vec{E} = \frac{\lambda}{4\pi\epsilon_0}\int_{-\infty}^{\infty}\frac{y\hat{j}}{(x^2+y^2)^{3/2}}dx - \frac{\lambda}{4\pi\epsilon_0}\int_{-\infty}^{\infty}\frac{x\hat{i}}{(x^2+y^2)^{3/2}}dx$$

As integrais acima são tabeladas e por isso não trataremos delas aqui, porém recomendamos que sejam resolvidas como exercícios. Solucionando as integrais, conseguimos

$$\int_{-a}^{a}\frac{dx}{(x^2+y^2)^{3/2}} = \frac{2a}{y^2\sqrt{a^2+y^2}}$$

$$\int_{-a}^{a}\frac{xdx}{(x^2+y^2)^{3/2}} = 0$$

Substituindo as integrais acima na equação para o campo elétrico no ponto P, conseguimos

$$\vec{E} = \frac{\lambda}{4\pi\epsilon_0}\int_{-\infty}^{\infty}\frac{y\hat{j}}{(x^2+y^2)^{3/2}}dx$$

$$\vec{E} = \frac{\lambda}{4\pi\epsilon_0}\lim_{a\to\infty}\frac{2ay}{y^2\sqrt{a^2+y^2}}\hat{j}$$

e, resolvendo o limite, temos finalmente que o campo elétrico de uma linha infinita de cargas é dado por

$$\vec{E} = \frac{\lambda}{2\pi\epsilon_0}\frac{1}{y}\hat{j}$$

■

4.1.6 Linhas de campo

Uma maneira de analisar qualitativamente o campo elétrico é através das linhas de campo elétrico, ou linhas de força. As linhas de campo são linhas imaginárias que representam o campo elétrico produzido por uma carga ou por um sistema de cargas. Na Fig. 4.6, temos a representação das linhas de campo para uma carga positiva e para uma negativa. Já na Fig. 4.7, mostramos as linhas de campo para um sistema de duas cargas puntiformes de sinais contrários, e na Fig. 4.8 mostramos as linhas de campo de um sistema de duas cargas de sinais iguais.

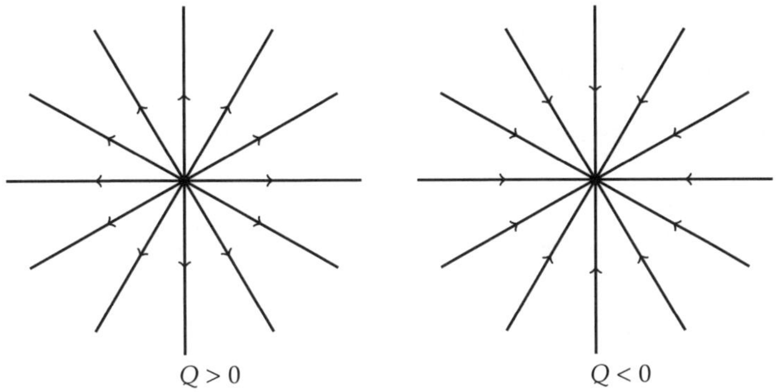

Figura 4.6: *Linhas de campo para cargas puntiformes.*

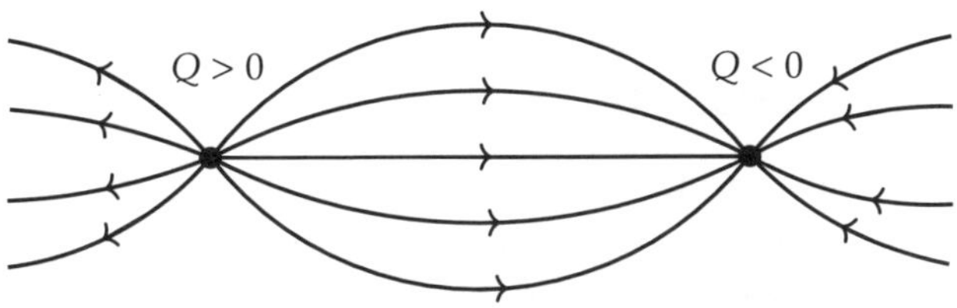

Figura 4.7: *Linhas de campo para um sistema de duas cargas puntiformes de sinais contrários.*

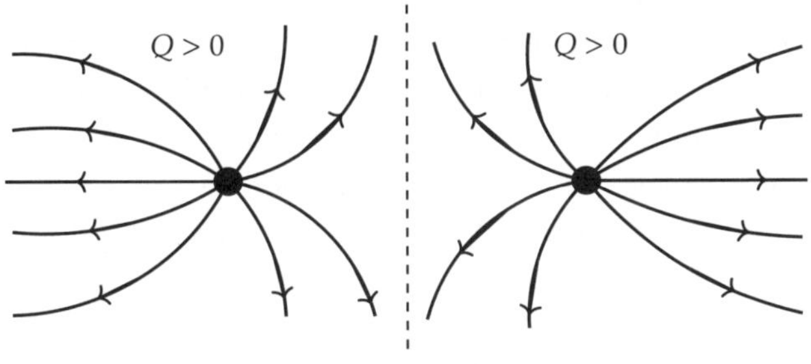

Figura 4.8: *Linhas de campo para um sistema de duas cargas puntiformes de sinais iguais.*

4.1.6.1 Propriedades das linhas de campo

- As linhas de campo fornecem informações qualitativas sobre o campo elétrico e sobre as cargas que criam o campo.
- As linhas de campo nunca se cruzam.

- Quanto maior a concentração de linhas de campo, maior o campo elétrico e maior o valor da carga que cria o campo.
- O campo elétrico é sempre tangente às linhas de campo.

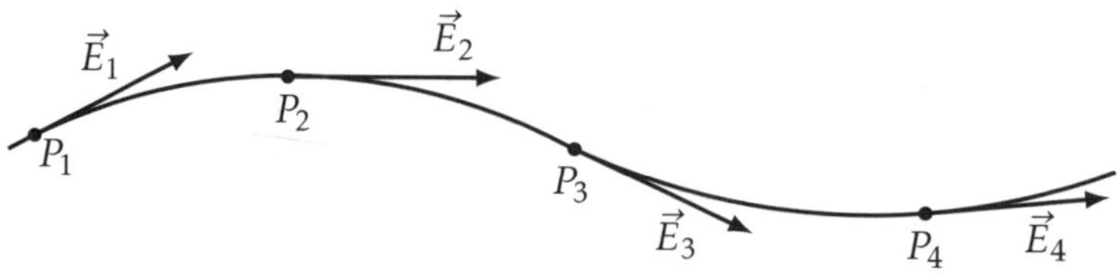

Figura 4.9: *Campo elétrico tangente à linha de campo.*

4.1.7 Campo elétrico constante

Podemos notar pelas Figs. 4.6-4.8 que o campo é mais intenso quando o ponto analisado é próximo das cargas e menos intenso quando é mais afastado, ou seja, nessas regiões há uma concentração maior de linhas de campo próxima a carga. A medida que nos afastamos da carga, a concentração de linhas de campo diminui, ou seja, há um aumento na separação das linhas de campo, implicando em um campo elétrico menor nessas regiões. Essa variação faz com que o campo elétrico seja diferente de ponto a ponto, como já era de se esperar, pois, como demonstramos antes, o campo varia com o inverso do quadrado da distância. Em pontos bem afastados das cargas fontes, podemos dizer que as linhas de campo elétrico tornam-se paralelas entre si, fazendo que o campo elétrico nessa região fique constante. Um campo elétrico constante pode ser gerado entre duas placas infinitas e carregadas com cargas de sinais contrários. Entretanto, uma análise mais interessante do campo elétrico pode ser feita quando verificamos o campo elétrico formado entre duas placas finitas e carregadas, como as mostradas na Fig. 4.10.

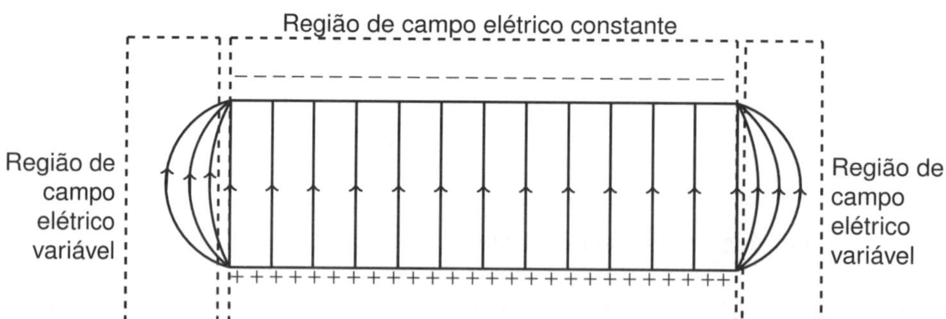

Figura 4.10: *Linhas de campo elétrico constante e o efeito das bordas.*

Porém precisamos ter cuidado na análise das linhas de campo entre placas. Pela Fig. 4.10, fica claro que há diferentes regiões do ponto de vista das linhas de campo. Na região central, as linhas são paralelas e de mesmo espaçamento, ou seja, características de um campo elétrico constante. Já nas extremidades das placas, podemos notar que as linhas possuem espaçamentos diferentes, caracterizando assim um campo elétrico não uniforme. Em se tratando de duas placas finitas, chamados esse efeito de , pois ocorre nas extremidades das placas.

4.2 Dipolo elétrico

Um dipolo elétrico consiste em duas cargas de mesmo módulo, porém de sinais opostos, separadas por uma pequena distância, como mostrado na Fig. 4.11, em que q e $-q$ são as cargas e $\vec{\ell}$ a distância entre elas. A carga líquida de um dipolo elétrico é zero. Um dipolo elétrico é caracterizado por seu momento de dipolo $\vec{p}$, dado por

$$\vec{p} = q\vec{\ell} \tag{4.7}$$

Utilizando a Fig. 4.11 e o princípio da superposição, podemos determinar o campo elétrico no ponto P, devido ao diplo elétrico, da seguinte forma:

$$\vec{E} = \frac{1}{4\pi\epsilon_0}\left[\frac{-q(\vec{r}-\vec{r}_1)}{|\vec{r}-\vec{r}_1|^3} + \frac{q(\vec{r}-\vec{r}_2)}{|\vec{r}-\vec{r}_2|^3}\right] \tag{4.8}$$

com

$$\vec{r}_2 = \vec{r}_1 + \vec{\ell} \tag{4.9}$$

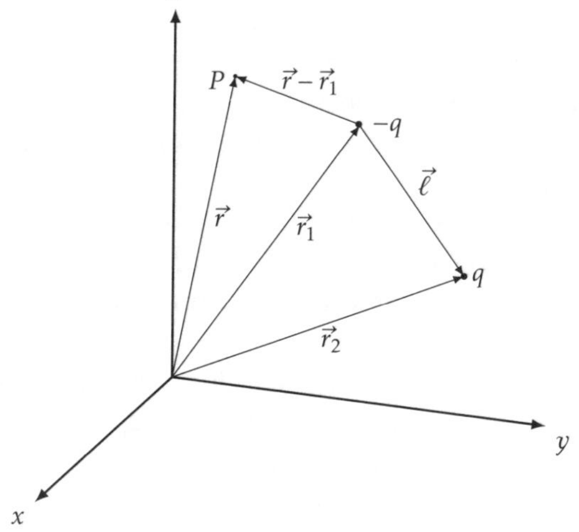

Figura 4.11: *Dipolo elétrico.*

Substituindo a Eq.(4.9) na Eq.(4.8), temos o campo elétrico em P dado por

$$\vec{E} = \frac{1}{4\pi\epsilon_0}\left[\frac{-q(\vec{r}-\vec{r}_1)}{|\vec{r}-\vec{r}_1|^3} + \frac{q(\vec{r}-\vec{r}_1-\vec{\ell})}{|\vec{r}-\vec{r}_1-\vec{\ell}|^3}\right] \tag{4.10}$$

O dipolo elétrico não possui extensão no espaço, ou seja, $|\vec{\ell}| << |\vec{r}-\vec{r}_1|$. Dessa maneira, o denominador do segundo termo da Eq.(4.10) pode ser expandido em série de potência de $\vec{\ell}$. Sendo assim, temos

$$|\vec{r}-\vec{r}_1-\vec{\ell}|^{-3} = \frac{1}{|\vec{r}-\vec{r}_1|^3} + \frac{3(\vec{r}-\vec{r}_1)\cdot\vec{\ell}}{|\vec{r}-\vec{r}_1|^5} + \frac{3}{2}\frac{|\vec{\ell}|^2}{|\vec{r}-\vec{r}_1|^5} + \cdots \tag{4.11}$$

Substituindo a Eq.(4.11) na Eq.(4.10) e tomando os termos lineares $\vec{\ell}$, o campo de um dipolo elétrico em um ponto P distante é dado por

$$\vec{E} = \frac{1}{4\pi\epsilon_0}\left[\frac{3(\vec{r}-\vec{r}_1)\cdot\vec{p}}{|\vec{r}-\vec{r}_1|^5}(\vec{r}-\vec{r}_1) - \frac{\vec{p}}{|\vec{r}-\vec{r}_1|^3}\right] \tag{4.12}$$

4.3 Condutores e isolantes

Uma propriedade importante dos materiais é a condução elétrica. Ela ocorre quando o material possui portadores de cargas livres que estão sujeitos a um campo elétrico. A condução elétrica será discutida com mais detalhes no Cap.9. Nesta seção, discutiremos brevemente os diferentes tipos de materiais que apresentam essa propriedade.

Materiais condutores são aqueles podem mudar o estado do elétron mediante aplicação de um campo elétrico, resultando assim em uma corrente elétrica, ou seja, a corrente estabelecida é decorrente dos portadores de cargas livres. Os metais como ferro, cobre, prata, ouro, lítio etc. são os melhores condutores. Já os materiais ditos isolantes são aqueles que não conduzem uma corrente elétrica, ou seja, não possuem portadores de cargas livres. Materiais como madeira, vidro, borracha, diamante etc. são chamados de isolantes.

Os materiais sólidos são constituídos de um número grande de átomos ($\approx 10^{23}$) que são próximos uns dos outros. Devido a isso há a formação de diferentes níveis de energia. Pela proximidade entre esses diferentes níveis de energia dizemos que formou-se uma banda de energia[1].

Os conceitos de condutores e isolantes podem ser definidos com base no conceito de bandas de energia. Sendo assim nos materiais condutores a última banda (banda de valência) não está completamente preenchida, já nos isolantes a última banda (banda de valência) está totalmente preenchida.

[1]Para uma descrição mais aprofundada sobre o assunto recomendamos o livro *Introdução à Física do Estado Sólido* do autor Charles Kittel.

Há também uma classe de materiais cuja condutividade possui valor intermediário entre isolante e condutor, conhecidos como *semicondutores* e possuem uma infinidade de aplicações tecnológicas. Nos semicondutores, a banda de valência está totalmente preenchida e a banda de condução totalmente vazia. A diferença em relação aos materiais isolantes consiste no fato de que, nos semicondutores, a banda proibida é pequena. Na classe dos materiais semicondutores estão o silício, germânio, GaAs, entre outros. Para efeitos de comparação, temos que para o germânio a banda proibida é de 0.67 eV, enquanto que para o diamante (isolante) a banda proibida é da ordem de 6 eV. De maneira geral, um material é dito semicondutor quando a banda proibida tem um valor inferior a 2 eV. Outra característica importante dos semicondutores em relação aos condutores (metais) é a condução exclusiva pelos elétrons livres nos metais, enquanto nos semicondutores a condução pode ser por elétrons e/ou por buracos[2].

4.4 Condutores em um campo elétrico estático

Sabemos que na presença de um campo elétrico os portadores de cargas de um material condutor se movem. Entretanto devemos responder à seguinte pergunta: em condições estáticas, onde estão localizados os portadores de cargas no condutor carregado?

Para responder a essa pergunta, vamos analisar a Fig. 4.12, onde (a) temos uma região de campo elétrico uniforme e estático e (b) um material condutor está imerso nesse campo. Na presença do condutor da Fig. 4.12 (b), ocorre uma modificação na configuração das linhas de campo quando os portadores de cargas livres se deslocam devido às forças elétricas. Ao atingir o equilíbrio eletrostático, as cargas se acumulam na superfície do condutor, pois não podem ir além, obrigando o campo elétrico em seu interior a ser nulo , ou seja, $\vec{E} = 0$. Então, em condições estáticas, as cargas em condutor carregado estão localizadas na superfície externa do condutor.

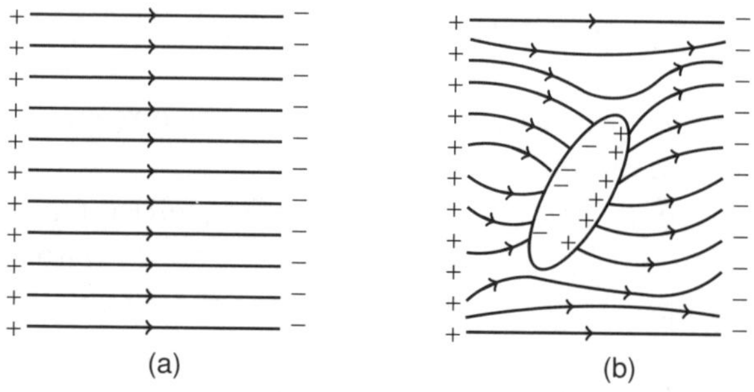

Figura 4.12: *Região de campo elétrico estático (a) e região campo elétrico estático na presença de um condutor (b).*

[2]Para uma descrição mais aprofundada sobre o assunto recomendamos o livro *Semicondutores: Fundamentos Técnicos, Técnicas e Aplicações* do autor Jacobus W. Swart.

4.5 Problemas

1. Uma carga pontual Q_1=25 nC está localizada no ponto $P_1(4,-2,7)$m e uma segunda carga Q_2=60 nC no ponto $P_2(-3,4,-2)$m. Se as cargas estão localizada no vácuo, determine:
   a) O campo elétrico no ponto $P_3(1,2,3)$.
   b) O ponto sobre o eixo y, onde E_x=0.

2. Um carga de 100 nC está no vácuo localizada no ponto $A(-1,1,3)$.
   a) Determine os pontos $P(x,y,z)$, nos quais E_x=500 V/m.
   b) Encontre a coordenada y do ponto $P(-2,y,3)$, sabendo que P pertence ao conjunto de pontos determinados em (a).

3. Uma carga Q_0 no vácuo está localizada na origem do sistema de coordenadas e gera um campo elétrico cuja componente z é E_z=1 kV/m no ponto $P(-2,1,-1)$m. Encontre:
   a) O valor carga Q_0.
   b) O campo elétrico $\vec{E}$ no ponto $A(1,6,5)$m em coordenadas cartesianas, cilíndricas e esféricas.

4. Um barra semi-infinta está localizada ao longo do eixo x negativo $(-\infty < x \leq 0)$. A barra está uniformemente carregada com densidade de carga λ_0. Determine o campo elétrico em um ponto arbitrário no plano xy.

5. Duas cargas puntiformes Q_1 e Q_2 estão localizadas nos pontos $P_1(4,0,-3)$ e $P_2(2,0,1)$m, respectivamente. Se Q_2= 4 nC, determine Q_1 tal que:
   a) O campo $\vec{E}$ no ponto $P_3(5,0,6)$ não tenha componente em z.
   b) A força sobre uma carga teste em $P_3(5,0,6)$ não tenha componente em x.

6. Duas cargas positivas iguais a q estão localizadas no eixo y em $+a$ e $-a$. Determine:
   a) O campo elétrico em um ponto P do eixo x.
   b) Os pontos sobre o eixo x, nos quais o campo elétrico é máximo.
   c) O valor do campo elétrico nos pontos encontrados no item (b).
   d) O valor do campo elétrico no ponto P para uma distância $x \gg a$.

7. Um elétron tem a velocidade de 2×10^6m/s na direção x. O elétron entra em uma região em que atua o campo uniforme $\vec{E}$=400$\hat{j}$ N/C.
   a) Qual a aceleração do elétron?
   b) Quanto tempo leva o elétron para cobrir uma distância de 10 cm na direção x no campo?
   c) Qual o desvio do elétron e em que direção está apontado, depois de o elétron ter coberto a distância de 10 cm na direção x, dentro do campo?

8. A equação das linhas de campo elétrico no plano xy, que passam pelo ponto P, podem ser determinadas resolvendo a equação diferencial em coordenadas cartesianas:

$$\frac{dy}{dx} = \frac{E_y}{E_x}$$

a) Determine a equação das linhas de campo que passam pelo ponto $P(1, 4, -2)$, em uma região cujo campo é dado por:

$$\vec{E} = \frac{-8x}{y}\hat{i} + \frac{4x^2}{y^2}\hat{j}$$

b) Já em coordenadas cilíndricas, deve-se resolver a seguinte equação diferencial:

$$\frac{d\rho}{\rho d\phi} = \frac{E_\rho}{E_\phi}$$

Determine a equação das linhas de campo que passam pelo ponto $P(2, 30^o, 0)$, em uma região cujo campo é dado por:

$$\vec{E} = \rho\cos 2\phi\hat{\rho} - \rho\sin 2\phi\hat{\phi}$$

9. Considere uma haste de comprimento L carregada uniformemente com uma distribuição linear de carga λ e uma carga total Q. Determine:
a) O campo elétrico em um ponto P ao longo do eixo da haste a uma distância a da extremidade da haste, conforme mostra a Fig. 4.13.
b) O campo elétrico para $a \gg L$.

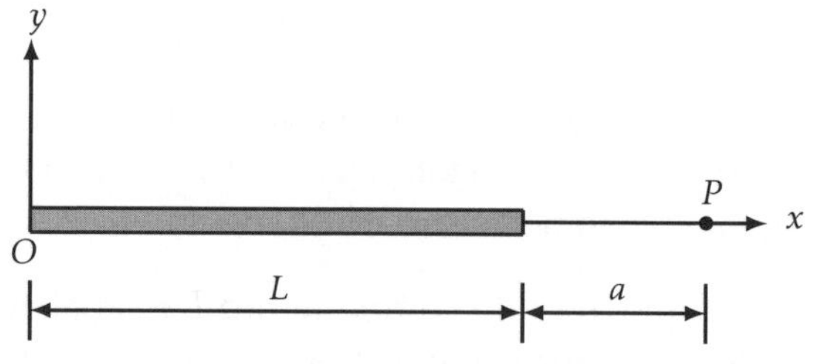

Figura 4.13: *Problema 9.*

10. Considere um anel de raio R uniformemente carregado com uma carga Q. Mostre que o campo elétrico em um ponto P a uma distância z do centro do anel e ao longo do eixo é dado por:

$$E_z = \frac{kzQ}{(z^2 + R^2)^{3/2}}$$

11. Uma haste isolante uniformemente carregada, cujo comprimento é 14cm, tem a forma de um semicírculo, como mostrado na Fig. 4.14. A haste tem uma carga total igual a 7,5 μC. Determine o módulo e a direção do campo elétrico no ponto O (o centro do semicírculo).

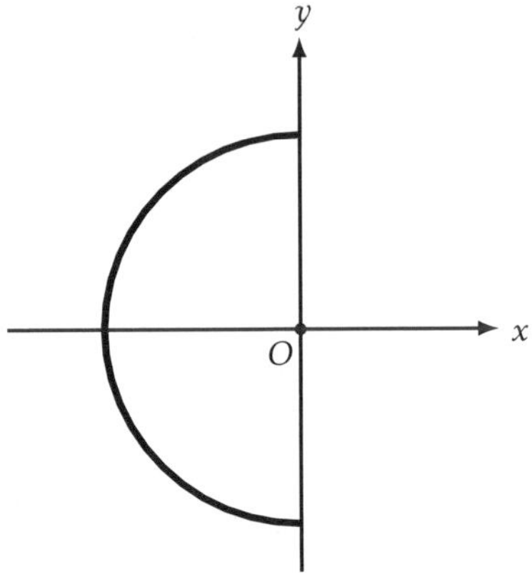

Figura 4.14: *Problema 11.*

12. Na superfície de um disco fino de raio R, há uma distribuição uniforme de cargas positivas. Determine:
a) O campo elétrico no ponto P ao longo do eixo do disco distante z do centro do disco.
b) Use o resultado do item (a) para determinar o campo de elétrico produzido por um plano infinito carregado com a mesma distribuição de cargas.

13. Três linhas de cargas carregadas uniformemente com λ_1, λ_2 e λ_3 e possuindo comprimento L formam um triângulo equilátero. Assumindo que λ_1=2λ_2=2λ_3, determine o campo elétrico no centro do triângulo.

14. Dois segmentos de reta iguais de comprimento L e igualmente carregados com densidade linear de cargas estão sobre o eixo x e separados por uma distância d, conforme a Fig. 4.15.

a) Mostre que a força que um segmento exerce sobre o outro é dada por

$$F = \frac{Q^2}{4\pi\epsilon_0 L^2} \ln\left[\frac{(d+L)^2}{d(d+2L)}\right]$$

onde Q é carga total de cada segmento.
b) Mostre que, quando d≫L, a força é dada por

$$F = \frac{Q^2}{4\pi\epsilon_0 d^2}$$

c) O resultado do item anterior é esperado? Justifique.

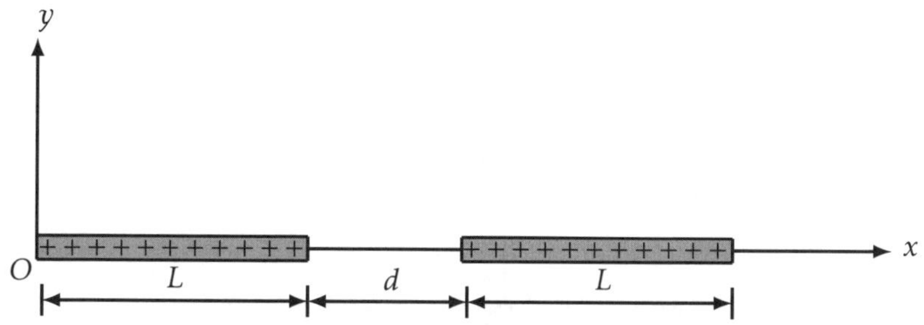

Figura 4.15: *Problema 14.*

15. Uma carga Q está localizada no ponto $P(0,-4,0)$, enquanto uma carga de 10 nC está distribuída uniformemente ao longo do anel semicircular, mostrado na Fig4.16. Determine o valor de Q para que o campo total na origem seja nulo.

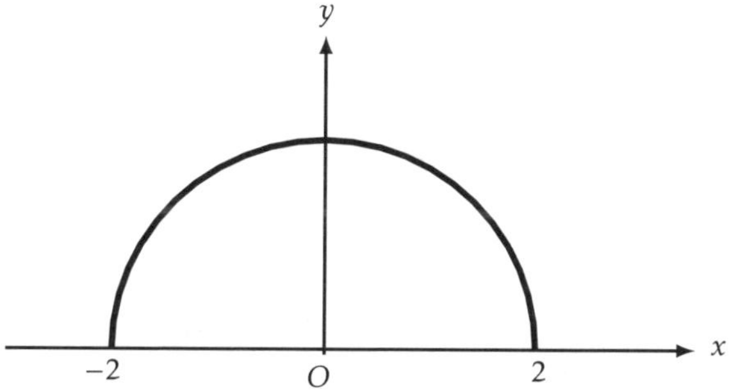

Figura 4.16: *Problema 15.*

16. Um disco de raio a possui uma distribuição não uniforme de cargas superficial, a partir do centro, proporcional ao raio do disco. Mostre que o módulo do campo elétrico sobre o eixo do disco a uma distância h do seu centro é

$$E = \frac{3Qh}{4\pi\epsilon_0 a^3}\left[\ln\left(\frac{a+\sqrt{a^2+h^2}}{h}\right) - \frac{a}{\sqrt{a^2+h^2}}\right]$$

17. Na Fig. 4.17, o semicírculo de raio a possui uma distribuição não uniforme de cargas. A carga para $-\pi/2 \leq \phi \leq \pi/2$ é dada por $\lambda(\phi) = \lambda_0 \sin\phi$. Sabendo que λ_0 é uma constante e ϕ é o ângulo medido em relação do eixo x, mostre que a força entre uma carga q_0 colocada em um ponto P ao longo do eixo z e o semicírculo é dada por

$$\vec{F} = -\frac{\lambda_0 q a^2}{8\pi\epsilon_0(z^2+a^2)^{3/2}}\hat{j}$$

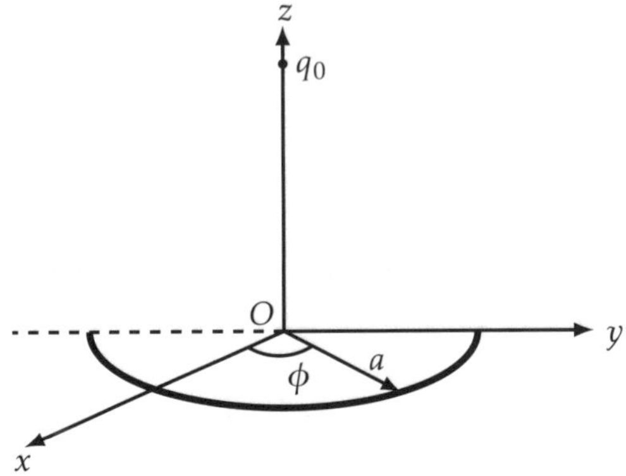

Figura 4.17: *Problema 17.*

18. Considere uma superfície de um hemisfério de raio a carregada uniformemente com uma distribuição de cargas σ. Sabendo que o meio é o vácuo, mostre que o campo no centro do hemisfério é dado por $\vec{E} = -(\sigma/4\epsilon_0)\hat{k}$.

19. Um esfera de raio R no vácuo possui em sua superfície uma distribuição de cargas dada por $\sigma(\theta) = \sigma_0 \sin 2\theta$, onde σ_0 é uma constante. Encontre a carga total na superfície e o campo elétrico no centro da esfera.

20. Considere uma distribuição uniforme de carga na superfície de uma fita infinita de largura $2a$. Encontre o campo elétrico no ponto $P(0,0,z)$. Utilizando o resultado obtido, mostre que, para uma fita de largura infinita (plano infinito), o campo no ponto P é o mesmo obtido no item (b) do Prob. 12.

21. Duas fitas paralelas muito longas estão separadas por uma distância d e carregadas uniformemente com densidades σ_0 e $-\sigma_0$, como mostradas na Fig. 4.18. Sendo o meio entre elas o vácuo, determine o módulo do vetor campo elétrico no ponto A, localizado a meia distância entre as fitas.

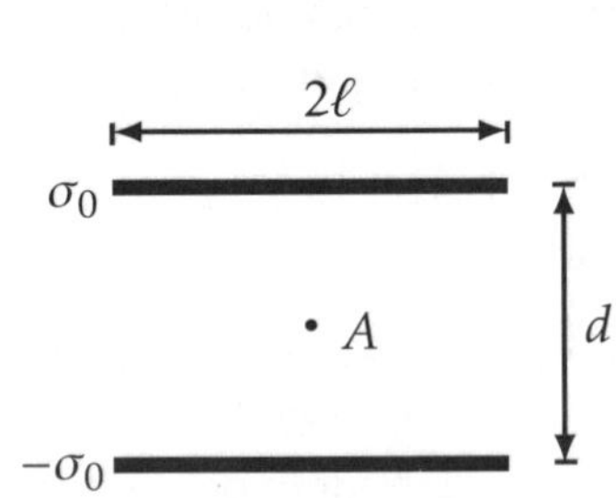

Figura 4.18: *Problema 21.*

Capítulo 5

Potencial elétrico

A descrição da interação elétrica entre corpos carregados através do campo elétrico é uma tarefa matematicamente complicada, uma vez que o campo elétrico é uma grandeza vetorial e principalmente por envolver integrais complicadas. Por outro lado, há também questões práticas, pois a medida direta do campo elétrico não é uma tarefa fácil. Para ajudar a descrição das interações entre corpos carregados, definiremos uma grandeza escalar conhecida como potencial elétrico. Por ser uma função escalar, ele é de fácil manipulação; além disso, o potencial elétrico, mais precisamente a diferença de potencial, tem relação direta com algumas situações do nosso dia a dia.

5.1 Campo elétrico conservativo

Antes de definir a função potencial elétrico, estudaremos uma propriedade importante desse campo. Assim como o campo gravitacional, o campo elétrico também é conservativo. Umas de suas características é o trabalho realizado pela força que independe da trajetória.[1] Para um campo conservativo, existe uma função escalar chamada função potencial, que pode ser, em princípio, facilmente determinada e utilizada para determinar o campo.

Considere o campo elétrico de uma distribuição de cargas discretas dado pela Eq. (4.4), com $\vec{r}_0$ como a origem do sistema de coordenadas. Assim, temos

$$\vec{E} = \frac{Q}{4\pi\epsilon_0}\frac{\vec{r}}{|\vec{r}|^3} \tag{5.1}$$

[1] O teorema de Stokes garante que se a integral de linha de uma função vetorial $\vec{f}$, para qualquer caminho c fechado, for zero ($\oint_c \vec{f}\cdot d\vec{\ell}=0$), então a integral do ponto a até um ponto b independe do caminho. Se a condição $\oint_c \vec{f}\cdot d\vec{\ell}=0$ for satisfeita, podemos afirmar que o campo definido pela função vetorial $\vec{f}$ é um campo conservativo. Além disso, existe uma função escalar (φ) que pode ser utilizada para determinar o campo vetorial $\vec{f}$.

Para avaliar se o campo $\vec{E}$ dado pela Eq. (5.1) é um campo conservativo, vamos calcular o rotacional do campo $\vec{E}$,[2] ou seja,

$$\nabla \times \vec{E} = \frac{Q}{4\pi\epsilon_0} \nabla \times \frac{\vec{r}}{|\vec{r}|^3} \tag{5.2}$$

Utilizando a identidade vetorial $\nabla \times (a\vec{F}) = \nabla a \times \vec{F} + a\nabla \times \vec{F}$, com

$$a = \frac{1}{|\vec{r}|^3} \qquad \text{e} \qquad \vec{F} = \vec{r}$$

temos

$$\nabla \times \vec{E} = \frac{Q}{4\pi\epsilon_0}\left[\nabla\left(\frac{1}{|\vec{r}|^3}\right) \times \vec{r} + \frac{1}{|\vec{r}|^3}\nabla \times \vec{r}\right] \tag{5.3}$$

É fácil demonstrar, e por isso deixaremos como exercício, que

$$\nabla\left(\frac{1}{|\vec{r}|^3}\right) = -3\frac{\vec{r}}{|\vec{r}|^5} \qquad \text{e} \qquad \nabla \times \vec{r} = 0$$

Utilizando as relações mostradas acima na Eq. (5.3), podemos concluir facilmente que

$$\nabla \times \vec{E} = 0 \tag{5.4}$$

Ou seja, o campo elétrico de origem eletrostática é um campo conservativo.

5.2 Potencial elétrico

Na seção anterior, mostramos que o campo elétrico, de origem eletrostática, é um campo conservativo e $\int_c \vec{E} \cdot d\vec{\ell}$ independe do caminho. Entretanto, resta agora definir uma função escalar que possa ser utilizada para determinar o campo elétrico. Para isso, analisaremos com um pouco mais de detalhes a seguinte relação:

$$\nabla \times \vec{E} = 0 \tag{5.5}$$

A relação dada pela Eq. (5.4) indica que o rotacional do campo $\vec{E}$ é sempre nulo para qualquer campo de origem eletrotático $\vec{E}$. Sabendo que $\nabla \times (\nabla\varphi) = 0$ (ver Eq.[1.148] da tabela 1.5 do Cap.1), é possível então relacionar o campo elétrico $\vec{E}$ com uma função escalar φ da seguinte forma:

$$\vec{E} = -\nabla\varphi \tag{5.6}$$

[2] A escolha para calcular $\nabla \times \vec{E}$ é justificada pelo fato de que $\int_S \nabla \times \vec{E} \cdot \hat{n} dA = \oint_c \vec{E} \cdot d\ell$.

onde φ é o chamado potencial elétrico, cuja unidade no sistema internacional é o Volt. Utilizando a Eq. (5.6), podemos determinar a função φ da seguinte forma:

$$\int_A^B \vec{E}\cdot d\vec{\ell} = -\int_A^B \nabla\varphi \cdot d\vec{\ell} \tag{5.7}$$

Uma vez que $\nabla\varphi \cdot d\vec{\ell} = d\varphi$, temos

$$\int_A^B \vec{E}\cdot d\vec{\ell} = -\int_A^B d\varphi \tag{5.8}$$

Logo,

$$\varphi(B) - \varphi(A) = -\int_A^B \vec{E}\cdot d\vec{\ell} \tag{5.9}$$

É importante notar que o resultado da integral de linha de A a B só depende do valor da função escalar φ nos pontos A e B. A quantidade $\Delta\varphi = \varphi(B) - \varphi(A)$ é chamada de diferença de potencial.

5.2.1 Potencial elétrico para uma carga puntiforme

A partir da Eq. (5.6), é imediato perceber que o potencial no ponto P para uma carga puntiforme Q localizada no espaço, como mostrada na Fig. 5.1, é dado por

$$\varphi = \frac{1}{4\pi\epsilon_0}\frac{Q}{|\vec{r} - \vec{r}_0|} \tag{5.10}$$

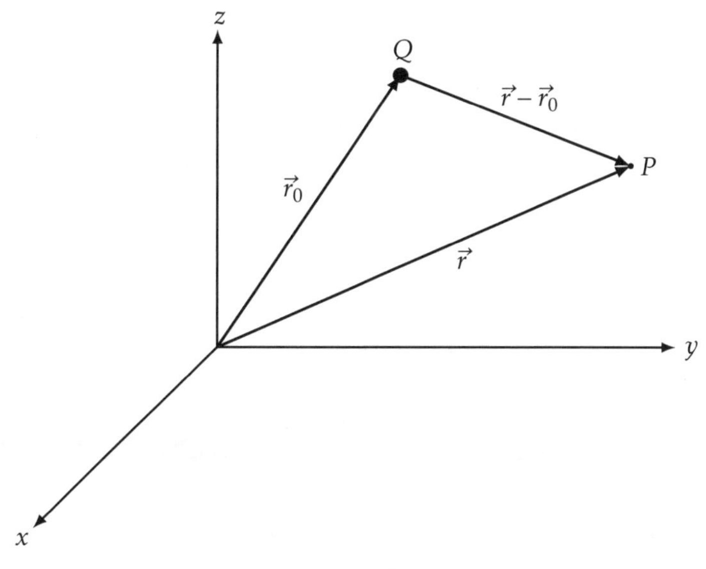

Figura 5.1: *Potencial elétrico no ponto P devido a uma carga puntiforme Q.*

É evidente que poderíamos determinar o potencial de uma carga puntiforme utilizando a Eq. (5.9) e com o campo $\vec{E}$ dado pela Eq. (4.4). Entretanto, para isso, tomaríamos o ponto A como infinito, já que nesse ponto o campo elétrico $\vec{E}$, e consequentemente o potencial, é nulo . Isso nos leva a pensar que o ponto A pode ser escolhido de modo conveniente, ou seja, podemos escolher o potencial nesse ponto como sendo nulo ou constante. Essa escolha não tem maiores implicações no cálculo do campo elétrico, pois ele é determinado pelo gradiente do potencial - logo, uma constante diferente de zero ou igual a zero não tem importância.

5.2.2 Potencial elétrico para um sistema de cargas puntiforme

O potencial elétrico de um sistema de cargas, como mostrado na Fig. 4.4, pode ser encontrado utilizando o princípio da superposição. O campo elétrico resultante de um sistema de cargas é dado pela soma vetorial dos campos criados por cada uma das cargas do sistema, ou seja,

$$\vec{E} = \vec{E_1} + \vec{E_2} + \vec{E_3} + \cdots + \vec{E_i} \tag{5.11}$$

Fazendo uso da definição de potencial elétrico, temos que

$$\varphi = -\int_C \vec{E} \cdot d\vec{\ell} = -\int_C (\vec{E_1} + \vec{E_2} + \vec{E_3} + \cdots + \vec{E_i}) \cdot d\vec{\ell} \tag{5.12}$$

Com isso, a equação acima pode então ser escrita da seguinte forma:

$$\varphi = -\int_C \vec{E_1} \cdot d\vec{\ell} - \int_C \vec{E_2} \cdot d\vec{\ell} - \int_C \vec{E_3} \cdot d\vec{\ell} - \cdots - \int_C \vec{E_i} \cdot d\vec{\ell} \tag{5.13}$$

É fácil perceber pela Eq. (5.13) que o potencial devido a um sistema de cargas é a soma dos potenciais devido a cada uma das cargas individualmente. Assim, podemos escrever o potencial elétrico de um sistema de cargas puntiformes da seguinte maneira:

$$\varphi = \varphi_1 + \varphi_2 + \varphi_3 + \cdots + \varphi_i \tag{5.14}$$

$$\varphi = \sum_{\mathrm{i}=1} \frac{1}{4\pi\epsilon_0} \frac{Q_i}{|\vec{r} - \vec{r_i}|} \tag{5.15}$$

Exercício Resolvido 5.2.1

Duas cargas iguais a Q_1=q e Q_2=-q estão localizadas nos pontos P_1(0,ℓ) e P_2(0,-ℓ) como mostradas na Fig. 5.2. Encontre o potencial elétrico:
a) Em função de r, para $r >> \ell$, em um ponto P ao longo do eixo z.
b) Em função de (r,θ), para $r >> \ell$, em um ponto P fora o eixo z.

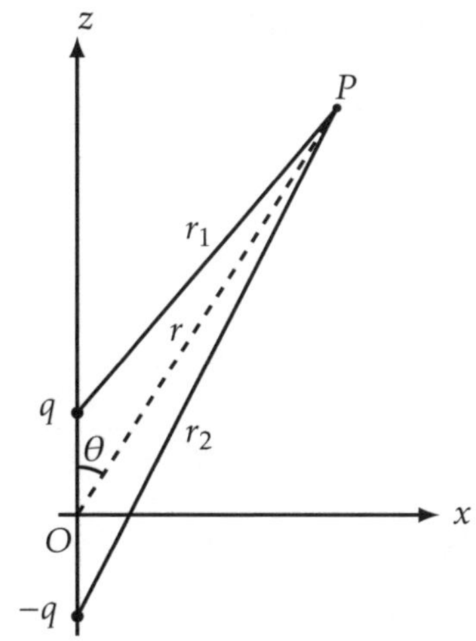

Figura 5.2: *Exercício resolvido 5.2.1.*

SOLUÇÃO:

a) *Ao longo do eixo z, o potencial elétrico é dado por*

$$\varphi(r) = \frac{1}{4\pi\epsilon_0}\frac{Q_1}{r_1} + \frac{1}{4\pi\epsilon_0}\frac{Q_2}{r_2}$$

onde r_1 e r_2 são as distâncias indicadas na Fig. 5.2 quando $\theta = 0$. Dessa forma,

$$r_1 = r - \ell$$
$$r_2 = r + \ell$$

que, substituindo na função potencial, conseguimos

$$\varphi(r) = \frac{1}{4\pi\epsilon_0}\frac{q}{r-\ell} - \frac{1}{4\pi\epsilon_0}\frac{q}{r+\ell}$$
$$\varphi(r) = \frac{q}{4\pi\epsilon_0}\frac{2\ell}{r^2-\ell^2}$$

Lembrando que $r >> \ell$, o potencial finalmente é dado por

$$\varphi(r) = \frac{p}{4\pi\epsilon_0}\frac{1}{r^2}$$

com $p = 2q\ell$. ■

b) *O potencial elétrico no ponto P fora do eixo z pode é dado por*

$$\varphi(r,\theta) = \frac{1}{4\pi\epsilon_0}\frac{Q_1}{|\vec{r}_1|} + \frac{1}{4\pi\epsilon_0}\frac{Q_2}{|\vec{r}_2|}$$

onde r_1 e r_2 são as distâncias indicadas na Fig. 5.2. Da figura podemos notar que

$$\vec{r}_1 = \vec{r} - \ell\hat{k}$$
$$\vec{r}_2 = \vec{r} + \ell\hat{k}$$

Lembrando que

$$|\vec{r}_1| = \sqrt{(\vec{r} - \ell\hat{k}) \cdot (\vec{r} - \ell\hat{k})} = \sqrt{r^2 + \ell^2 - 2r\ell\cos\theta}$$
$$|\vec{r}_2| = \sqrt{(\vec{r} + \ell\hat{k}) \cdot (\vec{r} + \ell\hat{k})} = \sqrt{r^2 + \ell^2 + 2r\ell\cos\theta}$$

e substituindo na função potencial, conseguimos

$$\varphi(r,\theta) = \frac{1}{4\pi\epsilon_0}\frac{q}{\sqrt{r^2 + \ell^2 - 2r\ell\cos\theta}} - \frac{1}{4\pi\epsilon_0}\frac{q}{\sqrt{r^2 + \ell^2 + 2r\ell\cos\theta}}$$

Na condição de $r >> \ell$, temos

$$\frac{1}{\sqrt{r^2 + \ell^2 - 2r\ell\cos\theta}} = \frac{1}{r}\left[1 + \frac{\ell}{r}\cos\theta - \frac{\ell^2}{2r^2}(1 - 3\cos^2\theta) + \cdots\right]$$
$$\frac{1}{\sqrt{r^2 + \ell^2 + 2r\ell\cos\theta}} = \frac{1}{r}\left[1 - \frac{\ell}{r}\cos\theta - \frac{\ell^2}{2r^2}(1 - 3\cos^2\theta) + \cdots\right]$$

que, substituindo na função potencial, obtemos

$$\varphi(r,\theta) = \frac{q}{4\pi\epsilon_0}\frac{1}{r}\left[1 + \frac{\ell}{r}\cos\theta - \frac{\ell^2}{2r^2}(1 - 3\cos^2\theta) + \cdots\right] - \frac{q}{4\pi\epsilon_0}\frac{1}{r}\left[1 - \frac{\ell}{r}\cos\theta - \frac{\ell^2}{2r^2}(1 - 3\cos^2\theta) + \cdots\right]$$

Ao rearranjar os termos, finalmente o potencial em um ponto fora do eixo z é dado por

$$\varphi(r,\theta) = \frac{p}{4\pi\epsilon_0}\frac{\cos\theta}{r^2}$$

com $p = 2q\ell$. ■

5.2.3 Potencial elétrico para distribuição contínua de cargas

Utilizando o princípio da superposição e as ideias desenvolvidas nos Cap.3, podemos determinar o potencial elétrico devido a uma distribuição contínua de cargas da seguinte forma:

$$\varphi = \frac{1}{4\pi\epsilon_0}\int \frac{1}{|\vec{r} - \vec{r}_0|}dq \tag{5.16}$$

Vale ainda salientar que, dependendo do tipo da distribuição de cargas, o elemento de carga dq deverá ser como as Eqs.(3.7-3.9).

Exercício Resolvido 5.2.2

Um disco de raio R está carregado em sua superfície, com uma distribuição uniforme de cargas igual a σ_0. Encontre o potencial elétrico em um ponto sobre o eixo z que passa pelo centro do disco. A partir do resultado, determine o campo elétrico associado ao disco carregado.

SOLUÇÃO: *Como o disco está carregado com uma distribuição contínua de cargas, o potencial elétrico no ponto P da figura é dado por*

$$\varphi = \frac{1}{4\pi\epsilon_0}\int \frac{dq}{|\vec{r}-\vec{r}_0|}$$

com

$$\begin{aligned} dq &= \sigma_0 dA \\ dq &= \sigma_0 r' d\theta dr' \\ \vec{r} &= z\hat{k} \\ \vec{r}_0 &= r'\cos\theta\hat{i} + r'\sin\theta\hat{j} \end{aligned}$$

para

$$\begin{aligned} 0 \le r' \le R \\ 0 \le \theta \le 2\pi \end{aligned}$$

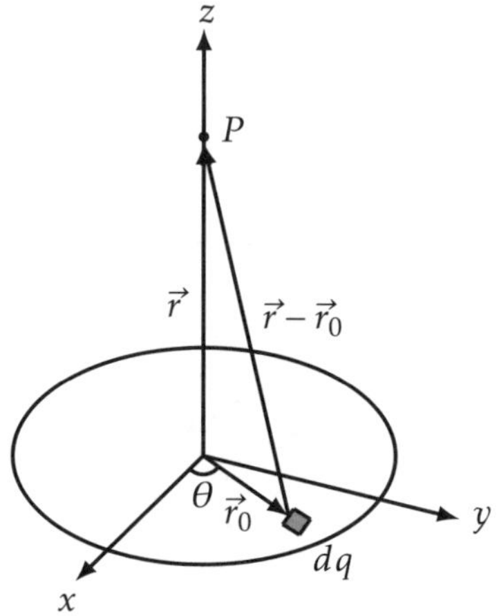

Figura 5.3: *Exercício resolvido 5.2.2.*

Dessa maneira, o potencial pode ser determinado da seguinte forma:

$$\varphi = \frac{1}{4\pi\epsilon_0} \int_0^R \int_0^{2\pi} \frac{\sigma_0 d\theta r' dr'}{\sqrt{z^2 + r'^2}}$$

A integral em θ é imediata, já a integral em r' é tabelada, porém recomendamos que ela seja resolvida como exercício. Após a resolução das integrais, finalmente o potencial no ponto P é dado por

$$\varphi = \frac{\sigma_0}{2\epsilon_0}\left(\sqrt{z^2 + R^2} - z\right)$$

O campo elétrico associado ao disco carregado é dado por

$$\vec{E} = -\nabla\varphi$$

Como o potencial depende apenas da coordenada z, temos

$$\vec{E} = -\frac{d\varphi}{dz}\hat{k}$$

Fazendo a derivada do potencial em relação a z, encontramos que o campo elétrico no ponto P é dado por

$$\vec{E} = \frac{\sigma_0}{2\epsilon_0}\left(1 - \frac{z}{\sqrt{z^2 + R^2}}\right)\hat{k}$$

■

5.2.4 Diferença de potencial elétrico em um campo elétrico constante

No Cap.4, definimos o campo elétrico constante em função das linhas de campo paralelas e igualmente espaçadas. Na Fig. 5.4, temos a representação de um campo elétrico constante, cuja distância entre os pontos A e B é representada pelo vetor $\vec{\ell}$.

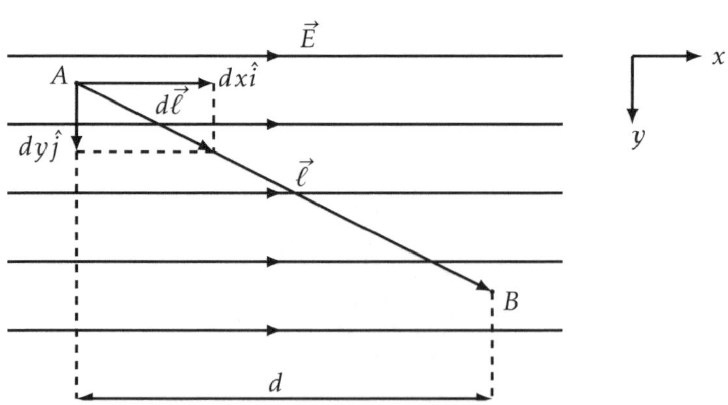

Figura 5.4: *Diferença de potencial em um campo elétrico constante.*

Da Eq. (5.9), temos

$$\varphi_B - \varphi_A = -\int_A^B \vec{E} \cdot d\vec{\ell} \tag{5.17}$$

Caso o campo elétrico seja constante e dado por $\vec{E} = E\hat{i}$, temos

$$\varphi_B - \varphi_A = -\int E\hat{i} \cdot (dx\hat{i} + dy\hat{j}) = -\int Edx(\hat{i} \cdot \hat{i}) - \int Edy(\hat{i} \cdot \hat{j}) \tag{5.18}$$

e, resolvendo as integrais da Eq. (5.18), conseguimos

$$\varphi_B - \varphi_A = -Ed \tag{5.19}$$

O sinal de negativo na Eq. (5.19) indica que o potencial no ponto A é maior que o do ponto B, ou seja, que o potencial diminui ao longo da linha de campo elétrico e no sentido do campo. Como $\varphi_B < \varphi_A$, podemos escrever a relação acima como

$$\varphi_A - \varphi_B = Ed \tag{5.20}$$

Analisando a Eq. (5.20), podemos relacionar ainda o campo elétrico com a unidade Volt/m. Vale salientar que essa unidade é equivalente à unidade N/C mostrada no Cap.4.

5.3 Energia potencial elétrica

Na seção anterior, mostramos que a diferença de potencial entre os pontos A e B em um campo elétrico $\vec{E}$ é dado por

$$\varphi_B - \varphi_A = -\int_A^B \vec{E} \cdot d\vec{\ell} \tag{5.21}$$

Utilizando a definição de campo elétrico, podemos escrever a Eq. (5.21) da seguinte forma:

$$q\varphi_B - q\varphi_A = -\int_A^B \vec{F} \cdot d\vec{\ell} \tag{5.22}$$

O lado direito da Eq. (5.22) representa o trabalho associado à força de origem elétrica. Assim, o potencial elétrico (φ) é o trabalho por unidade de carga. No SI, a unidade para o potencial elétrico é o Joule/Coulomb, que tem como equivalência o Volt.
Podemos então definir agora a energia potencial elétrica nos pontos A e B como

$$U_A = q\varphi_A \qquad U_B = q\varphi_B \tag{5.23}$$

Com isso, a Eq. (5.22) é dada por

$$U_B - U_A = -\int_A^B \vec{F} \cdot d\vec{\ell} \tag{5.24}$$

Ou seja, a Eq. (5.24) determina a variação da energia potencial elétrica entre pontos A e B de uma região de campo elétrico.

5.3.1 Energia potencial de um dipolo elétrico em um campo elétrico externo

No Cap. 4 (Sec. 4.2), definimos o dipolo elétrico como duas cargas de sinais opostos separadas por uma distância ℓ. Agora, vamos analisar a energia potencial associada a um dipolo elétrico quando imerso em um campo elétrico externo. Consideremos para isso o dipolo mostrado na Fig. 5.5.

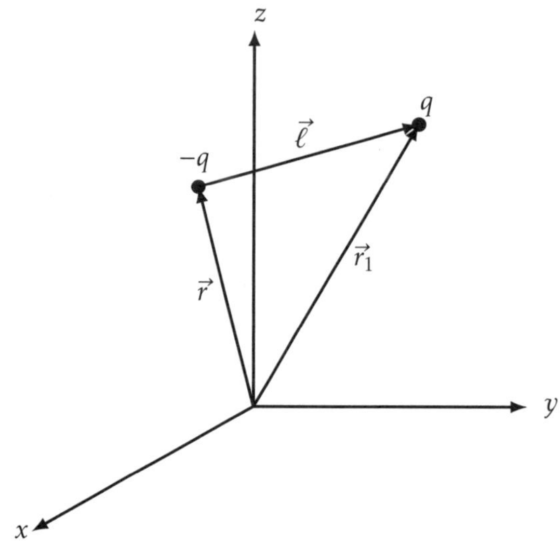

Figura 5.5: *Dipolo elétrico em um campo elétrico externo.*

A energia potencial do dipolo pode ser determinada utilizando a Eq. (5.23) da seguinte forma:

$$U = -q\varphi(\vec{r}) + q\varphi(\vec{r}_1) \tag{5.25}$$

onde $\vec{r}$ e $\vec{r}_1$ são mostrados na Fig. 5.5. É fácil ver que $\vec{r}_1 = \vec{r} + \vec{\ell}$, e, com isso, temos que

$$U = -q\varphi(\vec{r}) + q\varphi(\vec{r} + \vec{\ell}) \tag{5.26}$$

Como já mencionado no capítulo anterior, um dipolo elétrico não possui extensão no espaço, ou seja, que $|\vec{\ell}| <<< |\vec{r}|$. Dessa maneira, podemos expandir $\varphi(\vec{r})$ e $\varphi(\vec{r} + \vec{\ell})$ em série de Taylor.[3] Considerando apenas os termos lineares dessa expansão, temos

$$\varphi(x,y,z) = \varphi(x_0,y_0,z_0) + \frac{\partial\varphi}{\partial x}(x - x_0) + \frac{\partial\varphi}{\partial y}(y - y_0) + \frac{\partial\varphi}{\partial z}(z - z_0) + \cdots \tag{5.27}$$

[3] Ver Apêndice C.2

$$\varphi(x+\ell_x, y+\ell_y, z+\ell_z) = \varphi(x_0, y_0, z_0) + \frac{\partial \varphi}{\partial x}(x+\ell_x - x_0) + \frac{\partial \varphi}{\partial y}(y+\ell_y - y_0) + \\ + \frac{\partial \varphi}{\partial z}(z+\ell_z - z_0) + \cdots \quad (5.28)$$

que, substituindo na Eq. (5.26), conseguimos

$$U = q\left(\ell_x \frac{\partial \varphi}{\partial x} + \ell_y \frac{\partial \varphi}{\partial y} + \ell_z \frac{\partial \varphi}{\partial z}\right) \quad (5.29)$$

A Eq. (5.29) pode ainda ser escrita da seguinte maneira:

$$U = q\vec{\ell} \cdot \nabla \varphi \quad (5.30)$$

e lembrando que $\vec{E} = -\nabla \varphi$, temos finalmente

$$U = -\vec{p} \cdot \vec{E} \quad (5.31)$$

com $\vec{p} = q\vec{\ell}$ sendo o momento de dipolo elétrico.

5.4 Superfícies equipotenciais

Superfícies equipotenciais são superfícies nas quais o potencial elétrico é constante. Quando uma carga desloca-se por essa superfície, ela não sofre variação da energia potencial elétrica. Nas Figs. 5.6 e 5.7, temos as representações das superfícies equipotenciais para cargas puntiformes.

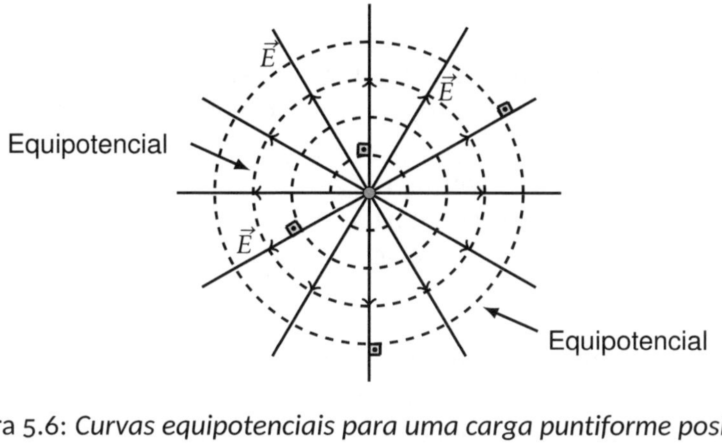

Figura 5.6: *Curvas equipotenciais para uma carga puntiforme positiva.*

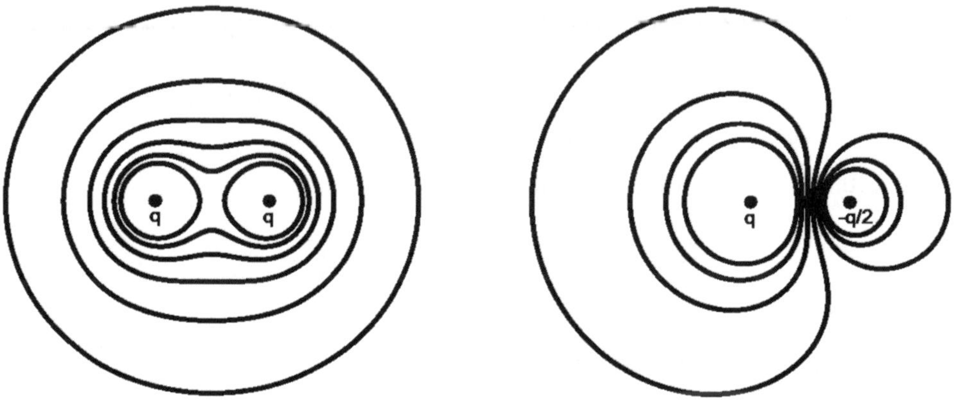

Figura 5.7: *Curvas equipotenciais para dois sistemas de duas cargas puntiforme localizadas nos pontos* $(1,0)$ *e* $(4,0)$.

É importante notar pela Fig. 5.6 que as linhas de campo são sempre perpendiculares às superfícies equipotenciais e que o potencial elétrico diminui sempre na direção das linhas de campo elétrico, como já mostrado na Fig. 5.4 para um campo elétrico constante.

5.5 Problemas

1. Qual o potencial elétrico a uma distância r=0,529×10^{-10} m de um próton?

2. Quatro cargas puntiformes de 2μC estão nos vértices de um quadrado de 4m de lado. Ache o potencial no centro do quadrado (com zero de potencial no infinito) se:
   a) Todas as cargas forem positivas.
   b) Três cargas forem positivas e uma negativa.
   c) Duas forem positivas e duas negativas.

3. Na Fig. 3, as cargas q, $-2q$ e q estão localizadas respectivamente em $(0,a)$, $(0,0)$ e $(0,-a)$. Para esse sistema, determine:
   a) O potencial elétrico em um ponto $P(0,r)$ do eixo y.
   b) O potencial elétrico no eixo y, para r≫a.

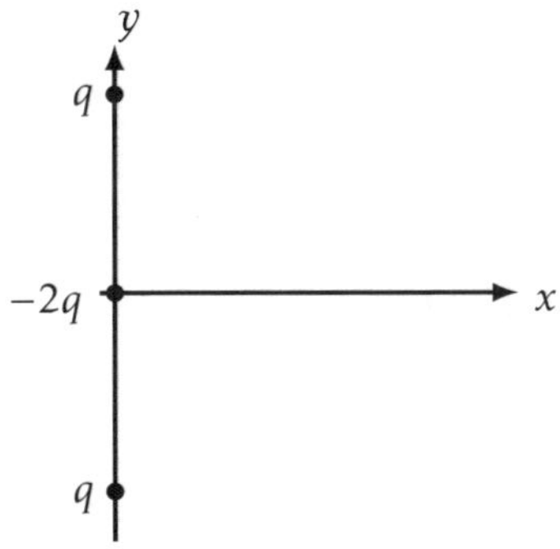

Figura 5.8: *Problema 3.*

4. Duas cargas puntiformes q_1=2 nC e q_2=-6,5 nC estão separadas por uma distância igual a 10 cm. O ponto A está localizado na metade da distância entre as duas cargas; o ponto B está a uma distância de 8 cm da carga q_1 e a 6 cm da carga q_2, como mostra a Fig. 5.9. Considere como zero o potencial a uma distância infinita das cargas. Determine:
a) O potencial elétrico no ponto A.
b) O potencial elétrico no ponto B.
c) O trabalho realizado para deslocar uma carga de 2,5 nC do ponto B até o ponto A.

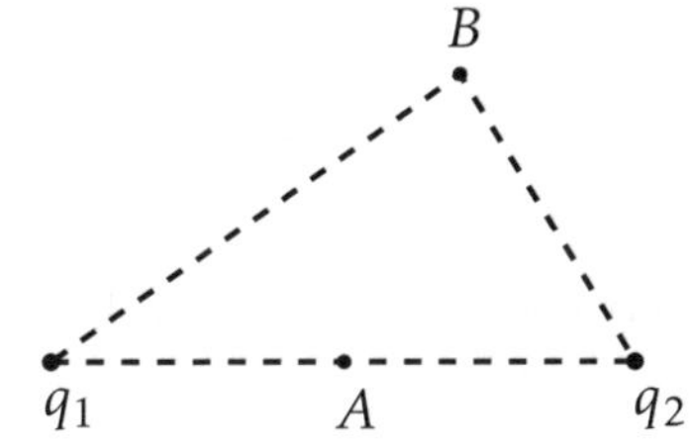

Figura 5.9: *Problema 4.*

5. Uma pequena esfera metálica com uma carga líquida de q_1=-2,8μC é mantida em repouso por suportes isolantes, como mostra a Fig. 5.10. Uma segunda esfera metálica com uma carga líquida de q_2=-7,8μC e massa igual a 1,50 g é projetada contra q_1. Quando a distância entre as duas esferas é igual a 0,8 m, q_2 se aproxima de q_1 com velocidade de 22 m/s. Suponha que as duas esferas possam ser tratadas como cargas puntiformes e despreze os efeitos gravitacionais.
a) Qual é a velocidade da carga q_2 quando a distância entre as esferas for 40 cm?
b) Qual será a menor distância entre q_1 e q_2?

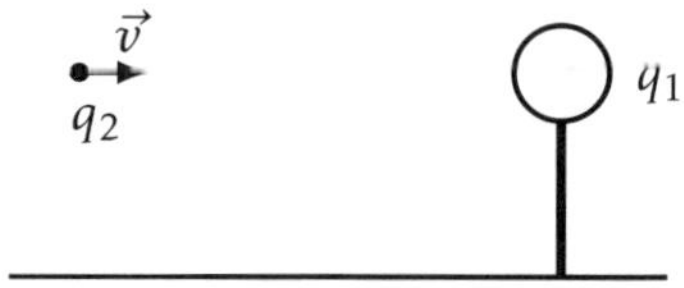

Figura 5.10: *Problema 5*

6. Uma pequena esfera de massa igual a 20 g pende por um fio entre duas placas verticais e paralelas, separadas por uma distância de 5 cm. A carga na esfera é de 6×10^{-9}C. Qual será a diferença de potencial entre as placas se o fio permanecer em um ângulo de 10°?

7. Um elétron parte da posição mostrada na Fig. 7, com velocidade inicial de v_0=5×10^6 m/s, fazendo um ângulo de 45° com o eixo x. O campo elétrico está na direção dos y positivos e tem o módulo $3{,}5\times10^3$ N/C. Com qual das duas placas o elétron colidirá? Em que ponto?

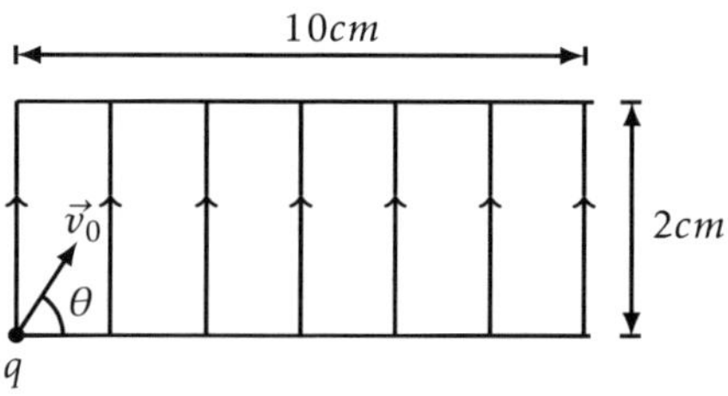

Figura 5.11: *Problema 7.*

8. O potencial elétrico φ em uma região é uma função de uma única coordenada retangular x, e $\varphi(x)$ é mostrado na Fig. 5.13. Esboce a intensidade do campo elétrico $E_x(x)$ na mesma região.

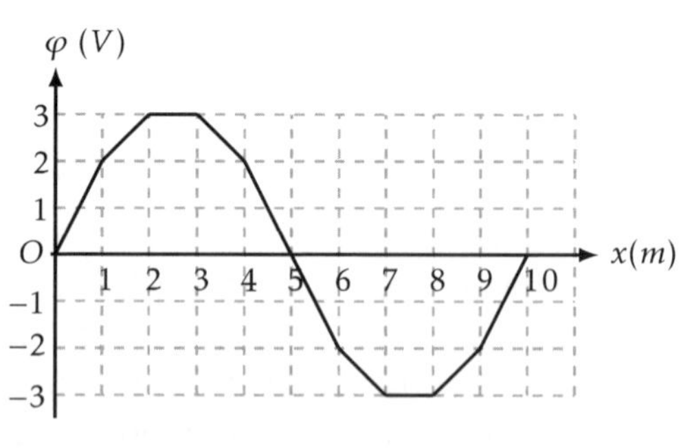

Figura 5.12: *Problema 8.*

9. O potencial elétrico no plano xy é dado por $\varphi(x,y) = 2x^2 - 3y^2$ (Volts). Determine, utilizando os vetores unitários, o campo elétrico no ponto $(3;2)$ m.

10. O potencial elétrico $\varphi(x)$=1500x^2 (Volts) é estabelecido no espaço entre duas placas planas e paralelas. Sabendo-se que x (em metros) é a distância perpendicular entre as placas, determine o módulo e o sentido do campo elétrico para x=1.3 cm.

11. O vetor $\vec{E} = (yz-2x)\hat{i}+xz\hat{j}+xy\hat{k}$ pode representar uma região de campo elétrico? Se sim, encontre o potencial elétrico correspondente a esse campo.

12. Um potencial elétrico de uma determinada distribuição de cargas é dado por

$$\varphi(x,y,z) = \frac{kQ}{\sqrt{(x-a)^2+y^2+z^2}}$$

Determine as componentes E_x, E_y e E_z do vetor campo elétrico.

13. Um campo elétrico é dado por $\vec{E}(x) = 2000x^3\hat{i}$ (V/m). Determine a diferença de potencial sobre o eixo x para x=1 m e x=2 m.

14. Um disco de raio R possui densidade superficial de carga uniforme igual a σ. Determine o potencial elétrico em um ponto P, a uma distância z do centro, ao longo do eixo do disco.

15. Uma barra de comprimento L se encontra sobre o eixo x com sua extremidade esquerda na origem, como mostrado na Fig. 5.13. A barra tem uma densidade de carga não uniforme λ=αx, onde α é uma constante positiva.
a) Quais são as unidades da constante α?
b) Determine o potencial elétrico no ponto A.
c) Determine o potencial elétrico no ponto B, localizado na bissetriz perpendicular da barra a uma distância b acima do eixo x.

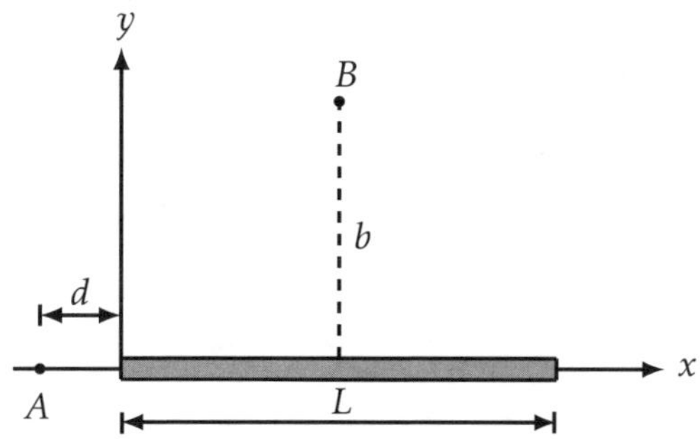

Figura 5.13: *Problema 15.*

16. O potencial elétrico em uma região entre x=0 e x=6.00 m é $\varphi(x) = a + bx$, onde a=10 V e b=-7 V/m.
    a) Determine o potencial elétrico em x=0, 3.00 m e 6.00 m.
    b) Determine o módulo e a direção do campo elétrico em x=0, 3.00 m e 6.00 m.

17. Em determinada região do espaço, o potencial elétrico é dado por

$$\varphi(x,y,z) = 5x - 3x^2y + 2yz^2$$

    a) Determine as expressões para as componentes x, y e z do campo elétrico $\vec{E}$.
    b) Determine o módulo do campo elétrico $\vec{E}$ no ponto $(1,0,-2)$ m.

18. Duas cargas $-q$, $q/2$ estão situadas na origem e no ponto $(a,0,0)$, respectivamente. Demonstre que a superfície equipotencial φ=0 é uma esfera e determine quais são as coordenadas de seu centro.

19. Três cargas q, $-2q$ e q estão alinhadas ao longo do eixo z em z=$d/2$, z=0 e z=-$d/2$, respectivamente. Determine o potencial e o campo elétrico no ponto $P(r,\theta,\phi)$.

20. Encontre o potencial elétrico e o campo elétrico a uma distância z do centro de uma superfície esférica de raio R, que tem uma distribuição superficial de carga elétrica de densidade uniforme σ. Aborde os casos: $z < R$ e $z > R$.

21. Um disco de raio R está carregado com uma distribuição superficial de cargas que depende da coordenada r da seguinte forma: $\sigma(r) = \sigma_0 r$, onde σ_0 é uma constante e r é medido a partir do centro do disco. Determine o potencial elétrico em um ponto P ao longo do eixo que passa pelo centro do disco.

22. Na Fig. 5.14, mostramos uma anel de raio interno a e raio externo b carregado uniformemente com uma distribuição superficial de cargas σ_0. Determine o potencial elétrico no ponto P devido a essa distribuição.

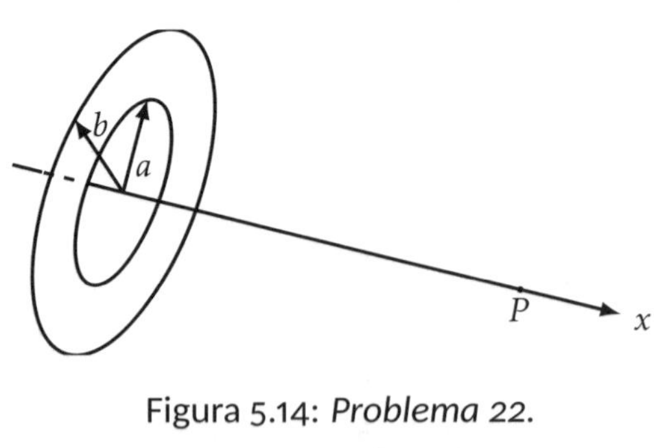

Figura 5.14: *Problema 22.*

23. Na Fig. 5.15, é mostrado um fio carregado uniformemente com uma distribuição de cargas λ. Determine o potencial elétrico no ponto O.

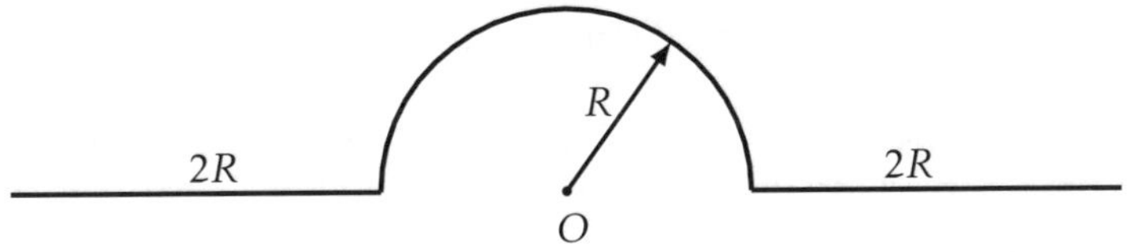

Figura 5.15: *Problema 23.*

24. Um campo elétrico uniforme $\vec{E}$=-325$\hat{j}$ V/m está representado na Fig. 5.16. As coordenadas do pontos A e B são respectivamente $(-20,-30)$ cm e $(40,50)$ cm. Determine a diferença de potencial $\varphi_B - \varphi_A$ através do caminho mostrado.

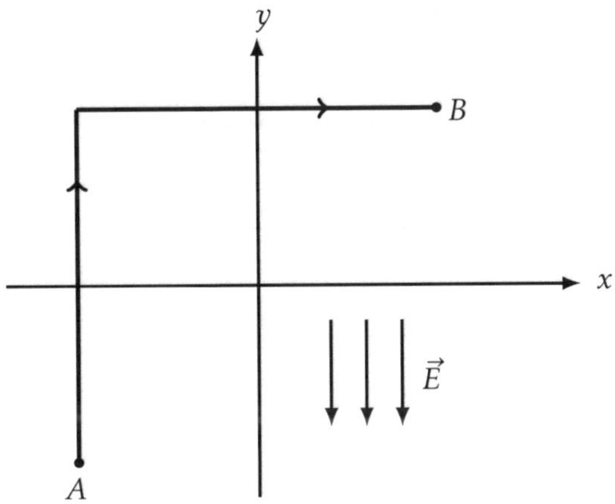

Figura 5.16: *Problema 24.*

25. Uma carga Q está distribuída uniformemente em uma placa quadrada plana de lado ℓ. Determine o potencial e o campo elétrico $\vec{E}$ em um ponto localizado sobre um eixo que passa perpendicularmente no centro da placa.

26. Uma carga Q está uniformemente distribuída sobre as paredes de um tubo circular de raio b e altura h.
a) Mostre que o potencial elétrico sobre o eixo do tubo, porém externo ($z \geq h$) é:

$$\varphi = \frac{b\sigma}{2\epsilon_0} \ln\left[\frac{z + \sqrt{b^2 + z^2}}{z - h + \sqrt{b^2 + (z-h)^2}}\right]$$

b) Mostre que o potencial elétrico sobre o eixo do tubo, porém interno ($z \leq h$) é:

$$\varphi = \frac{b\sigma}{2\epsilon_0} \ln\left[\frac{(z + \sqrt{b^2 + z^2})(h - z + \sqrt{b^2 + (h-z)^2})}{b^2}\right]$$

c) Determine o campo elétrico $\vec{E}$ para $z \geq h$ e $z \leq h$.

27. A linha de carga mostrada na Fig. 5.17 está envolvida por um tubo oco de raio b e possui uma densidade uniforme de carga dada por λ. Mostre que o potencial elétrico em função de x em um ponto P na superfície do tubo é dado por

$$\varphi = \frac{\lambda}{4\pi\epsilon_0}\left[\sinh^{-1}\left(\frac{L-x}{b}\right) + \sinh^{-1}\left(\frac{x}{b}\right)\right]$$

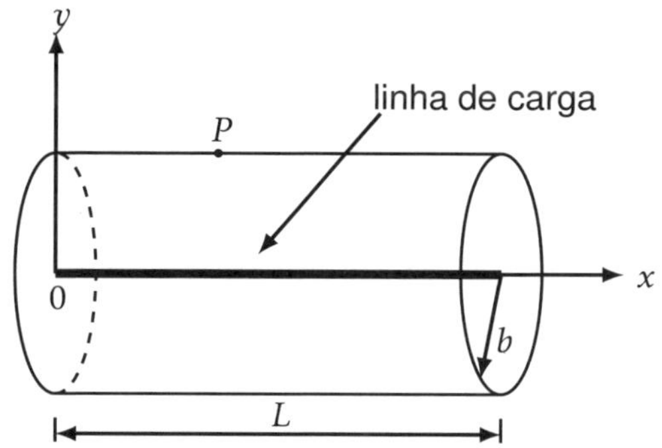

Figura 5.17: *Problema 27.*

Capítulo 6

Lei de Gauss

6.1 Fluxo do campo elétrico e lei de Gauss

6.1.1 Fluxo de campo elétrico

O Cap.4 definiu as linhas de campo elétrico e as informações qualitativas que elas oferecem acerca do campo e das cargas que o geram. Agora, consideremos uma região do espaço onde há um campo elétrico representado por linhas de campo, que atravessam uma superfície fechada S, como mostrado na Fig. 6.1. Podemos definir uma grandeza que representa o número líquido de linhas de campo elétrico que cruzam a superfície fechada S.

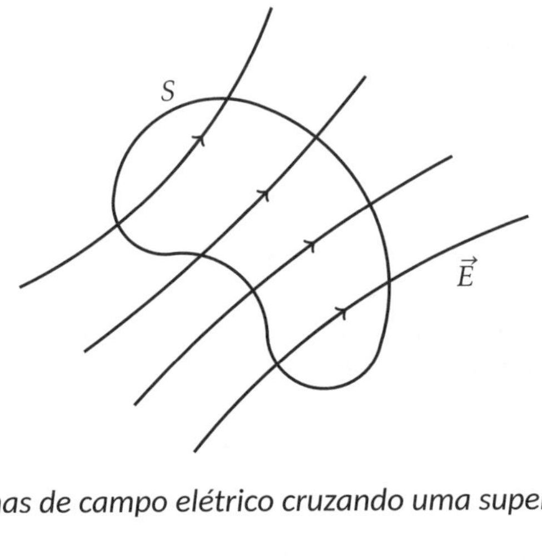

Figura 6.1: *Linhas de campo elétrico cruzando uma superfície fechada S.*

A essa grandeza damos o nome de fluxo do campo elétrico (Φ_E) e podemos determiná-lo da seguinte forma:

$$\Phi_E = \oint_S \vec{E} \cdot \hat{n} dA \tag{6.1}$$

onde $\vec{E}$ é o campo elétrico e $\hat{n}$, o vetor normal à superfície S. A unidade do fluxo de campo elétrico é o N.m^2/C. Para um campo elétrico constante e perpendicular à superfície S, como mostrado na Fig. 6.2, o fluxo de campo elétrico é dado por

$$\Phi_E = EA \tag{6.2}$$

onde E é o módulo do vetor campo elétrico e A, a área da superfície fechada S.

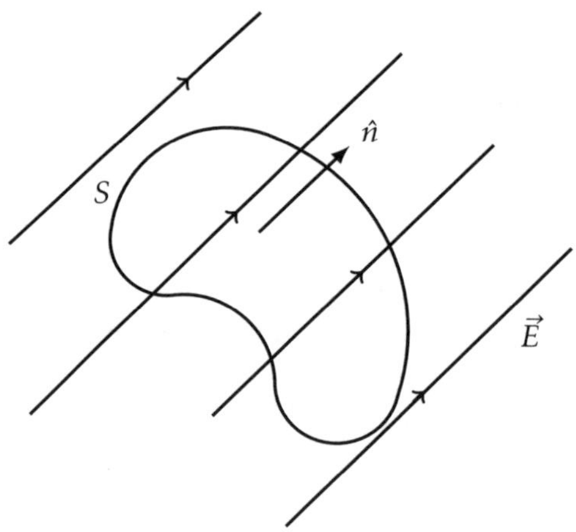

Figura 6.2: *Linhas de campo elétrico cruzando perpendicularmente uma superfície fechada S. Nesse caso, os vetores $\vec{E}$ e $\hat{n}$ são paralelos.*

6.1.2 Lei de Gauss

A relação entre o fluxo do campo elétrico que cruza através de uma superfície fechada S e a quantidade de carga envolvida por essa superfície foi descrita pelo cientista alemão Carl Friedrich Gauss (1777-1855), ficando assim conhecida como a lei de Gauss. Essa lei pode ser enunciada da seguinte forma:

> *O fluxo resultante através de qualquer superfície fechada que envolve uma carga Q é igual a Q/ϵ.*

Em termos matemático, a lei de Gauss é dada por

$$\Phi_E = \frac{Q}{\epsilon} \tag{6.3}$$

$$\oint_S \vec{E}\cdot\hat{n}dA = \frac{Q}{\epsilon} \tag{6.4}$$

onde ϵ é a permissividade elétrica do meio (para o vácuo $\epsilon = \epsilon_0$) e Q, a carga líquida envolvida pela superfície S, que chamamos de superfície gaussiana.

Para verificar a lei de Gauss, considere uma carga puntiforme Q envolvida por uma superfície gaussiana esférica, como mostrada na Fig. 6.3.

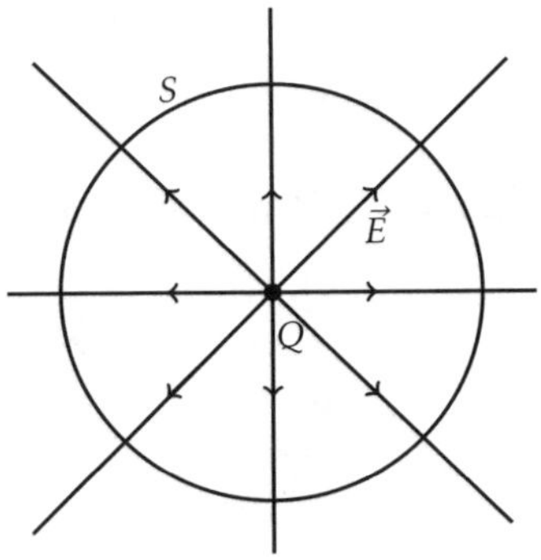

Figura 6.3: *Carga positiva envolvida pela superfície gaussiana* S.

O campo elétrico da carga envolvida pela superfície S é dado pela Eq. (4.4), ou seja,

$$\vec{E} = \frac{Q}{4\pi\epsilon}\frac{\hat{r}}{r^2}$$

Utilizando a Eq. (6.1), temos que o fluxo do campo elétrico para a carga pontual mostrada na Fig. 6.3 é dada por

$$\oint_S \vec{E}\cdot\hat{n}dA = \frac{Q}{4\pi\epsilon}\oint_S \frac{\hat{r}\cdot\hat{n}}{r^2}dA \tag{6.5}$$

Substituindo o elemento de área dado pela Eq. (1.65) na Eq. (6.5) e resolvendo as integrais, temos

$$\oint_S \vec{E}\cdot\hat{n}dA = \frac{Q}{4\pi\epsilon}\int_0^{2\pi}\int_0^{\pi}\frac{\hat{r}\cdot\hat{r}}{r^2}r^2\sin\theta d\theta d\phi = \frac{Q}{\epsilon} \tag{6.6}$$

Dessa forma, o fluxo é

$$\oint_S \vec{E}\cdot\hat{n}dA = \frac{Q}{\epsilon} \tag{6.7}$$

Fica claro então pela Eq. (6.7) que, para uma carga pontual envolvida por uma superfície esférica, o fluxo do campo elétrico é igual a Q/ϵ. Entretanto, independentemente da forma da superfície na qual a carga está envolvida, o fluxo será o mesmo, ou seja, Q/ϵ. Antes de verificar essa afirmação, definiremos o que chamamos de ângulo sólido. Na Fig. 6.4, temos um cone com vértice em O cuja base é dada pela projeção do elemento de área dA perpendicular ao vetor $\vec{r}$. Definimos o ângulo sólido $d\Omega$ como

$$d\Omega = \frac{dA_n}{r^2} \tag{6.8}$$

com

$$\Omega = \oint_S d\Omega = 4\pi \tag{6.9}$$

onde S é a superfície esférica de raio r. Com auxílio da Fig. 6.4, podemos escrever $d\Omega$

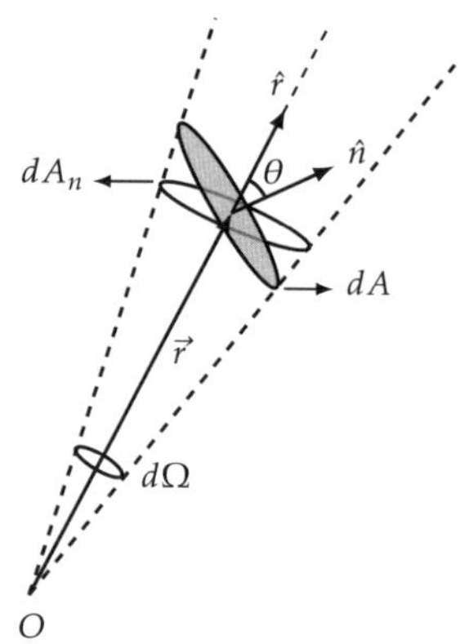

Figura 6.4: *Ângulo sólido.*

como

$$d\Omega = \frac{\cos\theta dA}{r^2} = \frac{\hat{r}\cdot\hat{n}dA}{r^2} \tag{6.10}$$

Vamos agora considerar a carga Q envolvida por uma superfície S qualquer, como a mostrada na Fig. 6.5. Usando a definição de ângulo sólido, é possível escrever que o fluxo do campo elétrico através da superfície S mostrada na Fig. 6.5 é dado por

$$\oint_S \vec{E}\cdot\hat{n}dA = \frac{Q}{4\pi\epsilon}\oint_S \frac{\hat{r}\cdot\hat{n}dA}{r^2} = \frac{Q}{4\pi\epsilon}\oint_S d\Omega \tag{6.11}$$

$$\oint_S \vec{E}\cdot\hat{n}dA = \frac{Q}{4\pi\epsilon}\oint_S d\Omega \tag{6.12}$$

Logo,

$$\oint_S \vec{E}\cdot\hat{n}dA = \frac{Q}{\epsilon} \tag{6.13}$$

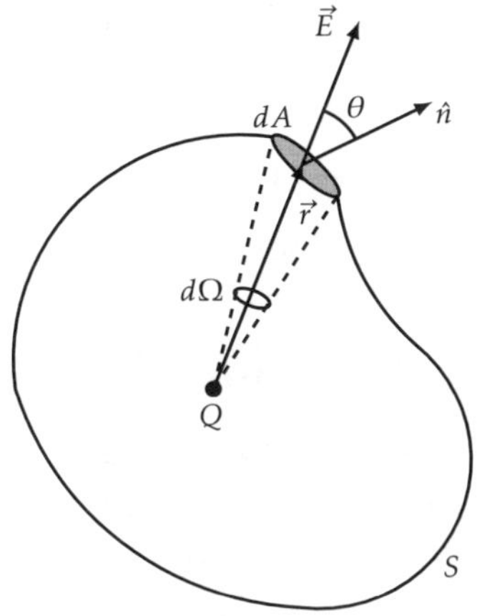

Figura 6.5: *Carga pontual Q envolvida por uma superfície gaussiana qualquer.*

Isso prova a afirmação feita anteriormente. Agora, vamos determinar o fluxo do campo elétrico para uma carga fora da superfície gaussiana. Utilizando a definição do ângulo sólido para os dois elementos de área (S_1 e S_2), mostrados na Fig. 6.6, temos que o fluxo total através da superfície S é dado por

$$\oint_S \vec{E}\cdot\hat{n}dA = \frac{Q}{4\pi\epsilon}\oint_{S_2} d\Omega - \frac{Q}{4\pi\epsilon}\oint_{S_1} d\Omega \tag{6.14}$$

$$\oint_S \vec{E}\cdot\hat{n}dA = 0 \tag{6.15}$$

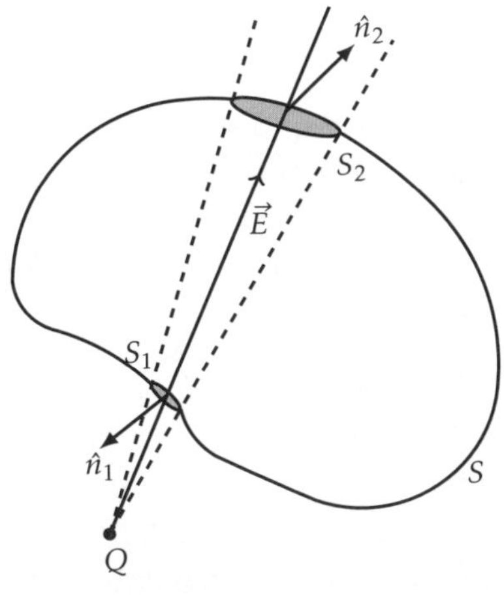

Figura 6.6: *Carga pontual Q fora da superfície gaussiana.*

Como conclusão das Eqs. (6.13) e (6.15), é possível enunciar a lei de Gauss de uma maneira mais geral.

$$\oint_S \vec{E}\cdot\hat{n}dA = \begin{cases} Q/\epsilon & \text{se a carga Q estiver envolvida pela superfície } S \\ 0 & \text{se a carga Q estiver fora da superfície } S \end{cases} \tag{6.16}$$

Exercício Resolvido 6.1.1

Encontre o campo elétrico produzido por um plano infinito carregado uniformemente, com uma distribuição superficial de cargas igual a σ_0.

SOLUÇÃO: *É fácil perceber que o campo elétrico produzido pelo plano infinito é constante e está ao longo do eixo y, como mostrado na Fig. 6.7.*

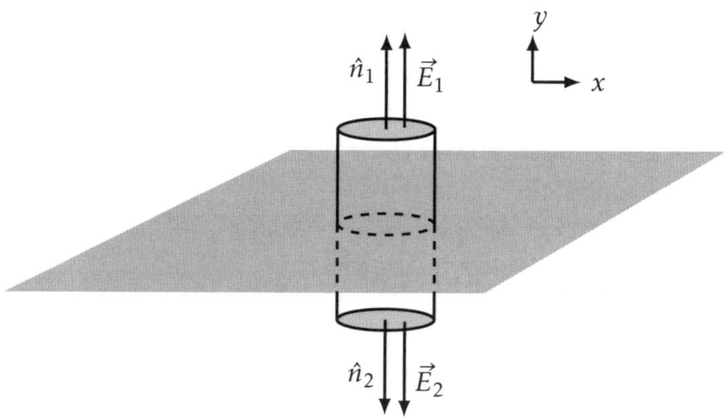

Figura 6.7: *Exercício resolvido 6.1.1.*

Consideremos como superfície gaussiana a superfície do cilindro mostrada na figura. Aplicando a lei de Gauss para essa superfície, temos

$$\oint_S \vec{E}\cdot\hat{n}dA = \int_{S_1}\vec{E}_1\cdot\hat{n}_1 dA_1 + \int_{S_2}\vec{E}_2\cdot\hat{n}_2 dA_2 = \frac{Q}{\epsilon_0}$$

onde S_1, S_2, $\hat{n}_1$ e $\hat{n}_2$ são as superfícies das tampas de cima e de baixo do cilindro e os vetores normais as respectivas superfícies. Fica claro que não há fluxo do campo elétrico cruzando a superfície lateral do cilindro, uma vez que o campo produzido pelo plano é perpendicular ao vetor normal a superfície lateral. Levando em conta as direções indicadas na figura e que as tampas do cilindro possuem área A, temos que

$$E\hat{j}\cdot\hat{j}A - E\hat{j}\cdot(-\hat{j})A = \frac{Q}{\epsilon_0}$$

Lembrando que $\sigma_0 = Q/A$, finalmente o campo elétrico produzido pelo plano infinito é dado por

$$E = \frac{\sigma_0}{2\epsilon_0}$$

■

Exercício Resolvido 6.1.2

Considere uma barra infinita carregada uniformemente com uma distribuição linear de cargas igual a λ_0 e determine o campo elétrico devido a essa distribuição de cargas.

SOLUÇÃO: *O fluxo de campo elétrico produzido pela linha de carga infinita é constante e está ao longo do raio, indicado pelo vetor $\hat{n}_3$, da superfície lateral do cilindro, como mostrado na Fig. 6.8.*

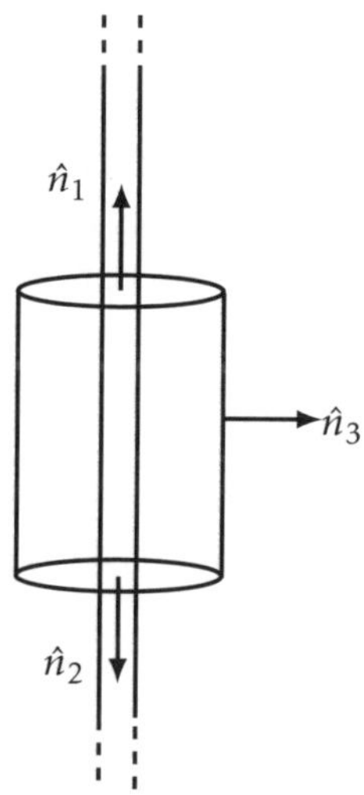

Figura 6.8: *Exercício resolvido 6.1.2.*

Considerando a superfície gaussiana mostrada na figura e aplicando a lei de Gauss para essa superfície, temos

$$\oint_S \vec{E} \cdot \hat{n} dA = \int_{S_1} \vec{E} \cdot \hat{n}_1 dA_1 + \int_{S_2} \vec{E} \cdot \hat{n}_2 dA_2 + \int_{S_3} \vec{E} \cdot \hat{n}_3 dA_3 = \frac{Q}{\epsilon_0}$$

onde S_1, S_2, S_3, $\hat{n}_1$, $\hat{n}_2$ e $\hat{n}_3$ são as superfícies das tampas de cima e de baixo, a superfície lateral do cilindro e os vetores normais as respectivas superfícies. Fica claro que não há fluxo do campo elétrico cruzando as superfícies S_1, S_2, uma vez que o campo produzido *pela linha de carga está na direção radial, ou seja, ao longo do vetor $\hat{n}_3$. Levando isso em consideração e que a carga envolvida pela superfície é $\lambda_0 L$, temos*

$$\int_{S_3} \vec{E}\cdot\hat{n}_3 dA = \frac{Q}{\epsilon_0}$$
$$\int_{S_3} E\hat{r}\cdot\hat{r} dA = \frac{\lambda_0 L}{\epsilon_0}$$

Considerando que a área lateral do cilindro é dada por

$$A = 2\pi r L$$

temos finalmente que o campo elétrico é

$$E = \frac{\lambda_0}{2\pi\epsilon_0}\frac{1}{r}$$

■

A Eq. (6.16) é conhecida como a forma integral da lei de Gauss, entretanto podemos escrevê-la de uma maneira um pouco mais interessante. Se em vez de uma carga pontual, envolvida pela superfície S, tenhamos uma distribuição de carga dada por

$$Q = \int_V \rho dv \tag{6.17}$$

onde ρ é a densidade volumétrica de carga encerrada pela superfície S, dessa forma a Eq. (6.13) pode ser escrita da seguinte forma:

$$\oint_S \vec{E}\cdot\hat{n} dA = \frac{1}{\epsilon}\int_V \rho dv \tag{6.18}$$

Utilizando o teorema da divergência, podemos escrever o lado esquerdo da Eq. (6.18) como

$$\oint_S \vec{E}\cdot\hat{n} dA = \int_V \nabla\cdot\vec{E} dv \tag{6.19}$$

E, a partir das Eqs. (6.18) e (6.19), conseguimos

$$\nabla\cdot\vec{E} = \frac{\rho}{\epsilon} \tag{6.20}$$

que é a forma diferencial da lei de Gauss.

6.2 Condição de contorno para um condutor no espaço livre

Nesta seção, vamos analisar o campo elétrico na interface de um condutor com o espaço vazio. Para isso, consideremos a Fig. 6.9, onde temos um condutor e o vetor campo elétrico $\vec{E}$. Sabendo que o campo elétrico $\vec{E}$ satisfaz a condição

$$\nabla \times \vec{E} = 0 \tag{6.21}$$

e, por consequência,

$$\oint_C \vec{E} \cdot d\vec{\ell} = 0 \tag{6.22}$$

então podemos utilizar o caminho C mostrado na Fig. 6.9 para determinar $\oint_C \vec{E} \cdot d\vec{\ell}$ para esse caminho.

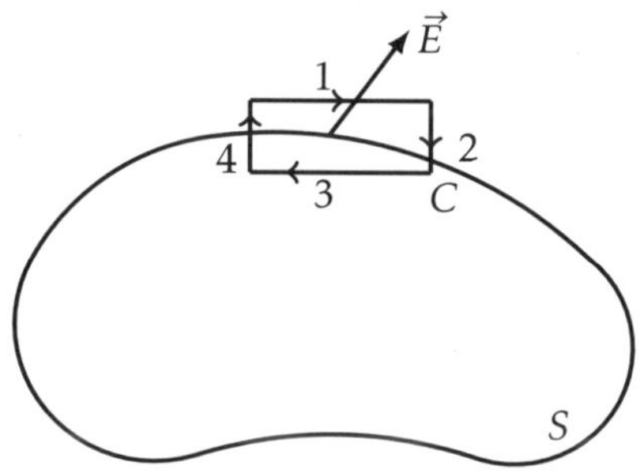

Figura 6.9: *Interface entre um condutor e um meio vazio.*

Escrevendo o campo elétrico como

$$\vec{E} = E_n \hat{n} + E_t \hat{t} \tag{6.23}$$

onde E_n e E_t são as componentes perpendicular e tangencial do campo $\vec{E}$, e substituindo na Eq. (6.22) para o circuito mostrado na Fig. 6.9, temos:

$$\oint_C \vec{E} \cdot d\vec{\ell} = \vec{E} \cdot \Delta\vec{\ell} = 0 \tag{6.24}$$

$$\tag{6.25}$$

com

$$\Delta\vec{\ell} = \Delta\vec{\ell}_1 + \Delta\vec{\ell}_2 + \Delta\vec{\ell}_3 + \Delta\vec{\ell}_4 \tag{6.26}$$

Logo,

$$\oint_C \vec{E} \cdot d\vec{\ell} = \vec{E} \cdot \Delta\vec{\ell}_1 + \vec{E} \cdot \Delta\vec{\ell}_2 + \vec{E} \cdot \Delta\vec{\ell}_3 + \vec{E} \cdot \Delta\vec{\ell}_4 = 0 \tag{6.27}$$

Para o caminho 3, o campo elétrico é nulo (interior do condutor), já os caminhos 2 e 4 estão tão próximos da superfícies que podem ser considerados iguais a zero. Diante dessas considerações, conseguimos

$$\vec{E} \cdot \Delta\vec{\ell}_1 = 0 \tag{6.28}$$

Levando em conta a Eq. (6.23) e que $\Delta\vec{\ell}_1 = \Delta\ell\hat{\ell}$, com $\hat{\ell}$ sendo o vetor unitário ao longo do caminho 1, temos

$$E_n\Delta\ell(\hat{n} \cdot \hat{t}) + E_t\Delta\ell(\hat{t} \cdot \hat{\ell}) = 0 \tag{6.29}$$

É importante notar que o primeiro termo na Eq. (6.29) é nulo, uma vez que os vetores $\hat{n}$ e $\hat{t}$ são perpendiculares entre si. Sendo assim,

$$E_t\Delta\ell(\hat{t} \cdot \hat{\ell}) = 0 \tag{6.30}$$

e como $\hat{t} \cdot \hat{\ell} = 1$, temos finalmente que a componente tangencial do campo é nula, ou seja, $E_t = 0$. Com isso, vemos que o campo elétrico na superfície de um condutor é sempre perpendicular à superfície, ou seja,

$$\vec{E} = E_n\hat{n} \tag{6.31}$$

É importante notar que a componente tangencial nula implica que não há movimento das cargas ao longo da superfície do condutor. Agora que sabemos que o campo elétrico é normal a superfície, surge a seguinte questão: qual o valor do campo elétrico na superfície? Para respondermos, vamos considerar um pequeno elemento de volume na interface do condutor, como mostrado na Fig. 6.10.

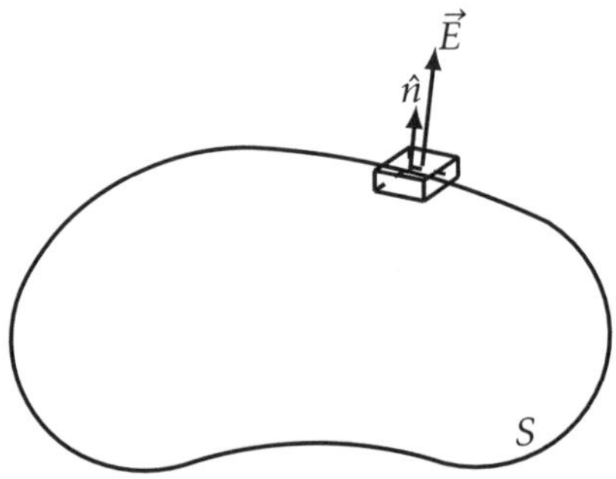

Figura 6.10: *Elemento de volume na interface entre um condutor com densidade superficial de carga σ e um meio vazio.*

Utilizando a lei de Gauss no elemento mostrado na Fig. 6.10, é fácil mostrar que o campo na superfície do condutor é dado por

$$\vec{E} = \frac{\sigma}{\epsilon_0}\hat{n} \tag{6.32}$$

onde σ é a densidade superficial de carga.

6.3 Problemas

1. A Fig. 6.11 mostra uma superfície gaussiana com a forma de um cubo de 2,00 m de aresta, imersa em um campo elétrico dado por $\vec{E} = (3x + 4)\hat{\imath} + 6\hat{\jmath} + 7\hat{k}$ N/C, com x em metros. Qual é a carga total contida no cubo?

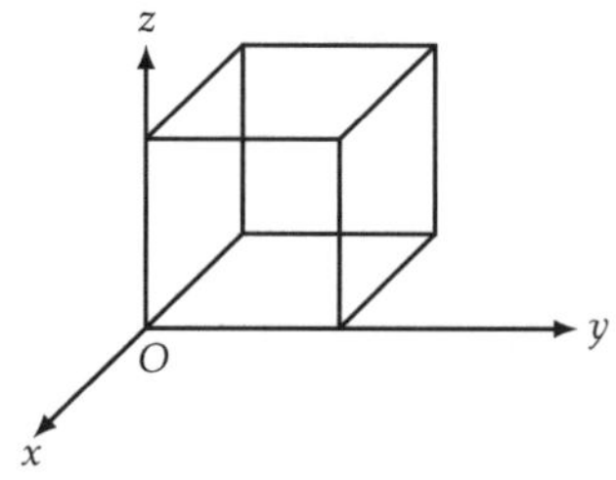

Figura 6.11: *Problema 1.*

2. Considere que, em uma determinada região do espaço, há o campo elétrico $\vec{E} = 100x\hat{\imath}$ V/m. Determine a carga total contida dentro:
   a) De um cubo de lado ℓ centrado na origem.
   b) De um cilindro de raio igual a $\ell/2$ e altura ℓ.

3. Prove que o módulo do campo elétrico entre dois planos infinito carregados uniformemente com cargas de sinais opostos é dado por $E = \sigma/\epsilon_0$.

4. A Fig. 6.12(a) mostra três placas de plásticos de grande extensão, paralelas e uniformemente carregadas. A Fig. 6.12(b) mostra o componente x do campo elétrico em função de x. Determine a razão entre a densidade de cargas na placa 3 e a densidade de carga na placa 2.

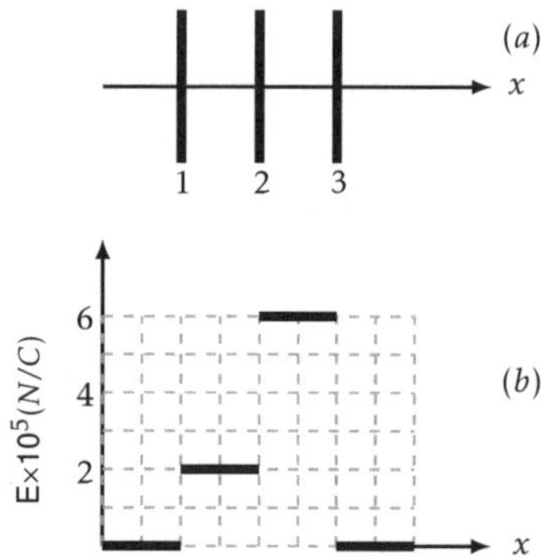

Figura 6.12: *Problema 4.*

5. A Fig. 6.13 mostra uma seção reta de uma placa não condutora muito extensa, com uma espessura de d=9,4 mm e uma densidade volumétrica de cargas uniforme de ρ=5,80 fC/m^3. A origem do eixo x está no centro da placa. Determine o módulo do campo elétrico em x=0, x=2,00 mm, x=4,70 mm e x=26,00 mm.

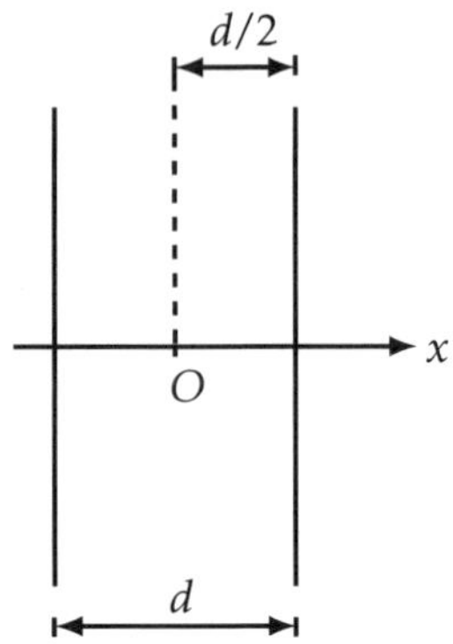

Figura 6.13: *Problema 5.*

6. Uma casca esférica de raio 6 cm tem uma densidade superficial de carga uniforme σ= 9 nC/m^2.
a) Qual a carga elétrica total na casca?
b) Ache o campo elétrico em r=2 cm, 5,9 cm, 6,1 cm e 10 cm.

7. Uma esfera de raio 6 cm tem uma densidade volumar de carga uniforme ρ= 450 nC/m^3.
a) Qual a carga total na esfera?
b) Ache o campo elétrico em r=2 cm, 5,9 cm, 6,1 cm e 10 cm.

8. Um cilindro maciço de 12 m de comprimento e 6 cm de raio tem uma densidade volumar de carga uniforme de ρ= 300 nC/m^3.
a) Qual a carga elétrica total do cilindro?
b) Ache o campo elétrico em r=2 cm, 5,9 cm, 6,1 cm e 10 cm.

9. Uma carga elétrica superficial não uniforme está no plano yz. Na origem, a densidade superficial de carga é σ=3,10 μC/m^2. No espaço, existem diversas outras distribuições de carga. Junto e à direita da origem, o componente x do campo elétrico é E_x=4,65×10^5 N/C. Qual a componente E_x junto e à esquerda da origem?

10. Uma casca esférica espessa, de raio interno a e raio externo b, tem densidade volumar de carga uniforme ρ. Ache a carga total da casca e o campo elétrico em todos os pontos.

11. Uma haste fina tem uma densidade linear de cargas dada por $\lambda = \lambda_0(1 - x/L)$, com λ_0 sendo uma constante e L, o comprimento da haste. Determine o fluxo total do campo elétrico devido à haste.

12. Uma esfera maciça não condutora, de raio R, tem uma densidade volumar de carga proporcional à distância ao centro da esfera dada por

$$\rho(r) = \begin{cases} Ar & \text{para} \quad r \leq R \\ 0 & \text{para} \quad r > R \end{cases}$$

a) Determine a carga total na esfera.
b) Determine o campo elétrico E_r no interior e no exterior da distribuição de carga e faça um gráfico de E_r contra r.

13. Repita o problema 12 com uma esfera maciça de densidade volumar de carga dada por

$$\rho(r) = \begin{cases} \dfrac{C}{r^2} & \text{para} \quad r \leq R \\ 0 & \text{para} \quad r > R \end{cases}$$

14. Repita o problema 12 com uma esfera maciça de densidade volumar de carga dada por

$$\rho(r) = \begin{cases} \dfrac{B}{r} & \text{para} \quad r \leq R \\ 0 & \text{para} \quad r > R \end{cases}$$

15. Uma densidade volumétrica de carga é dada por

$$\rho(r) = \begin{cases} 2e^{-r/b} & \text{para} \qquad 0 < r < b \\ 0 & \text{nos outros lugares} \end{cases}$$

Determine:

a) A carga total dentro de uma superfície esférica de raio b.
b) O fluxo de campo elétrico na superfície de raio b.

16. Uma região do espaço contém uma carga positiva Q, que está distribuída ao longo de uma esfera de tal modo que a densidade volumétrica de carga $\rho(r)$ é dada por

$$\rho(r) = \begin{cases} \dfrac{3\alpha r}{2R} & \text{para} \quad r \leq R/2 \\ \alpha\left[1 - \left(\dfrac{r}{R}\right)^2\right] & \text{para} \quad R/2 \leq r \leq R \\ 0 & \text{para} \quad r \geq R \end{cases}$$

Nessas relações, α é uma constante positiva com unidades de C/m^3. Determine:
a) α em função de Q e R.
b) Uma expressão para o campo elétrico em função da distância r para as três regiões separadamente.
c) A fração da carga total que está contida na região entre $R/2 \leq r \leq R$.

17. Dentro de uma casca esférica 3< r <4 m, o campo elétrico é dado por $\vec{E}(r) = a(r-3)^3\hat{r}$. Determine a densidade volumétrica de carga em r = 4 m.

18. Em uma determinada região do espaço, há um campo elétrico dado por

$$\vec{E}(x) = \begin{cases} ax^2\hat{i} & \text{para} \quad 0 \leq x \leq 3 \\ b\hat{i} & \text{para} \quad x > 3 \end{cases}$$

Determine a densidade de carga em x=2 m e em x=5 m.

19. Em uma região do espaço, há um campo elétrico dado por

$$E(x,y,z) = 4xy\hat{i} + 2x^2\hat{j} + \hat{k}$$

Determine a densidade de carga correspondente para esse campo.

20. Encontre a densidade de carga para o qual o campo elétrico em coordenadas cilíndricas é igual a $\vec{E} = \frac{az}{r}\hat{r} + br\hat{\phi} + cr^2z^2\hat{z}$.

21. Encontre a densidade de carga para o qual o campo elétrico em coordenadas esféricas é dado por

$$\vec{E} = ar^2\hat{r} + \frac{b\cos\theta}{r}\hat{\theta} + c\hat{\phi}$$

22. Um determinado campo elétrico é dado por $\vec{E} = E_0(r/a)^3\hat{r}$, com $0 < r < a$ e $\vec{E} = 0$ para qualquer outra região do espaço. Determine a densidade volumétrica da carga associada a esse campo.

23. Uma determinada distribuição de cargas no espaço gera um campo elétrico $\vec{E}$, cujos componentes, em coordenadas esféricas, são respectivamente iguais a

$$E_r = 2\beta\frac{\cos\theta}{r^3},$$
$$E_\theta = \beta\frac{\sin\theta}{r^3},$$
$$E_\phi = 0.$$

onde β é uma constante. Determine a densidade volumétrica da carga que produz esse campo.

24. Uma distribuição esférica de carga é dada por

$$\rho(r) = \rho_0\left(1 - \frac{r^2}{b^2}\right) \qquad 0 \leq r \leq b$$

Essa distribuição de carga está limitada por duas cascas esféricas - uma de raio interno R_i (>b) e por outra de raio externo R_0. Determine o campo elétrico em todos os pontos do espaço.

25. Para a distribuição esfericamente simétrica de cargas dada por

$$\rho(r) = \begin{cases} \rho_0(a^2 - r^2) & \text{para} \quad r \leq a \\ 0 & \text{para} \quad r \geq a \end{cases}$$

Determine:

a) O campo elétrico $\vec{E}$ e potencial elétrico φ para $r \geq a$.
b) O campo elétrico $\vec{E}$ e potencial elétrico φ para $r \leq a$.
c) A carga total.

26. A densidade volumétrica de carga no espaço livre depende somente da coordenada cartesiana x da seguinte forma:

$$\rho(x) = \begin{cases} \rho_0 \sin(\pi x/a) & \text{para} \quad |x| \leq a \\ 0 & \text{para} \quad |x| > a \end{cases}$$

onde ρ_0 e a ($a > 0$) são constantes. Determine:
a) A intensidade do campo elétrico em todo o espaço.
b) A diferença de potencial entre $x = a$ e $x = -a$.

27. Uma esfera possui uma densidade volumétrica de carga dada por

$$\rho(r) = \rho_0 \frac{r}{a}$$

para $0 \leq r \leq a$. Determine o campo elétrico e o potencial elétrico dentro e fora da esfera.

28. Um cilindro muito longo de raio a está preenchido com uma densidade de carga volumétrica ρ_0. Determine o vetor campo elétrico tanto dentro quanto fora do cilindro.

29. O cabo coaxial mostrado na Fig. 6.14 está preenchido com uma densidade volumétrica de carga, em coordenadas cilíndricas, igual a $\rho(r) = \rho_0 e^{-\beta r}$, onde β é uma constante. Determine o vetor campo elétrico em todo o espaço.

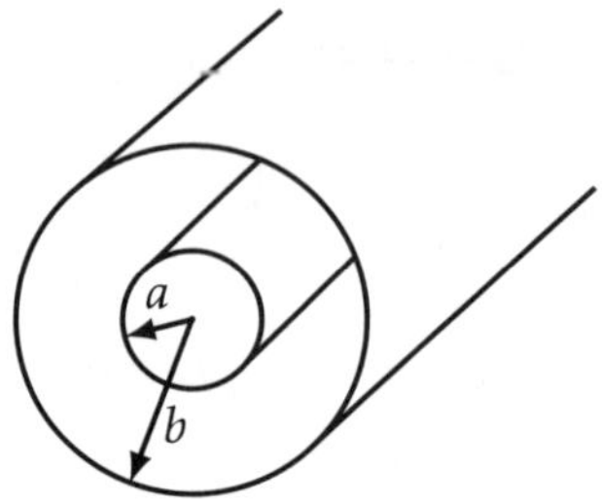

Figura 6.14: *Problema 29.*

Capítulo 7

Dielétricos e capacitores

7.1 Dielétricos

Um dispositivo que é bastante utilizado em diferentes tipos de circuito elétrico e eletrônico é o capacitor, cuja função é armazenar cargas e energia elétrica. Um elemento também bastante importante nas aplicações dos capacitores é o que chamamos de dielétrico. Discutiremos, neste capítulo, os detalhes envolvendo os capacitores e os dielétricos.

Um material dielétrico é aquele que não possui cargas livres, ou seja, é um material isolante. Embora as cargas estejam ligadas no dielétrico, não significa que um campo elétrico externo não afete o material. O campo elétrico externo provoca um movimento de cargas, porém sem grandes deslocamentos. Como resultado, há a formação de dipolos elétricos no volume do material, cujos momentos alinham-se no sentido contrário ao do campo elétrico externo. Na Fig. 7.1 (a) e (b), mostramos um dielétrico na ausência e na presença de um campo elétrico externo, respectivamente. O potencial elétrico e o campo elétrico devido aos dipolos formados são diferentes de zero, o que implica que esse campo pode modificar o campo interno e o externo ao material.

7.2 Vetor polarização elétrica

O potencial elétrico dos dipolos formados devido à presença de um campo externo pode ser determinado utilizando o vetor polarização elétrica, ou simplesmente vetor polarização, definido como o momento de dipolo elétrico por unidade de volume, ou seja,

$$\vec{P} = \lim_{\Delta v \to 0} \frac{1}{\Delta v} \sum_{k=1}^{n} \vec{p}_k \tag{7.1}$$

em que a soma é feita considerando todos os dipolos elétricos.

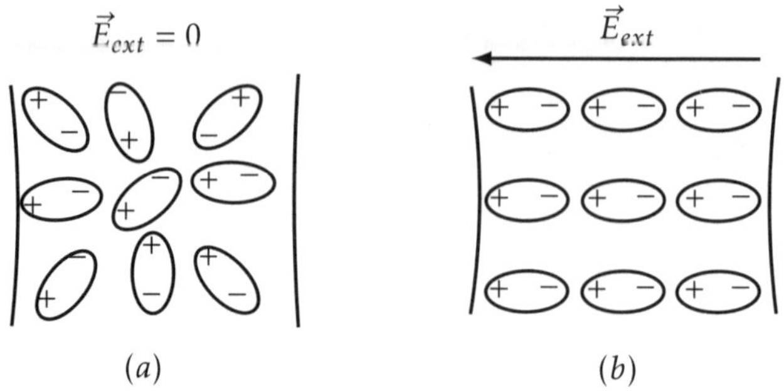

Figura 7.1: *Dielétrico na ausência de campo elétrico externo (a) e na presença de campo elétrico externo (b).*

7.2.1 Potencial elétrico externo ao dielétrico

Na Fig. 7.2, temos um material com polarização $\vec{P}$. O potencial elétrico de um dipolo contido em um elemento de volume $\Delta v'$ pode ser determinado utilizando a Eq. (5.15), sendo $Q_1 = -q$ e $Q_2 = q$ - as mesmas da Fig. 4.11 no Cap. 4.

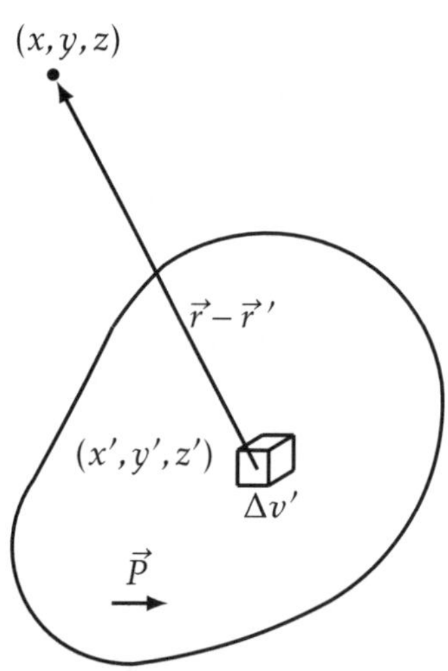

Figura 7.2: *Material dielétrico polarizado com polarização $\vec{P}$.*

Com isso o potencial elétrico devido ao elemento de volume é dado por

$$\Delta\varphi = \frac{\Delta\vec{p}}{4\pi\epsilon_0} \cdot \frac{(\vec{r}-\vec{r}\,')}{|\vec{r}-\vec{r}\,'|^3} \tag{7.2}$$

Utilizando o fato de que

$$\Delta\vec{p} = \vec{P}(r')\Delta v' \tag{7.3}$$

o potencial total no ponto (x,y,z) devido ao elemento de volume no ponto (x',y',z') é dado por

$$\varphi = \frac{1}{4\pi\epsilon_0}\int_{V'} \vec{P}(r')\cdot\frac{(\vec{r}-\vec{r}\,')}{|\vec{r}-\vec{r}\,'|^3}dv' \tag{7.4}$$

Considere que

$$\frac{(\vec{r}-\vec{r}\,')}{|\vec{r}-\vec{r}\,'|^3} = \boldsymbol{\nabla}'\left(\frac{1}{|\vec{r}-\vec{r}\,'|}\right) \tag{7.5}$$

Com isso, a Eq. (7.4) pode ser escrita da seguinte forma:

$$\varphi = \frac{1}{4\pi\epsilon_0}\int_{V'} \vec{P}(r')\cdot\boldsymbol{\nabla}'\left(\frac{1}{|\vec{r}-\vec{r}\,'|}\right)dv' \tag{7.6}$$

Utilizando a identidade vetorial dada pela Eq. (1.142), podemos escrever ainda que

$$\varphi = \frac{1}{4\pi\epsilon_0}\int_{V'} \boldsymbol{\nabla}'\cdot\left(\frac{\vec{P}(r')}{|\vec{r}-\vec{r}\,'|}\right)dv' - \frac{1}{4\pi\epsilon_0}\int_{V'}\frac{\boldsymbol{\nabla}'\vec{P}(r')}{|\vec{r}-\vec{r}\,'|}dv' \tag{7.7}$$

É fácil identificar que a integral de volume do primeiro termo da Eq. (7.7) pode ser transformada em uma integral de superfície utilizando o teorema de Gauss da divergência. Assim, finalmente o potencial total devido aos dipolos no ponto (x,y,z) externo ao material é dado por

$$\varphi = \frac{1}{4\pi\epsilon_0}\oint_S \frac{\sigma_p}{|\vec{r}-\vec{r}\,'|}dA' + \frac{1}{4\pi\epsilon_0}\int_{V'}\frac{\rho_p}{|\vec{r}-\vec{r}\,'|}dv' \tag{7.8}$$

com

$$\sigma_p = \vec{P}(\vec{r}\,')\cdot\hat{n} \tag{7.9}$$

$$\rho_p = -\boldsymbol{\nabla}'\cdot\vec{P}(\vec{r}\,') \tag{7.10}$$

sendo as densidades superficial e volumétrica de cargas devidas à polarização. Podemos ainda utilizar as Eq. (7.9) e (7.10) para determinar a carga total devido à polarização da seguinte maneira:

$$Q_p = \oint_S \sigma_p dA' + \int_{V'}\rho_p dv' \tag{7.11}$$

7.3 Vetor deslocamento elétrico e constante dielétrica

Devido às cargas de polarização no volume do material, podemos escrever a lei de Gauss da seguinte forma:

$$\nabla \cdot \vec{E} = \frac{\rho + \rho_p}{\epsilon_0} \tag{7.12}$$

onde ρ e ρ_p são, respectivamente, a densidade volumétrica de carga livre e a de carga devido à polarização do meio. Considerando que essa última é dada por $\rho_p = -\nabla \cdot \vec{P}$, podemos escrever a lei de Gauss da seguinte forma:

$$\nabla \cdot \vec{D} = \rho \tag{7.13}$$

com

$$\vec{D} = \epsilon_0 \vec{E} + \vec{P} \tag{7.14}$$

sendo o $\vec{D}$ o vetor deslocamento elétrico.

Diferentes materiais dielétricos respondem ao campo elétrico de formas diferentes. A resposta pode ser linear ou não linear, porém será abordada apenas a primeira opção. Para um meio linear e isotrópico, podemos escrever o vetor polarização como

$$\vec{P} = \epsilon_0 \chi_e \vec{E} \tag{7.15}$$

onde χ_e é a susceptibilidade elétrica do meio. Para meios lineares e isotrópicos, χ_e não depende do campo elétrico nem da posição, ou seja, é uma constante. Utilizando a Eq. (7.15), podemos escrever o vetor deslocamento elétrico para um meio linear e isotrópico da seguinte forma:

$$\vec{D} = \epsilon_0 \kappa \vec{E} \qquad \text{com} \qquad \kappa = (1 + \chi_e) \tag{7.16}$$

Definindo $\epsilon = \epsilon_0 \kappa$, o vetor deslocamento elétrico é dado por

$$\vec{D} = \epsilon \vec{E} \tag{7.17}$$

com ϵ sendo a permeabilidade elétrica do meio e a quantidade

$$\kappa = \frac{\epsilon}{\epsilon_0} \tag{7.18}$$

a constante dielétrica do material. Na Tabela 7.1, mostramos os valores das constantes dielétricas κ de alguns materiais.

Tabela 7.1: *Constante dielétrica κ de alguns materiais.*

Material	Constante dielétrica (κ)
Vácuo	1
Ar	1.0006
Teflon	2.1
Plástico	3
Mica	$3-6$
Papel	$4-6$
Porcelana	6
Vidro	$5-10$
Glicerina	42.5
Água	80.4

Utilizando o vetor deslocamento elétrico $\vec{D}$, podemos escrever a lei de Gauss na forma integral da seguinte maneira:

$$\oint_S \vec{D}\cdot\hat{n}dA = Q \tag{7.19}$$

e na forma diferencial como

$$\nabla\cdot\vec{D} = \rho \tag{7.20}$$

com $\vec{D} = \epsilon_0\kappa\vec{E}$ e κ sendo a constante dielétrica.

7.4 Condição de contorno para campos eletrostáticos

Para resolver problemas envolvendo meios materiais como dielétricos e condutores, precisamos entender como o campo elétrico é modificado quando passamos de um meio para outro. Para melhor entendimento, determinaremos nesta seção as condições de contorno para os campos eletrostáticos. Para isso, consideremos a Fig. 7.3, onde os meios 1 e 2 são separados por uma interface, em que $\vec{E}_1$ e $\vec{E}_2$ são os campo nos respectivos meios. Levando em conta que $\nabla\times\vec{E} = 0$, temos que no contorno $ABCD$

$$\oint_C \vec{E}\cdot d\vec{\ell} = 0 \tag{7.21}$$

Como é possível escolher os tamanhos dos seguimentos $\overline{BC}$ e $\overline{DA}$ próximos da interface entre os meios, podemos assumir que $|\Delta\vec{\ell}_{BC}| = |\Delta\vec{\ell}_{DA}| \cong 0$ e, dessa forma, temos

$$\oint_C \vec{E}\cdot d\vec{\ell} = \vec{E}_1\cdot\Delta\vec{\ell}_{AB} + \vec{E}_2\cdot\Delta\vec{\ell}_{CD} = 0 \tag{7.22}$$

Considerando que os campos nos meios 1 e 2 possam ser escritos como

$$\vec{E}_1 = E_{1n}\hat{n} + E_{1t}\hat{t} \tag{7.23}$$

$$\vec{E}_2 = E_{2n}\hat{n} + E_{2t}\hat{t} \tag{7.24}$$

e que os vetores $\Delta\vec{\ell}_{AB}$ e $\Delta\vec{\ell}_{CD}$ sejam escritos como $\Delta\vec{\ell}_{AB} = \Delta\ell\hat{t}$ e $\Delta\vec{\ell}_{CD} = -\Delta\ell\hat{t}$, onde $\hat{t}$ é o vetor unitário tangente ao caminho e $\hat{n}$ o vetor unitário perpendicular a interface, a Eq. (7.22) passar a ser

$$(E_{1n}\hat{n} + E_{1t}\hat{t}) \cdot \Delta\ell\hat{t} - (E_{2n}\hat{n} + E_{2t}\hat{t}) \cdot \Delta\ell\hat{t} = 0 \tag{7.25}$$

Levando-se em conta que os vetores $\hat{t}$ e $\hat{n}$ são perpendiculares entre si, é fácil verificar que, com a Eq. (7.25),

$$E_{1t} = E_{2t} \tag{7.26}$$

É importante notar que a Eq. (7.26) representa a continuidade dos componentes tangenciais dos campos elétricos na interface entre os meios dielétricos.

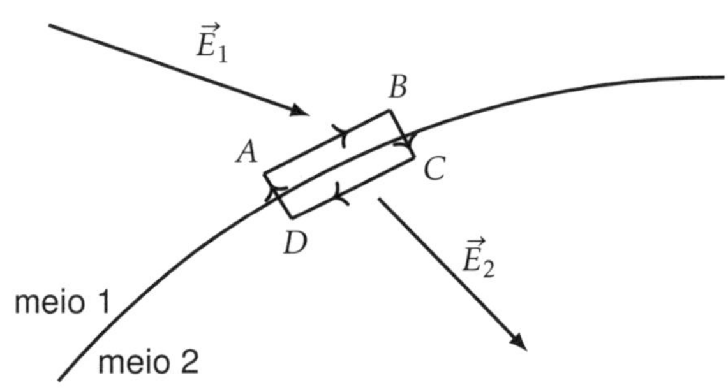

Figura 7.3: *Integral de linha no contorno ABCD na interface entre dois meios dielétricos.*

Uma vez que os componentes tangenciais dos campos elétricos são contínuos na interface, é importante analisar agora os componentes normais dos campos elétricos na interface. Para tanto, vamos utilizar a Fig. 7.4, onde mostramos os vetores deslocamento elétrico $\vec{D}_1$ e $\vec{D}_2$. Consideremos ainda que, na interface entre os meios, há uma distribuição superficial de cargas σ. Mas, primeiramente, vamos escrever os vetores $\vec{D}_1$ e $\vec{D}_2$ da seguinte forma:

$$\vec{D}_1 = D_{1n}\hat{n} + D_{1t}\hat{t} \tag{7.27}$$

$$\vec{D}_2 = D_{2n}\hat{n} + D_{2t}\hat{t} \tag{7.28}$$

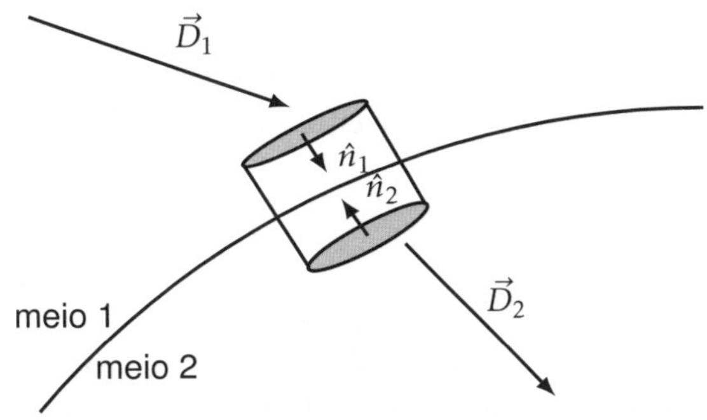

Figura 7.4: *Integral de superfície na interface entre dois meios dielétricos.*

Utilizando a lei de Gauss na forma integral dada pela Eq. (7.19) e os vetores $\vec{D}_1$ e $\vec{D}_2$ dados pelas Eqs. (7.27) e (7.28), temos

$$\oint_S \vec{D} \cdot \hat{n} dA = Q \tag{7.29}$$

$$\oint_S \vec{D} \cdot \hat{n} dA = (\vec{D}_1 \cdot \hat{n}_1 + \vec{D}_2 \cdot \hat{n}_2)\Delta A = Q \tag{7.30}$$

onde ΔA é o elemento de área da superfície hachurada da Fig. 7.4. Considerando que a quantidade de carga pode ser escrita como $Q = \sigma \Delta A$, temos que

$$D_{1n} - D_{2n} = \sigma \tag{7.31}$$

A Eq. (7.31) mostra que, devido à distribuição de cargas na interface entre os meios, os componentes normais do vetor deslocamento elétrico na interface são diferentes. É imediato verificar que, se não existirem cargas na interface, ocorrerá a continuidade do vetor deslocamento elétrico, ou seja,

$$D_{1n} = D_{2n} \tag{7.32}$$

7.5 Capacitores

Os dispositivos eletrônicos e os circuitos elétricos são compostos de vários elementos com funções e aplicações diferentes. Um desses elementos é o capacitor - um dispositivo fabricado de diversas formas e tamanhos com a propriedade de armazenar cargas e energia elétrica. Os capacitores são compostos de duas placas condutoras, paralelas ou não, com um material dielétrico entre elas. A energia elétrica armazenada por um capacitor deve-se ao campo elétrico criado entre essas placas. O flash de uma máquina fotográfica só é possível graças a um capacitor colocado corretamente no circuito elétrico-eletrônico da máquina.

Nas seções que seguem, descreveremos os capacitores e suas características, assim como diferentes maneiras de associar capacitores em um circuito elétrico.

7.6 Capacitância

Capacitor é um dispositivo utilizado para armazenar cargas e energia elétrica, cuja propriedade, a uma dada diferença de potencial, é chamada de capacitância. Quanto maior a capacitância, maior a quantidade de carga elétrica e de energia que esse dispositivo pode armazenar. A capacitância é definida da seguinte forma:

$$C = \frac{Q}{\Delta\varphi} \tag{7.33}$$

onde Q é a quantidade de carga e $\Delta\varphi$, a diferença de potencial. No SI, a unidade para capacitância é o Farad, 1F=1C/V (Coulomb/Volt). Independentemente da forma do capacitor, sua representação é,  ,ou seja, de dois traços paralelos e de mesmo tamanho.

7.6.1 Capacitor de placas planas e paralelas no vácuo

Consideremos duas placas planas e paralelas de área superficial A, separadas por uma distância d e ligadas a uma fonte de tensão, como mostrada na Fig. 7.5. Devido ao fato de as placas estarem carregadas com cargas de mesmo módulo Q, porém de sinais opostos, há a formação de um campo elétrico $\vec{E}$ entre elas. Para efeitos de simplificação, desprezaremos os efeitos de borda, ou seja, consideraremos que o campo elétrico entre as placas é uniforme.

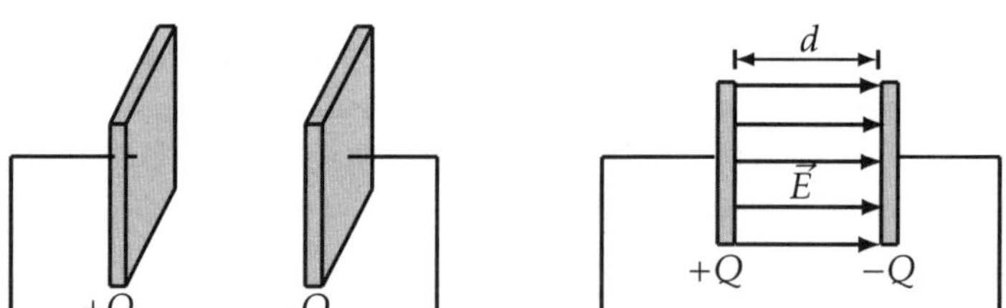

Figura 7.5: *Capacitor de placas planas e paralelas.*

A partir da definição de potencial elétrico, temos

$$\Delta\varphi_{AB} = Ed \tag{7.34}$$

já que o campo elétrico entre as placas é uniforme. Como o campo elétrico é criado pelas placas (planos), temos

$$E = \frac{\sigma}{\epsilon_0} \tag{7.35}$$

onde ϵ_0 é a permissividade elétrica do vácuo e σ, a densidade superficial de cargas dada por $\sigma = Q/A$. Após a combinação das Eqs. (7.34) e (7.35), conseguimos

$$C = \frac{Q}{\Delta\varphi_{AB}} = \frac{\sigma A}{Ed} = \frac{\sigma A}{\frac{\sigma}{\epsilon_0}d} \tag{7.36}$$

$$C = \frac{\epsilon_0 A}{d} \tag{7.37}$$

que é, finalmente, a capacitância de um capacitor de placas planas e paralelas no vácuo. É interessante notar que a capacitância só depende da área e da separação entre as placas, ou seja, apenas de fatores geométricos.

7.6.2 Capacitância na presença de um dielétrico

Na Sec.7.1, afirmamos que um material dielétrico, na presença de um campo elétrico extremo ($\vec{E}_{\text{ext}}$), tem os seus momentos de dipolos alinhados na direção contrária a esse campo. Devido à existência desse campo no interior do dielétrico, como podemos perceber pela Fig. 7.1, o campo elétrico total percebido pelo material fica reduzido e, consequentemente, há um aumento na capacitância. Para fins de demonstração, vamos calcular a capacitância na presença do dielétrico. Consideremos que a capacitância de um capacitor de placas planas e paralelas, separadas por uma distância d e carregado com carga Q na ausência do dielétrico, seja dada por

$$C_0 = \frac{Q}{\Delta\varphi_0} \tag{7.38}$$

com

$$\Delta\varphi_0 = E_0 d \tag{7.39}$$

sendo a diferença de potencial entre as placas. Assim, a capacitância é

$$C_0 = \frac{Q}{E_0 d} \tag{7.40}$$

onde E_0 é o campo elétrico entre as placas na ausência do dielétrico. Consideremos agora o mesmo capacitor, porém com um dielétrico entre as placas. Na presença do dielétrico, o campo entre as placas é dado por

$$E = \frac{E_0}{\kappa} \tag{7.41}$$

com κ sendo a constante dielétrica. Definindo agora a nova capacitância como

$$C = \frac{Q}{\Delta\varphi} \tag{7.42}$$

e utilizando o fato que a diferença de potencial é dada por

$$\Delta\varphi = Ed = \frac{E_0}{\kappa}d \tag{7.43}$$

conseguimos

$$C = \frac{\kappa Q}{E_0 d} \tag{7.44}$$

Lembrando que

$$C_0 = \frac{Q}{E_0 d} \tag{7.45}$$

finalmente a nova capacitância é dada por

$$C = \kappa C_0 \tag{7.46}$$

É importante notar pela Eq. (7.46) que a nova capacitância aumentou, pois $\kappa > 1$. Para outras geometrias (cilíndricas), o cálculo pode ser mais complicado, porém o efeito da inserção de um dielétrico entre as placas do capacitor continua sendo o de aumentar a capacitância.

Exercício Resolvido 7.6.1

Considere um cilindro oco muito longo de comprimento L, de raio interno a e raio externo b, como mostrado na Fig. 7.6. A superfície interna do cilindro está carregada uniformemente com uma distribuição de cargas igual a σ_0. Encontre a capacitância para esse sistema.

SOLUÇÃO: *A capacitância é determinada por*

$$C = \frac{Q}{\Delta\varphi}$$

com $\Delta\varphi$ sendo a diferença de potencial entre as superfícies interna, de raio a, e externa, de raio b. A diferença de potencial pode ser determinada por

$$\varphi_b - \varphi_a = -\int_C \vec{E} \cdot d\vec{\ell}$$

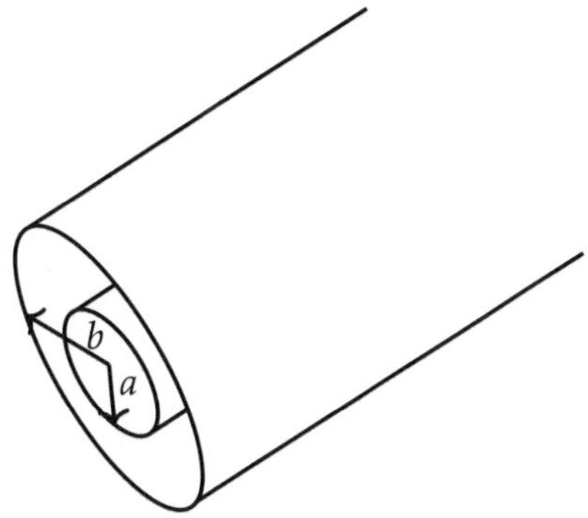

Figura 7.6: *Exercício resolvido 7.6.1.*

onde $\vec{E}$ é o campo elétrico devido à distribuição de cargas. Para determinar o campo elétrico, aplicaremos a lei de Gauss para a superfície gaussiana, mostrada na Fig. 7.7, que envolve a superfície de raio a, e conseguimos

$$\oint_S E\hat{r}\cdot\hat{r}dA = \frac{Q}{\epsilon_0}$$

$$E2\pi rL = \frac{Q}{\epsilon_0}$$

$$E = \frac{Q}{2\pi L\epsilon_0}\frac{1}{r}$$

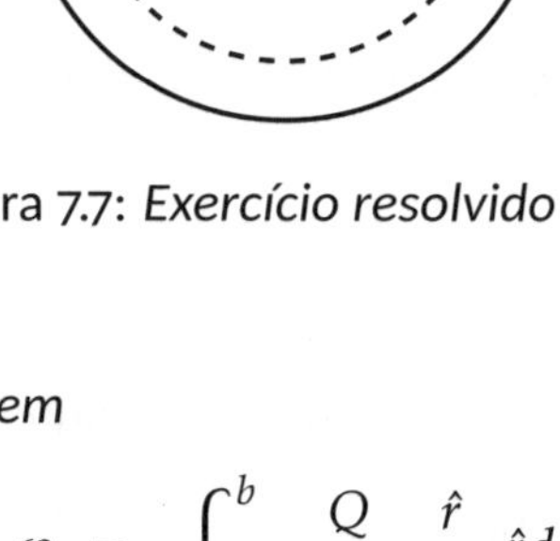

Figura 7.7: *Exercício resolvido 7.6.1.*

Substituindo o campo elétrico em

$$\varphi_b - \varphi_a = -\int_a^b \frac{Q}{2\pi L\epsilon_0}\frac{\hat{r}}{r}\cdot\hat{r}dr$$

encontramos que

$$\varphi_b - \varphi_a = -\frac{Q}{2\pi L\epsilon_0}\ln\left(\frac{b}{a}\right)$$

Como o potencial na superfície de raio b é menor que o potencial na superfície de raio a, podemos escrever que

$$\Delta\varphi = \varphi_a - \varphi_b = \frac{Q}{2\pi L\epsilon_0}\ln\left(\frac{b}{a}\right)$$

Logo, a capacitância é dada por

$$C = \frac{2\pi L\epsilon_0}{\ln\left(\frac{b}{a}\right)}$$

■

7.7 Energia armazenada em um capacitor

O papel principal de um capacitor é o armazenamento de energia e de carga. O armazenamento de energia deve-se ao campo elétrico que se forma entre as placas do capacitor carregado. Definimos a energia potencial elétrica (U) armazenada pelo capacitor como o trabalho (W) necessário para aumentar a carga do capacitor de valor zero a certo valor Q; logo, a energia armazenada pode ser escrita como

$$U = W = \int_0^Q \Delta\varphi dq \tag{7.47}$$

Utilizando

$$\Delta\varphi = \frac{q}{C} \tag{7.48}$$

temos

$$U = \int_0^Q \frac{q}{C}dq \tag{7.49}$$

e, considerando a capacitância como constante, a energia potencial elétrica armazenada pelo capacitor é dada por

$$U = \frac{Q^2}{2C} \tag{7.50}$$

A equação acima também pode ser escrita das seguintes formas:

$$U = \frac{C\Delta\varphi^2}{2} \qquad U = \frac{Q\Delta\varphi}{2} \tag{7.51}$$

É importante perceber que a utilização das relações acima fica determinada pelas informações disponíveis. Vale lembrar ainda que a unidade para a energia potencial é o Joule (J).

Dissemos antes que a energia armazenada pelo capacitor deve-se ao campo elétrico entre as placas do capacitor. Para fins de verificação, considere um capacitor de placas planas e paralelas de área A, cuja distância entre as placas é d. Sabendo que a energia potencial elétrica armazenada por um capacitor é dada por

$$U = \frac{C\Delta\varphi^2}{2} \tag{7.52}$$

e considerando que o campo elétrico entre as placas é constante, temos que a diferença de potencial e o campo estão relacionados por

$$\Delta\varphi = Ed \tag{7.53}$$

onde E é o módulo do campo elétrico e d, a distância entre as placas do capacitor. Substituindo a Eq. (7.53) na Eq. (7.52) e considerando que a capacitância seja dada por

$$C = \frac{\epsilon_0 A}{d} \tag{7.54}$$

temos

$$U = \frac{Cd^2E^2}{2} = \frac{\epsilon_0 AdE^2}{2} \tag{7.55}$$

É interessante notar que o produtor Ad possui unidade de volume; sendo assim, podemos definir u como a energia por unidade de volume, ou seja,

$$u = \frac{U}{Ad} \tag{7.56}$$

Logo,

$$u = \frac{\epsilon_0 E^2}{2} \tag{7.57}$$

É interessante notar também que a energia elétrica associada ao campo elétrico pode ser escrita de forma geral da seguinte maneira:

$$U_E = \int_V u dv \tag{7.58}$$

onde u é a densidade de energia elétrica. Utilizando as Eqs. (7.17) e (7.57), a energia associada do campo elétrico é então dada por

$$U_E = \frac{1}{2}\int_V \vec{E}\cdot\vec{D} dv \tag{7.59}$$

7.8 Associação de capacitores

Os capacitores são amplamente utilizados em circuitos elétricos e eletrônicos em diferentes dispositivos e em diversas aplicações. Entretanto, em determinadas situações, há a necessidade de capacitores com uma capacitância específica. Por motivos óbvios, não se encontram no mercado capacitores de todas as capacitâncias possíveis, porém uma maneira de obter uma determinada capacitância é fazendo associações de capacitores, que pode ser realizada de duas formas diferentes: associação em série e associação em paralelo. Nesta seção, descreveremos as maneiras de associar os capacitores.

7.8.1 Associação em série de capacitores

Uma associação em série de capacitores é aquela em que os capacitores estão conectados, como mostrado na Fig. 7.8. Na figura, C_1, C_2 e C_3 são as respectivas capacitâncias e C_{eq}, o capacitor equivalente, que desempenha o mesmo papel daqueles que estão no circuito - em outras palavras, é o capacitor que armazena a quantidade de carga e energia quando submetido à mesma diferença de potencial a que está submetido o circuito. Em uma associação em série de capacitores, a carga armazenada por cada capacitor é a mesma. Essa afirmação será melhor discutida quando analisarmos os circuitos com resistores e capacitores, ou seja circuitos *RC*, em que descreveremos os processos de carga e descarga de um capacitor e discutiremos a dinâmica do fluxo de cargas durante o processo de carga e descarga.

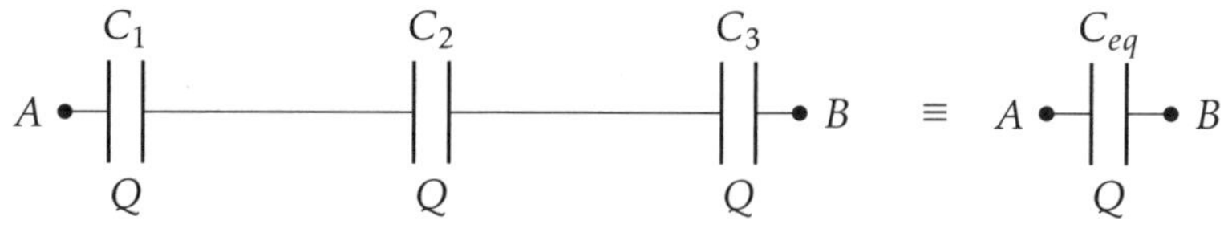

Figura 7.8: *Associação em série de capacitores.*

Como a associação é em série, a diferença de potencial, $\Delta\varphi_{AB}$ entre os pontos A e B é dada por

$$\Delta\varphi_{AB} = \Delta\varphi_1 + \Delta\varphi_2 + \Delta\varphi_3 \tag{7.60}$$

onde $\Delta\varphi_1$, $\Delta\varphi_2$ e $\Delta\varphi_3$ são as diferenças de potenciais associadas a cada capacitor. Como a quantidade de carga em cada capacitor é a mesma, podemos escrevê-la da seguinte forma:

$$Q = C_1\Delta\varphi_1 \tag{7.61}$$

$$Q = C_2\Delta\varphi_2 \tag{7.62}$$

$$Q = C_3 \Delta\varphi_3 \tag{7.63}$$

Substituindo na Eq. (7.60) os valores de $\Delta\varphi_1$, $\Delta\varphi_2$ e $\Delta\varphi_3$, conseguimos

$$\Delta\varphi_{AB} = \Delta\varphi_1 + \Delta\varphi_2 + \Delta\varphi_3 \tag{7.64}$$

$$\Delta\varphi_{AB} = \frac{Q}{C_1} + \frac{Q}{C_2} + \frac{Q}{C_3} \tag{7.65}$$

e como a quantidade de carga Q é fator comum, podemos escrever a Eq. (7.65) da seguinte maneira:

$$\frac{\Delta\varphi_{AB}}{Q} = \frac{1}{C_1} + \frac{1}{C_2} + \frac{1}{C_3} \tag{7.66}$$

É interessante notar que o lado esquerdo da equação acima representa um capacitor submetido à mesma diferença de potencial que o circuito composto pelos três capacitores, ou seja, o capacitor equivalente. Dessa forma, a capacitância equivalente, que representaremos por C_{eq}, passa a ser

$$\frac{1}{C_{eq}} = \frac{1}{C_1} + \frac{1}{C_2} + \frac{1}{C_3} \tag{7.67}$$

É evidente que, de modo geral, para uma associação em série de n capacitores, a capacitância equivalente pode ser escrita da seguinte forma:

$$\frac{1}{C_{eq}} = \sum_{\text{j}=1}^{n} \frac{1}{C_j} \tag{7.68}$$

Há duas relações importantes para a capacitância equivalente quando temos somente dois capacitores em série para um conjunto de capacitores de mesma capacitância. Consideremos dois capacitores em série cuja as capacitâncias são dadas por C_1 e C_2. Para esses capacitores, a capacitância equivalente é dada por

$$C_{eq} = \frac{C_1 C_2}{C_1 + C_2} \tag{7.69}$$

Já para um conjunto de capacitores de mesma capacitância C, conetados em série, a capacitância equivalente é dada por

$$C_{\text{eq}} = \frac{C}{N} \tag{7.70}$$

onde N é o número de capacitores ligados em série e com a mesma capacitância.

7.8.2 Associação em paralelo de capacitores

Uma associação em paralelo de capacitores é aquela em que os capacitores estão conectados como mostrados na Fig. 7.9. Nessa figura, C_1, C_2 e C_3 são as respectivas capacitâncias e C_{eq}, o capacitor equivalente. Assim como na associação em série, podemos substituir os capacitores do circuito pelo capacitor equivalente. Em uma associação em paralelo, a carga armazenada por cada capacitor é diferente para capacitâncias diferentes.

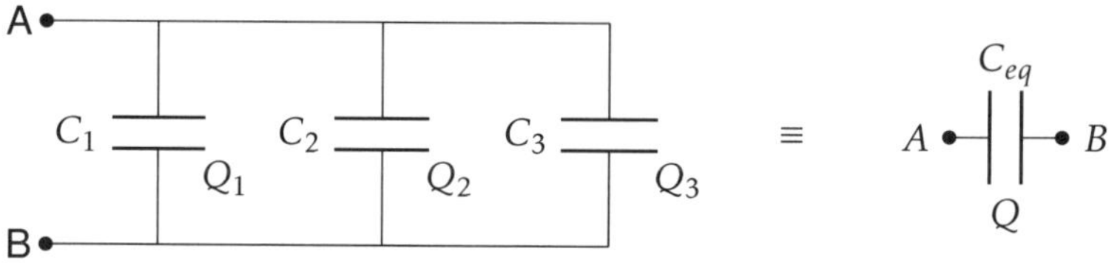

Figura 7.9: *Associação em paralelo de capacitores.*

Para uma associação em paralelo de capacitores, como a mostrada na Fig. 7.9, é fácil verificar que todos os capacitores estão submetidos à mesma diferença de potencial $\Delta\varphi_{AB}$. Logo, a quantidade de carga em cada capacitor fica determinada por

$$Q_1 = C_1 \Delta\varphi_{AB} \tag{7.71}$$

$$Q_2 = C_2 \Delta\varphi_{AB} \tag{7.72}$$

$$Q_3 = C_3 \Delta\varphi_{AB} \tag{7.73}$$

Considerando o princípio da conservação da carga elétrica, podemos escrever que a quantidade de carga na associação é dada por

$$Q = Q_1 + Q_2 + Q_3 \tag{7.74}$$

onde Q_1, Q_2 e Q_3 são as quantidades de cargas em cada capacitor. Substituindo os valores de Q_1, Q_2 e Q_3 na Eq. (7.74), conseguimos

$$Q = C_1 \Delta\varphi_{AB} + C_2 \Delta\varphi_{AB} + C_3 \Delta\varphi_{AB} \tag{7.75}$$

$$\frac{Q}{\Delta\varphi_{AB}} = C_1 + C_2 + C_3 \tag{7.76}$$

O lado esquerdo da Eq. (7.76) é a capacitância de um capacitor que é capaz de armazenar a mesma quantidade de carga que os capacitores do circuito, ou seja, é a capacitância do capacitor equivalente. Assim, finalmente a capacitância equivalente é dada por

$$C_{eq} = C_1 + C_2 + C_3 \tag{7.77}$$

De maneira geral, para uma associação em paralelo de N capacitores, a capacitância equivalente pode ser escrita da seguinte forma:

$$C_{eq} = \sum_{j=1}^{N} C_j \tag{7.78}$$

7.9 Problemas

1. Um capacitor possui capacitância de 28,7μF. Qual a quantidade de carga que deve ser adicionada em cada uma das placas para produzir uma diferença de potencial igual a 52 V?

2. As placas planas e paralelas de um capacitor no vácuo estão separadas por 2 mm. Qual deve ser a área desse capacitor para que ele seja capaz de armazenar uma quantidade de carga igual a 1μC, sabendo que sua capacitância é igual a 1μF?

3. Um capacitor de placas planas e paralelas tem uma capacitância de 10μF e está ligado a uma bateria de 12 V. Quando o capacitor está totalmente carregado, a bateria é desconectada sem que ocorra qualquer tipo de perda de carga.
   a) Qual diferença de potencial entre as placas se a distância entre elas fosse dobrada?
   b) Qual diferença de potencial entre as placas se dobrássemos a largura das placas?

4. Um capacitor de placas planas e paralelas no ar é construído com duas placas quadradas de lados iguais a 15 cm e separadas por 3,6 mm. O capacitor é conectado a uma bateria de 12 V. Determine:
   a) A capacitância.
   b) A carga em cada uma das placas.
   c) O campo elétrico entre as placas.
   d) A energia armazenada pelo capacitor.

5. Um capacitor de 11,5μF é conectado a uma bateria de 24 V. Um pedaço de material dielétrico ($\kappa = 3.8$) é inserido entre as placas do capacitor, preenchendo-o totalmente. Encontre:
   a) A energia armazenada antes e depois da inserção do dielétrico.
   b) A variação da energia durante a inserção.
   c) Há um aumento ou uma diminuição da energia?

6. Dois capacitores com placas planas e paralelas no vácuo possuem áreas iguais a A, e são separadas por d_1 e d_2 respectivamente. Mostre que, quando esses capacitores forem ligados em série, a capacitância equivalente é igual à capacitância de um único capacitor com área A cuja separação entre as placas é de $d = d_1 + d_2$.

7. Dois capacitores com placas planas e paralelas no vácuo possuem áreas iguais a A_1 e A_2, respectivamente. As placas estão igualmente separadas por uma distância de d. Mostre que, quando esses capacitores forem ligados em paralelo, a capacitância equivalente será igual à capacitância de um único capacitor com área $A = A_1 + A_2$, de separação entre as placas igual a d.

8. Para o circuito mostrado na Fig. 7.10, a diferença de potencial entre os pontos A e B é de 12 V. Encontre a energia total armazenada pelo circuito e a energia armazenada no capacitor de 3,8μF.

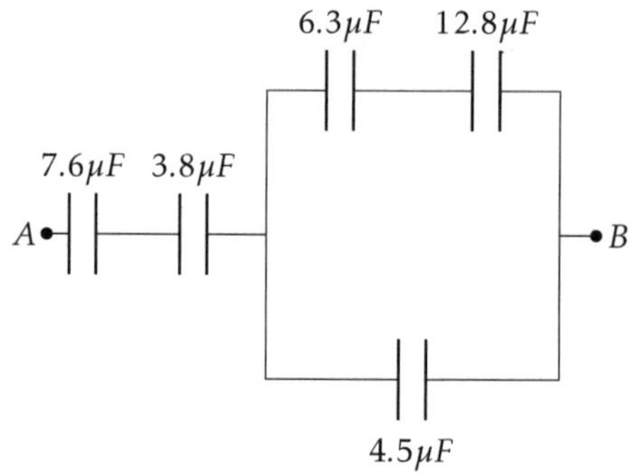

Figura 7.10: *Problema 8.*

9. Para o circuito mostrado na Fig. 7.11, $C_1 = C_5 = 4,8\mu$F, $C_2 = C_3 = C_4 = 2,4\mu$F e a diferença de potencial entre os pontos A e B é de 220 V. Para esse circuito, determine:

   a) A capacitância equivalente entre os pontos A e B.
   b) A carga em cada um dos capacitores.
   c) A diferença de potencial em cada um dos capacitores.

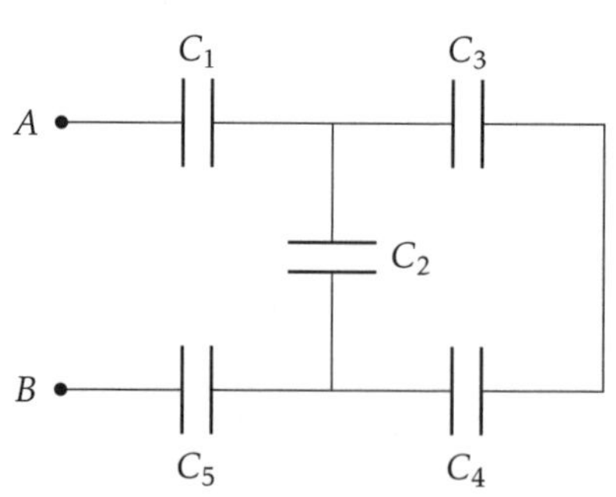

Figura 7.11: *Problema 9.*

10. Na Fig. 7.12, $C_1 = 2\mu$F, $C_2 = 6\mu$F e $C_3 = 3.5\mu$F.

    a) Determine a capacitância equivalente entre os pontos A e B,

    b) Se as tensões de ruptura de cada um dos capacitores forem respectivamente iguais a V_1 =100 V, V_2 =50 V e V_3 =400 V, qual a tensão máxima que se pode aplicar entre os pontos A e B?

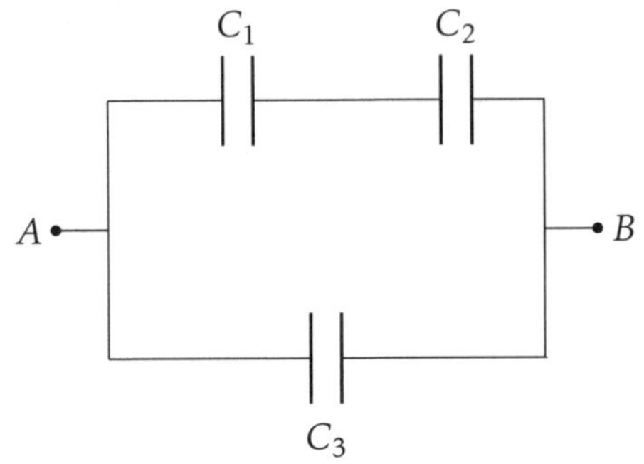

Figura 7.12: *Problema 10.*

11. Um capacitor de placas planas e paralelas tem capacitância C_0, e a separação entre as placas é $2d$. Dois materiais dielétricos diferentes mas com constante dielétricas iguais a κ_1 e κ_2 são inseridos entre as placas, como mostrado na Fig. 7.13. Assumindo que sobre as placas há uma quantidade de cargas iguais a Q, determine:

    a) O campo elétrico em cada um dos dielétricos.

    b) A diferença de potencial entre as placas.

    c) A capacitância do capacitor com os dielétricos.

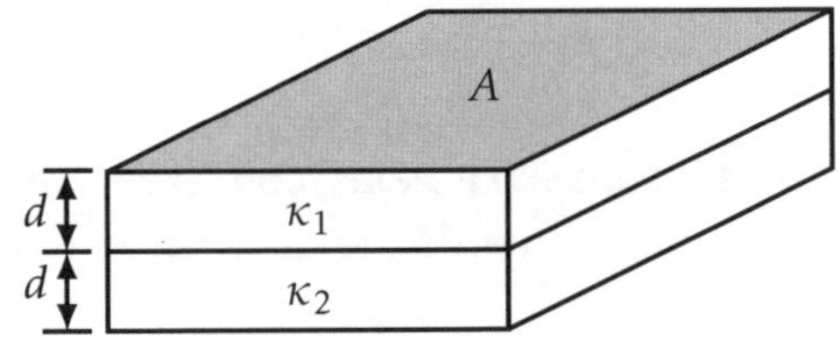

Figura 7.13: *Problema 11.*

12. Um capacitor de placas planas e paralelas tem capacitância C_0, e a separação entre as placas é d. Dois materiais dielétricos diferentes porém com as mesmas dimensões e constante dielétricas iguais a κ_1 e κ_2 são inseridos entre as placas, como mostrado na Fig. 7.14. Mostre que este sistema pode ser considerado uma

combinação em paralelo de dois capacitores de área $A/2$ e que a capacitância equivalente é dada por

$$C = C_0 \frac{\kappa_1 + \kappa_2}{2}$$

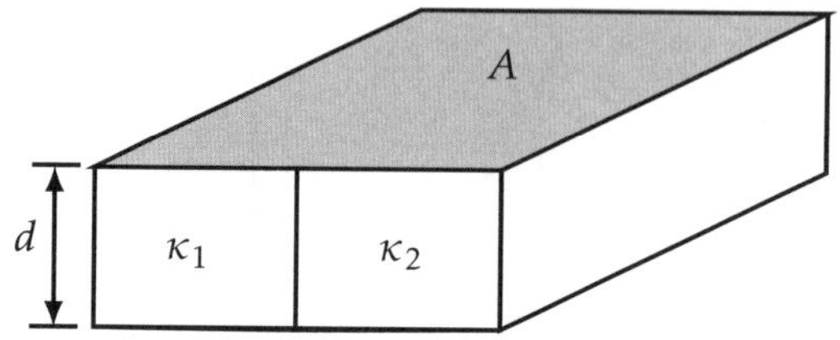

Figura 7.14: *Problema 12.*

13. Considere o capacitor de placas planas e paralelas mostrado na Fig. 7.15, com as respectivas dimensões indicadas. Desprezando os efeitos de bordas, determine a capacitância do capacitor em função de x.

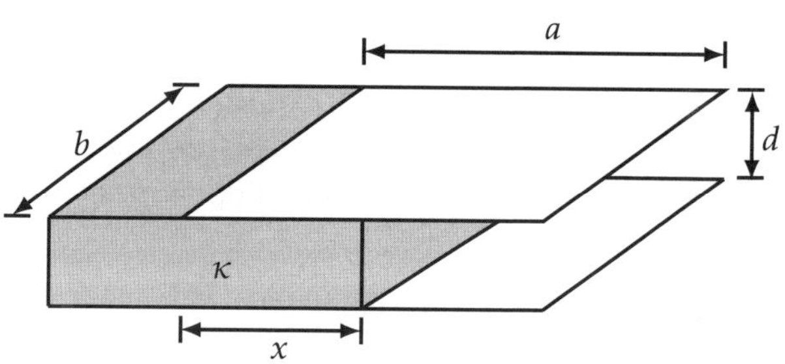

Figura 7.15: *Problema 13.*

14. Um capacitor de placas planas e paralelas, com área A e de separação x entre as placas, é carregado com uma quantidade de carga Q e depois afastado da fonte de carga.

    a) Encontre a energia armazenada em função de x.
    b) Determine o aumento da energia devido à separação entre as placa.
    c) Encontre a força que uma placa faz sobre a outra.

15. Um capacitor de placas planas e paralelas tem área A e separação d e está carregado a um potencial V_0, quando então é removido da fonte de tensão. Uma dielétrico com constante κ=2, espessura d e área $A/2$ é inserido entre as placas,

como mostrado na Fig. 7.16. Considere σ_1 a densidade de carga livre na interface condutor ar dielétrico e σ_2 a densidade de carga livre na interface condutor ar.

a) Mostre que $\sigma_1 = 2\sigma_2$

b) Mostre que a capacitância do capacitor com o dielétrico é

$$C = \frac{3\epsilon_0 A}{2d}$$

c) Mostre que a diferença de potencial entre as placas é

$$\Delta V = \frac{2V_0}{3}$$

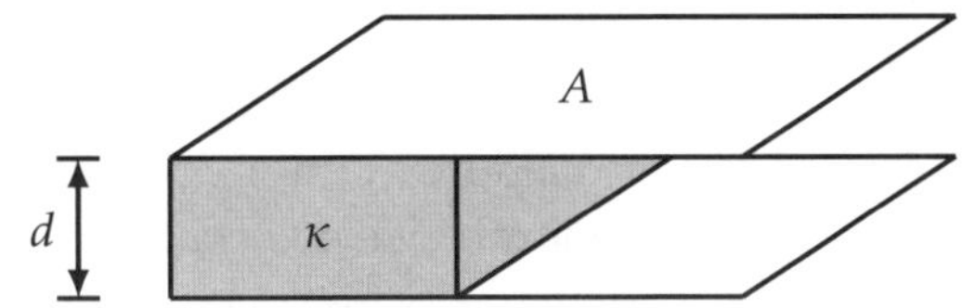

Figura 7.16: *Problema 15.*

16. Dois capacitores idênticos estão preenchidos com ar e são conectados em série. A combinação é mantida a uma diferença de potencial igual a V_0=50 V. Uma folha de material dielétrico de constante dielétrica igual a 10 e espessura igual a um décimo da separação entre as placas é inserida em um dos capacitores. Determine a diferença de potencial no capacitor com o material dielétrico.

17. Duas cascas esféricas concêntricas e condutoras de raios R_1 e R_2 ($R_2 > R_1$) estão mantidas a potenciais V_1 e V_2, respectivamente. A região entre as cascas é preenchida com um material dielétrico de constante κ. Determine a capacitância desse sistema.

18. Um cabo coaxial possui um dielétrico cuja constante varia conforme a função $\kappa = r/a$, com $a \leq r \leq b$, sendo a e b os raios dos cabos. Se a diferença de potencial entre os cabos é V_0, determine a capacitância do cabo coaxial por unidade de comprimento.

19. Um capacitor esférico de raio interno a e raio externo b está preenchido com um material dielétrico cuja constante varia de acordo com

$$\kappa = \kappa_0 \left[1 + \beta\left(\frac{r-a}{b-a}\right)\right]$$

onde κ_0 e β são constantes. Determine a capacitância para esse sistema.

20. Um capacitor de placas planas e paralelas de área A é construído com um dielétrico de constante variável de acordo com

$$\kappa = 1 + \frac{a}{d}y$$

onde d equivale à separação entre as placas e a, uma constante. A placa inferior está em $y = 0$ e a superior, em $y = d$. Determine a capacitância e a carga induzida nas faces do dielétrico.

21. Um capacitor de placas planas e paralelas tem área das placas igual a 1 m^2 e separação entre elas de 0.5 cm. Uma placa de vidro ($\kappa = 5$) de mesma área preenche completamente o espaço entre placas. O capacitor é ligado a uma fonte de tensão de 12 V e depois desligado. Qual o trabalho necessário para remover a placa de vidro?

22. Um capacitor esférico tem um condutor interno de raio a carregado com uma carga Q e mantido a um potencial zero. Se o condutor externo se contrai de um raio b para um raio c sob a ação de forças internas, determine a energia no capacitor ao final da contração.

23. Na Fig. 7.17, mostramos um capacitor esférico formado por duas cascas esféricas de raio externo b e raio interno a. O capacitor está preenchido por dois dielétricos de constantes κ_1 e κ_2. Mostre que a capacitância desse sistema é dada por

$$C = 2\pi(\kappa_1 + \kappa_2)\frac{ab}{b-a}$$

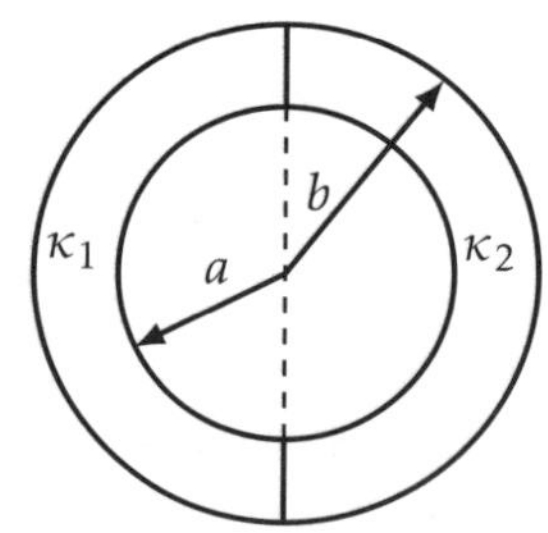

Figura 7.17: *Problema 23.*

24. Na Fig. 7.18, mostramos um capacitor esférico que está preenchido por quatro dielétrico com constantes κ_1, κ_2, κ_3 e κ_4. Considere que os dielétricos ocupam de forma igualitária o espaço entre as superfícies de raios a e b. Determine a capacitância desse sistema.

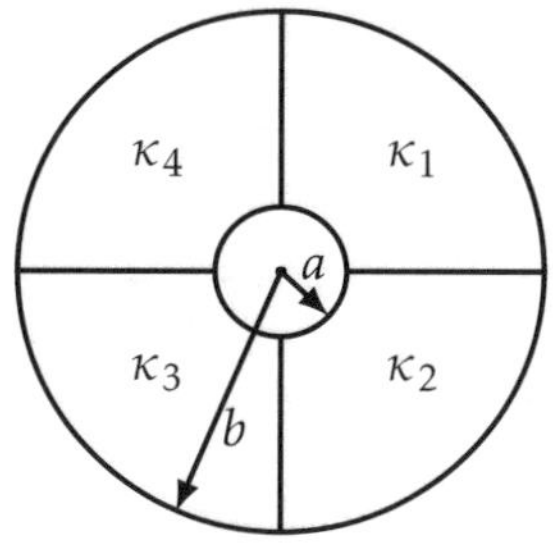

Figura 7.18: *Problema 24.*

25. Na Fig. 7.19, a constante dielétrica do material varia de acordo com,

$$\kappa = 2\left[1 + 3\sin\left(\frac{\pi y}{b}\right)\right]$$

onde $0 \leq y \leq b$. Determine a capacitância do sistema.

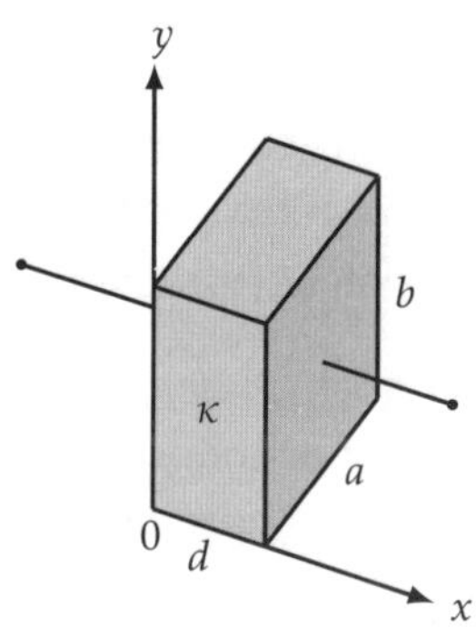

Figura 7.19: *Problema 25.*

26. Uma fina barra de material dielétrico de seção reta A está localizada ao longo do eixo x, desde $x = 0$ a $x = \ell$. A polarização da barra é dada por $\vec{P} = (ax^2 + b)\hat{i}$.
a) Determine as densidades volumétrica e superficial de cargas ligadas.
b) Demonstre que a carga total de polarização nesse caso é zero.

27. Um material dielétrico na forma de paralelepípedo está situado no ar e tem dimensões a, b e c, como mostradas na Fig. 7.20. O material está polarizado com um vetor polarização dado por

$$\vec{P}(x,y,z) = P_0\left(\frac{x}{a}\hat{i} + \frac{y}{b}\hat{j} + \frac{z}{c}\hat{k}\right)$$

a) Sabendo-se que P_0 é uma constante determine as densidades superficiais e volumétrica de cargas ligadas.
b) Mostre que a carga total de polarização é zero.

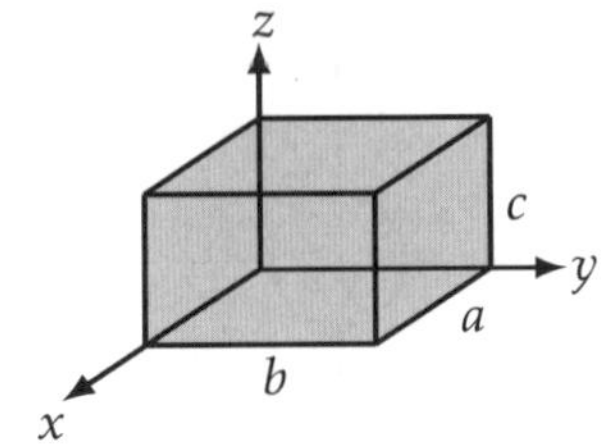

Figura 7.20: *Problema 27.*

28. Um dielétrico em forma de uma chapa infinitamente grande está polarizado com uma polarização dada por $\vec{P} = P_0 x^2 \hat{\imath}/a^2$, onde P_0 é uma constante. O dielétrico está limitado pelas superfícies localizadas entre $-a \leq x \leq a$. Determine:
   a) As densidades superficiais e volumétricas de cargas ligadas.
   b) O campo elétrico em todo o espaço.
   c) A diferença de potencial entre os pontos $x = a$ e $x = -a$.

29. Uma linha infinita de carga tem uma distribuição uniforme de cargas livres por unidade de comprimento λ. A linha de carga está ao longo do eixo z. Um cilindro de raio a está preenchido com uma constante dielétrica que varia de acordo com $\kappa = \alpha + \beta z$, onde α e β são constantes. Considerando que o cilindro e a linha de carga formam um sistema coaxial, determine os vetores $\vec{D}$, $\vec{E}$ e $\vec{P}$.

30. Um cilindro circular reto de raio R e comprimento L se polariza na direção do comprimento. Se a polarização for uniforme e de módulo P_0, calcule o campo elétrico em um ponto exterior ao cilindro porém ao longo do seu eixo.

31. Com base na Fig. 7.21, mostre que a relação entre os ângulos θ_1 e θ_2 é dada por $\kappa_1 \cot\theta_1 = \kappa_2 \cot\theta_2$, com κ_1 e κ_2 sendo as constantes dielétricas dos meios 1 e 2, respectivamente.

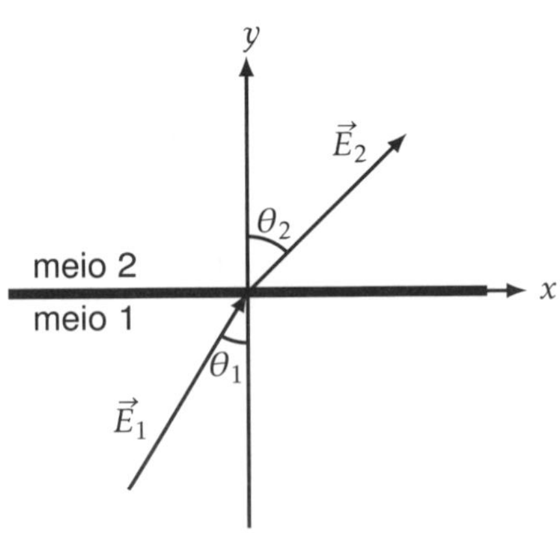

Figura 7.21: *Problema 31.*

Capítulo 8

Resolvendo problemas de eletrostática

Nos capítulos anteriores, a solução dos problemas se baseava na solução das integrais dadas pelas Eqs. (4.6) e (5.16); entretanto, sobretudo para determinar o campo elétrico, essas integrais são complexas na maioria dos casos. Outro ponto que as envolve é a necessidade de conhecer a distribuição de cargas em todo os pontos do espaço para resolver o problema. Em algumas situações, por não termos esse conhecimento, o problema se torna ainda mais complicado. Neste capítulo, descreveremos um procedimento alternativo que possibilitará a resolução dos problemas de eletrostática.

8.1 Equação de Poisson

O potencial elétrico é uma das grandezas escalares mais importantes na eletrostática, por razões práticas e por questões matemáticas, já que sua determinação é mais simples. Dessa forma, encontrar uma relação do potencial elétrico com a fonte de campo facilita a solução dos problemas. Para isso, consideremos a lei de Gauss na forma diferencial dada pela Eq. (6.20) e a relação entre o campo elétrico e o potencial dada pela Eq. (5.6):

$$\nabla \cdot \vec{E} = \frac{\rho}{\epsilon}$$

$$\vec{E} = -\nabla \varphi$$

Combinando essas duas equações, temos

$$\nabla \cdot (-\nabla \varphi) = \frac{\rho}{\epsilon} \tag{8.1}$$

E sabendo que $\nabla \cdot \nabla\varphi = \nabla^2\varphi$ é o laplaciano da função escalar φ, podemos escrever a Eq. (8.1) da seguinte forma:

$$\nabla^2\varphi = -\frac{\rho}{\epsilon} \tag{8.2}$$

A Eq. (8.2) é a chamada equação de Poisson e pode ser resolvida conhecendo a dependência espacial de $\rho(\vec{r})$, ou seja, da distribuição de cargas, e as condições de contorno.

8.2 Equação de Laplace

A equação de Poisson afirma que, conhecendo a distribuição espacial de cargas em todo o espaço, é possível encontrar o potencial elétrico e, por consequência, o campo elétrico. Entretanto, para situações onde as cargas envolvidas são fixas e/ou estão distribuídas nas superfícies de condutores, ou seja, que $\rho(\vec{r}) = 0$, temos

$$\nabla^2\varphi = 0 \tag{8.3}$$

A Eq. (8.3) é conhecida como a equação de Laplace. Para um conjunto de condutores mantidos a diferentes potenciais, ou seja, $\varphi_a, \varphi_b, \varphi_c \cdots \varphi_\beta$, o potencial em todo o espaço é construído como uma combinação linear dos potenciais $\varphi_a, \varphi_b, \varphi_c \cdots \varphi_\beta$. Além disso, não há outra solução que satisfaça as mesmas condições de contorno.

8.2.1 Propriedades importantes da solução da equação de Laplace

Propriedade I : Se $\varphi_a, \varphi_b, \varphi_c \cdots \varphi_\beta$ são soluções da equação de Laplace e A_i, constantes, temos que

$$\varphi = A_1\varphi_a + A_2\varphi_b + A_3\varphi_c + \cdots + A_i\varphi_\beta$$

também será solução da equação de Laplace.

Prova : Considerando $\varphi = A_1\varphi_a + A_2\varphi_b + A_3\varphi_c + \cdots + A_i\varphi_\beta$ e tomando o laplaciano de φ, temos

$$\nabla^2\varphi = \nabla^2(A_1\varphi_a + A_2\varphi_b + A_3\varphi_c + \cdots + A_i\varphi_\beta)$$
$$\nabla^2\varphi = A_1\nabla^2\varphi_a + A_2\nabla^2\varphi_b + A_3\nabla^2\varphi_c + \cdots + A_i\nabla^2\varphi_\beta$$

Como $\varphi_a, \varphi_b, \varphi_c \cdots \varphi_\beta$ são soluções da equação de Laplace, temos finalmente que

$$\nabla^2\varphi = 0$$

Propriedade II : Duas soluções da equação de Laplace que satisfazem as mesmas condições de contorno são idênticas.

Prova : Para provarmos a propriedade II, devemos mostrar primeiramente que na fronteira φ=cte. Para isso, consideremos a Eq. (1.142), com $U = \varphi$ e $\vec{A} = \boldsymbol{\nabla}\varphi$, ou seja,

$$\boldsymbol{\nabla} \cdot (\varphi \nabla \varphi) = \boldsymbol{\nabla}\varphi \cdot \boldsymbol{\nabla}\varphi + \boldsymbol{\nabla}^2 \varphi = (\boldsymbol{\nabla}\varphi)^2 \tag{8.4}$$

já que φ é solução da equação de Laplace. Integrando a equação anterior ao volume, conseguimos

$$\int_V \boldsymbol{\nabla} \cdot (\varphi \nabla \varphi) dv = \int_V (\boldsymbol{\nabla}\varphi)^2 dv \tag{8.5}$$

Pelo teorema da divergência, podemos ainda escrever o lado esquerdo da equação anterior como

$$\int_V \boldsymbol{\nabla} \cdot (\varphi \boldsymbol{\nabla} \varphi) dv = \oint_S \varphi \boldsymbol{\nabla}\varphi \cdot \hat{n} dA = -\oint_S \varphi \vec{E} \cdot \hat{n} dA \tag{8.6}$$

Uma vez que $\vec{E} = -\boldsymbol{\nabla}\varphi = 0$, pois $Q_{in} = 0$, ou seja, que a carga no interior do condutor é nula, temos

$$\int_V \boldsymbol{\nabla} \cdot (\varphi \boldsymbol{\nabla} \varphi) dv = \int_V (\boldsymbol{\nabla}\varphi)^2 dv = 0 \qquad \Rightarrow \qquad (\boldsymbol{\nabla}\varphi)^2 = 0 \tag{8.7}$$

Uma vez que

$$(\boldsymbol{\nabla}\varphi)^2 = \left(\frac{\partial \varphi}{\partial x}\right)^2 + \left(\frac{\partial \varphi}{\partial y}\right)^2 + \left(\frac{\partial \varphi}{\partial z}\right)^2 \tag{8.8}$$

será sempre positivo, é fácil perceber que φ deve ser uma constante. Agora, podemos provar que essa solução é única: para esse caso, vamos definir as funções φ_1 e φ_2, que satisfazem as mesmas condições de contorno. Consideremos ainda que $\varphi = \varphi_1 - \varphi_2$ é solução da equação de Laplace, ou seja, $\boldsymbol{\nabla}^2\varphi = \boldsymbol{\nabla}^2\varphi_1 - \boldsymbol{\nabla}^2\varphi_2 = 0$, já que φ_1 e φ_2 também são soluções da mesma equação. Além de φ ser uma constante, φ deve ser zero para satisfazer a condição $\varphi_1 = \varphi_2$. Na fronteira, temos que $\varphi_1 = \varphi_2$ (equipotencial), o que implica que φ deve ser igual a zero; logo, isso demonstra que a solução da equação de Laplace é única em todos os pontos.

8.2.2 Equação de Laplace com uma variável independente

Encontrar a solução analítica da equação de Laplace para diferentes e complexas simetrias pode ser uma tarefa um tanto difícil do ponto de vista matemático; entretanto, problemas complicados podem ser resolvidos de forma numérica. Aqui, estamos interessados em situações simples, porém é importante notar que, dependendo da simetria do problema, devemos utilizar o laplaciano no sistema de coordenadas correspondente.

8.2.2.1 Solução da equação de Laplace em coordenadas cartesianas

Em coordenadas cartesianas, o laplaciano é dado por

$$\nabla^2\varphi = \frac{\partial^2\varphi}{\partial x^2} + \frac{\partial^2\varphi}{\partial y^2} + \frac{\partial^2\varphi}{\partial z^2}$$

Assumindo que $\varphi = \varphi(x)$, a equação de Laplace é dada por

$$\nabla^2\varphi = \frac{d^2\varphi}{dx^2} = 0 \tag{8.9}$$

A Eq. (8.9) é uma equação diferencial de segunda ordem e homogênea, cuja solução geral é

$$\varphi(x) = Ax + B \tag{8.10}$$

onde A e B são constantes determinadas pelas condições de contorno. Fica como exercício mostrar que a Eq. (8.10) é solução da Eq. (8.9). Assumiremos agora que $\varphi = \varphi(x, y)$, ou seja, que o potencial depende apenas de duas variáveis. Nesse caso, temos

$$\frac{\partial^2\varphi}{\partial x^2} + \frac{\partial^2\varphi}{\partial y^2} = 0 \tag{8.11}$$

Para encontrar a solução da Eq. (8.11), vamos utilizar a técnica de separação de variáveis. Para isso, vamos assumir que a solução $\varphi(x, y)$ pode ser escrita da seguinte forma:

$$\varphi(x, y) = X(x)Y(y) \tag{8.12}$$

onde $X(x)$ é função apenas de x e $Y(y)$ função apenas de y. Como a Eq. (8.12) é solução da Eq. (8.11), temos que

$$Y(y)\frac{\partial^2 X(x)}{\partial x^2} + X(x)\frac{\partial^2 Y(y)}{\partial y^2} = 0 \tag{8.13}$$

Considerando ainda que a solução é diferente da trivial, podemos dividir ambos os lados da Eq. (8.13) por $X(x)Y(y)$ e, dessa forma, obter

$$\frac{1}{X(x)}\frac{\partial^2 X(x)}{\partial x^2} + \frac{1}{Y(x)}\frac{\partial^2 Y(y)}{\partial y^2} = 0 \tag{8.14}$$

Para que a Eq. (8.14) seja satisfeita para todos os valores de x e y, cada um dos termos deve ser uma constante, ou seja,

$$\frac{1}{X(x)}\frac{d^2 X(x)}{dx^2} = C_1 \qquad \Rightarrow \qquad \frac{d^2 X(x)}{dx^2} + C_1 X(x) = 0 \tag{8.15}$$

$$\frac{1}{Y(x)}\frac{d^2Y(y)}{dy^2} = C_2 \qquad \Rightarrow \qquad \frac{d^2Y(y)}{dy^2} + C_2Y(y) = 0 \tag{8.16}$$

de modo que $C_1 + C_2 = 0$. Agora, o conjunto de Eqs. (8.15) e (8.16) pode ser facilmente resolvido, tendo como solução geral

$$X(x) = Ae^{-i\sqrt{C_1}x} + Be^{+i\sqrt{C_1}x} \tag{8.17}$$

$$Y(x) = Ce^{-i\sqrt{C_2}y} + De^{+i\sqrt{C_2}y} \tag{8.18}$$

Entretanto, buscamos a solução para $\varphi(x,y)$. Sendo assim, temos

$$\varphi(x,y) = (Ae^{-i\sqrt{C_1}x} + Be^{+i\sqrt{C_1}x})(Ce^{-i\sqrt{C_2}y} + De^{+i\sqrt{C_2}y}) \tag{8.19}$$

Vale lembrar que as constantes A, B, C e D são determinadas pelas condições de contorno do problema. A escolha das constantes C_1 e C_2, obedecendo a condição $C_1 + C_2 = 0$, deve ser feita de acordo com as condições do problema. Para exemplificar essa afirmação, consideremos $C_1 = -C_2$ e $C_2 \geq 0$. Nesse caso, a solução terá funções exponenciais ao longo de x e funções oscilatórias ao longo de y. No caso em que $C_2 = -C_1$ e $C_1 \geq 0$, a situação inverte.

8.2.2.2 Solução da equação de Laplace em coordenadas cilíndricas

Em coordenadas cilíndricas, o laplaciano é dado por

$$\nabla^2\varphi = \frac{1}{\rho}\frac{\partial}{\partial\rho}\left(\rho\frac{\partial\varphi}{\partial\rho}\right) + \frac{1}{\rho^2}\frac{\partial^2\varphi}{\partial\phi^2} + \frac{\partial^2\varphi}{\partial z^2}$$

Assumindo que $\varphi = \varphi(\rho)$, a equação de Laplace é dada por

$$\nabla^2\varphi = \frac{1}{\rho}\frac{d}{d\rho}\left(\rho\frac{d\varphi}{d\rho}\right) = 0 \tag{8.20}$$

A Eq. (8.20) é uma equação diferencial de segunda ordem e homogênea, que tem como solução geral

$$\varphi(\rho) = A\ln\rho + B \tag{8.21}$$

onde A e B são constante determinadas pelas condições de contorno. Fica como exercício mostrar que a Eq. (8.21) é solução da Eq. (8.20).

8.2.2.3 Solução da equação de Laplace em coordenadas esféricas

Em coordenadas esféricas, o laplaciano é dado por

$$\nabla^2\varphi = \frac{1}{r^2}\frac{\partial}{\partial r}\left(r^2\frac{\partial\varphi}{\partial r}\right) + \frac{1}{r^2\sin\theta}\frac{\partial}{\partial\theta}\left(\sin\theta\frac{\partial\varphi}{\partial\theta}\right) + \frac{1}{r^2\sin^2\theta}\frac{\partial^2\varphi}{\partial\phi^2}$$

Assumindo que $\varphi = \varphi(r)$, a equação de Laplace é dada por

$$\nabla^2\varphi = \frac{1}{r^2}\frac{d}{dr}\left(r^2\frac{d\varphi}{dr}\right) = 0 \tag{8.22}$$

A Eq. (8.22) é uma equação diferencial de segunda ordem e homogênea, que tem como solução geral

$$\varphi(r) = -\frac{A}{r} + B \tag{8.23}$$

onde A e B são constante determinadas pelas condições de contorno. Fica também como exercício mostrar que a Eq. (8.23) é solução da Eq. (8.22).

Vamos agora verificar a solução da equação de Laplace em coordenadas esféricas, porém assumindo que $\varphi = \varphi(r,\theta)$. Nesse caso, temos que

$$\nabla^2\varphi = \frac{1}{r^2}\frac{\partial}{\partial r}\left(r^2\frac{\partial\varphi}{\partial r}\right) + \frac{1}{r^2\sin\theta}\frac{\partial}{\partial\theta}\left(\sin\theta\frac{\partial\varphi}{\partial\theta}\right) = 0 \tag{8.24}$$

Podemos utilizar o método de separação das variáveis, assumindo que $\varphi(r,\theta) = R(r)T(\theta)$ e substituindo na Eq. (8.24). Ao realizar as operações como feitas anteriormente, conseguimos

$$\frac{1}{R(r)}\frac{\partial}{\partial r}\left(r^2\frac{\partial R(r)}{\partial r}\right) + \frac{1}{T(\theta)}\frac{1}{\sin\theta}\frac{\partial}{\partial\theta}\left(\sin\theta\frac{\partial T(\theta)}{\partial\theta}\right) = 0 \tag{8.25}$$

Escolhendo a constante de separação como $\ell(\ell+1)$, temos que a solução (radial) ao longo de r é dada por

$$R(r) = A_\ell r^\ell + \frac{B_\ell}{r^{\ell+1}} \tag{8.26}$$

Para encontrarmos a solução para $T(\theta)$, devemos resolver

$$\frac{d}{d\theta}\left(\sin\theta\frac{dT(\theta)}{\theta}\right) + \ell(\ell+1)\sin\theta\, T(\theta) = 0 \tag{8.27}$$

As soluções para a Eq. (8.27) são os chamados polinômios de Legendre,[1] assim a solução para $T(\theta)$ é dada por

$$T(\theta) = P_\ell(\cos\theta) \tag{8.28}$$

[1]Para um aprofundamento no estudo das técnicas de solução de equações diferencias parciais, assim como dos poliônimos de Legendre, indicamos o livro *Mathematical methods for physicists*, do autor George Arfken.

onde $P_\ell(\cos\theta)$ são os polinômios de Legendre. Na Tabela 8.1, mostramos alguns dos polinômios de Legendre e, no Apêndice D, apresentamos algumas de suas propriedades.

Tabela 8.1: *Polinômios de Legendre.*

$P_0(\cos\theta) = 1$
$P_1(\cos\theta) = \cos\theta$
$P_2(\cos\theta) = (3\cos^2\theta - 1)/2$
$P_3(\cos\theta) = (5\cos^3\theta - 3\cos\theta)/2$
$P_4(\cos\theta) = (35\cos^4\theta - 30\cos^2\theta + 3)/8$

Utilizando as Eqs. (8.26) e (8.28), a solução geral para $\varphi(r,\theta)$ é

$$\varphi(r,\theta) = \sum_{\ell=0}\left(A_\ell r^\ell + \frac{B_\ell}{r^{\ell+1}}\right)P_\ell(\cos\theta) \tag{8.29}$$

Exercício Resolvido 8.2.1

Uma esfera condutora de raio R descarregada está imersa em um campo elétrico uniforme. Encontre o potencial elétrico $\varphi(r,\theta)$ fora da esfera.

SOLUÇÃO: *O potencial elétrico fora da esfera pode ser determinado pela Eq. (8.29) da seguinte forma:*

$$\varphi(r,\theta) = A_0 + \frac{B_0}{r} + A_1 r P_1(\cos\theta) + \frac{B_1}{r^2}P_1(\cos\theta) + A_2 r^2 P_2(\cos\theta) + \frac{B_2}{r^3}P_2(\cos\theta) + \cdots$$

onde A_ℓ e B_ℓ, com $\ell = 0, 1\cdots$, são as constantes determinadas pelas condições de contorno e $P_\ell(\cos\theta)$, os polinômios de Legendre. Na Fig. 8.1, mostramos o efeito nas linhas de campo que a esfera condutora provoca.

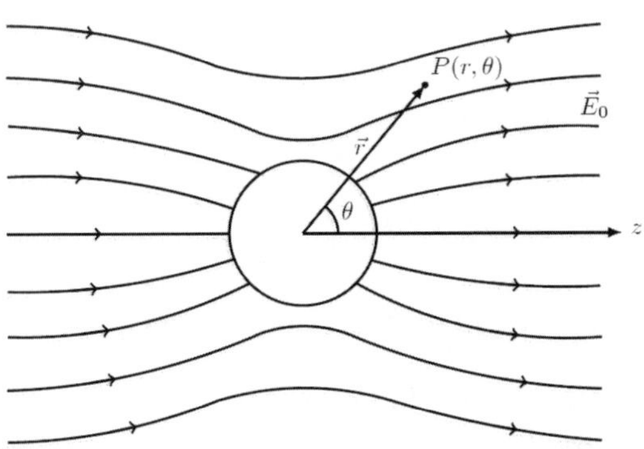

Figura 8.1: *Exercício resolvido 8.2.1.*

Pela figura, podemos perceber que, para $r \to \infty$, o campo elétrico torna-se constante, ou seja, $\vec{E} = E_0\hat{k}$, implicando que $\varphi(r,\theta) = -E_0 z = -E_0 r\cos\theta$. Diante disso, podemos concluir que as constante $A_2, A_3, \cdots$ devem ser nulas e a constante $A_1 = -E_0$. Para $\ell \geq 2$, $P_\ell(\cos\theta)$ dependem de potências de $\cos\theta$ e, como para $r = R$, o potencial deve ser constante e independente de θ, ou seja, $\varphi(r = R, \theta) = \varphi_0$. Portanto, as constantes $B_2, B_3, \cdots$ devem ser nulas. A constante B_0 também deve ser nula, pois o termo (B_0/r) corresponde ao potencial de uma esfera com carga líquida diferente de zero. Dessa forma, o potencial é dado por

$$\varphi(r,\theta) = A_0 - E_0 r\cos\theta + \frac{B_1}{r^2}\cos\theta$$

Como $\varphi(r = R, \theta) = \varphi_0$, temos

$$\varphi_0 = A_0 + \left(-E_0 R + \frac{B_1}{R^2}\right)\cos\theta$$

que implica que as constantes são $A_0 = \varphi_0$ e $B_1 = E_0 R^3$. Logo, finalmente o potencial fora da esfera é dado por

$$\varphi(r,\theta) = \varphi_0 - E_0 r\cos\theta + \frac{E_0 R^3}{r^2}\cos\theta$$

Embora não tenhamos resolvido a equação de Laplace de maneira formal, encontramos uma solução que satisfaz $\nabla^2\varphi = 0$. Deixamos como exercício verificar que a solução encontrada satisfaz a equação de Laplace. ■

8.3 Problemas

1. Verifique que,

$$\varphi(r) = \frac{C_1}{r}$$

e

$$\varphi(x,y,z) = \frac{C_2 z}{(x^2 + y^2 + z^2)^{3/2}}$$

são soluções da equação de Laplace, onde C_1 e C_2 são constantes.

2. Considere os seguintes potenciais elétricos:
a) $\varphi(\rho,\phi,z) = \rho z\sin\phi + \rho^2$,
b) $\varphi(r,\theta,\phi) = \dfrac{C\sin\theta\sin\phi}{r^2}$.
e verifique qual(is) obedecem a equação de Laplace.

3. Duas placas planas e paralelas de um capacitor estão separadas por uma distância d. A placa inferior é mantida a um potencial zero, já a placa superior em um potencial V_0. Determine o potencial entre as placas e a distribuição superficial de cargas em cada uma delas.

4. Uma esfera de raio a está carregada com uma densidade uniforme de carga ρ_0. Determine o potencial elétrico dentro e fora da esfera, sabendo que fora não há qualquer tipo de carga elétrica.

5. Em um determinado material, a densidade de carga varia segundo

$$\rho = \rho_0 \frac{x}{d}$$

onde ρ_0 é uma constante. Se o campo elétrico em $x = 0$ é nulo e o potencial em $x = d$ é zero, determine $\varphi(x)$ e $\vec{E}(x)$.

6. Duas cascas condutoras esféricas de raios R_1 e R_2 estão dispostas concentricamente e carregadas de tal forma que possuem potenciais V_1 e V_2, respectivamente. Se $R_2 > R_1$, determine o potencial nos pontos entre as cascas e nos pontos $r > R_2$.

7. Duas cascas cilíndricas de raios R_1 e R_2 estão dispostas coaxialmente e carregadas de tal forma que possuem potenciais V_1 e V_2, respectivamente. Determine o potencial nos pontos entre as cascas cilíndricas.

8. Na Fig. 8.2, mostramos dois planos infinitos e isolados, mantidos nos potenciais 0 e V_0. Determine o potencial para as regiões $0 < \phi < \alpha$ e $\alpha < \phi < 2\pi$.

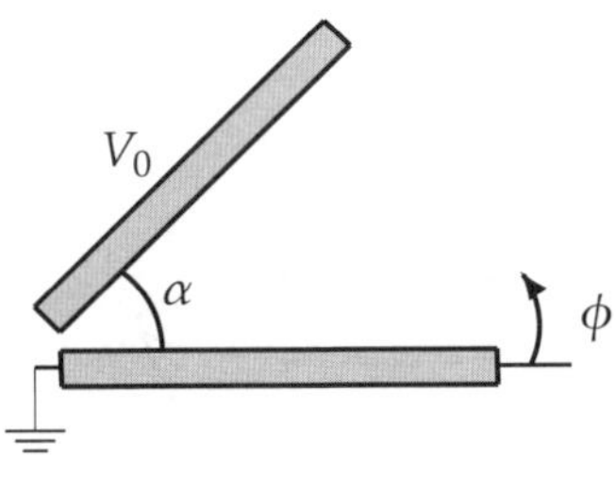

Figura 8.2: *Problema 8.*

9. Na Fig. 8.3, mostramos duas placas planas e paralelas separadas por uma distância d. As placas estão preenchidas com dois materiais dielétricos de constantes κ_1 e κ_2. Na interface entre os meios, há uma distribuição uniforme de carga σ_0. Determine o campo elétrico no meio 1 e no meio 2, sabendo que a placa inferior está em um potencial nulo e a superior em um potencial V_0.

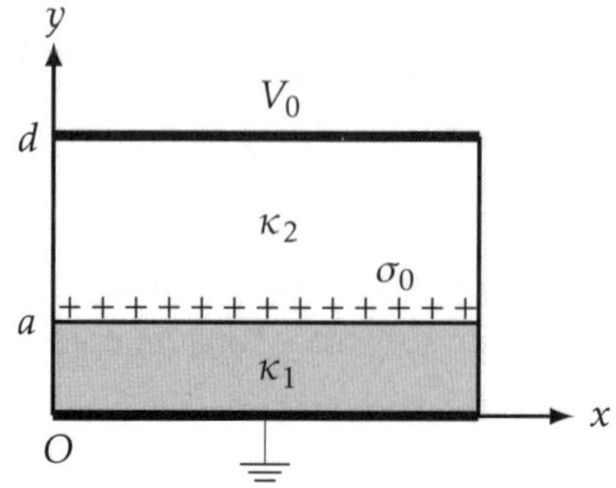

Figura 8.3: *Problema 9.*

10. No espaço vazio, uma determinada distribuição de cargas cria o seguinte potencial elétrico:

$$\varphi = \varphi_0 \left(\frac{x}{d} \right)^{4/3}$$

onde φ_0 é uma constante. Mostre que a densidade de carga associada a esse potencial é igual a

$$\rho = -\frac{4\epsilon_0 \varphi_0}{9d^{4/3}} x^{-2/3}$$

11. Um cone condutor infinito é mantido a um potencial V_0, em um ângulo α e isolado por um plano, como mostrado na Fig. 8.4. Determine o potencial elétrico e o campo elétrico para $\alpha < \theta < \pi/2$.

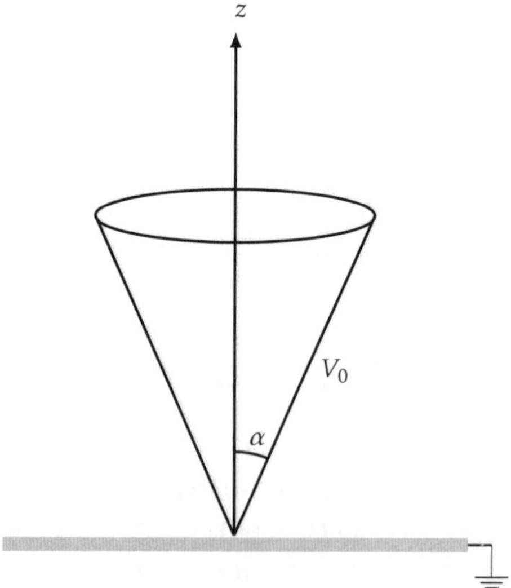

Figura 8.4: *Problema 11.*

12. Utilizando a técnica de separação das variáveis com $\varphi(\rho,\phi) = R(\rho)F(\phi)$, mostre que:

a) As funções $R(\rho)$ e $F(\phi)$ obedecem as seguintes equações:

$$\frac{d^2R}{d\rho^2} + \frac{1}{\rho}\frac{dR}{d\rho} - \frac{m^2}{\rho}R = 0$$
$$\frac{d^2F}{d\phi^2} + m^2F = 0$$

com m sendo um número inteiro.

b) Que a solução da equação de Laplace em coordenadas cilíndricas nas variáveis (ρ,ϕ) é dada por

$$\varphi(\rho,\phi) = \sum_{m=0} (A_m\rho^m + B_m\rho^{-m})(C_me^{im\phi} + D_me^{-im\phi})$$

13. * [2] Um círculo de raio b está no plano xy com o centro localizado na origem do sistema de coordenadas, como mostra a Fig. 8.5. Para o semicírculo localizado em $x > 0$, o potencial é constante e vale V_0; já a outra parte está a um potencial $-V_0$. **Dica**: use os resultados do Probl.12.

a) Encontre o potencial elétrico em todos os pontos dentro do círculo.
b) Determine o módulo do campo E no centro do círculo.

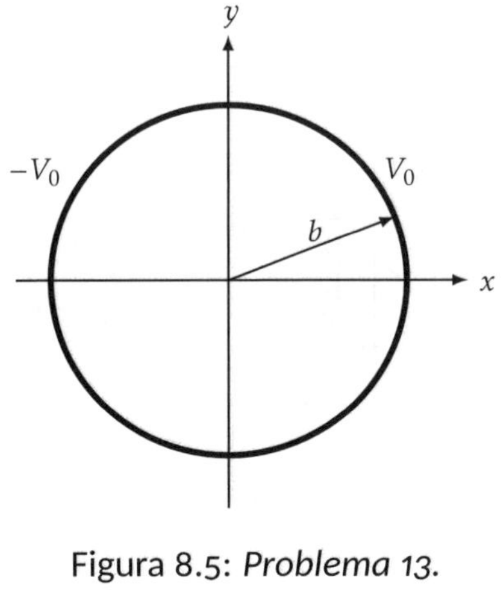

Figura 8.5: *Problema 13.*

[2]Nos problemas com $*$ recomenda-se consultar o Apêndice C.3 ou o Apêndice D para a resolução dos problemas.

14. * Duas placas paralelas ao plano xy, uma em $y = 0$ e outra em $y = a$, e infinitas estão submetidas a potenciais iguais a zero, como mostra a Fig. 8.6. No ponto $x = 0$, há uma terceira placa também infinita, porém isolada das duas primeiras. Determine o potencial elétrico na região entre as placas.

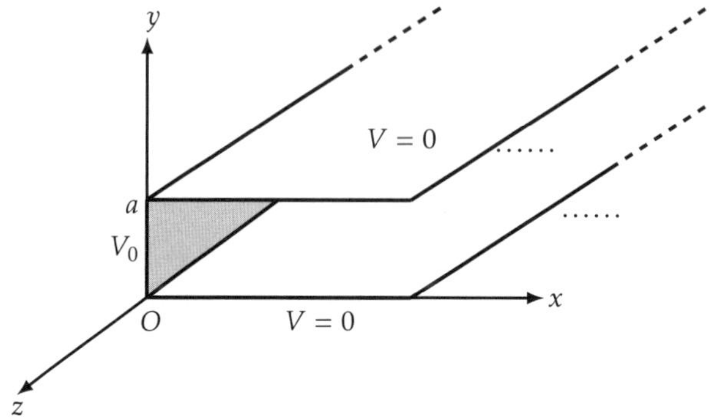

Figura 8.6: *Problema 14.*

15. * Duas placas de metal aterradas e de comprimento infinito, em y = 0 e y = a, são conectadas em $x = \pm$b por tiras de metal mantidas em potencial V_0, como mostra a Fig. 8.7. Uma camada fina de isolamento em cada canto evita que elas entrem em curto. Prove que o potencial dentro do tubo é dado por

$$\varphi(x, y) = \frac{4V_0}{\pi} \sum_{n=1,3,5...} \frac{1}{n} \frac{\cosh(n\pi x/a)}{\cosh(n\pi b/a)} \sin(n\pi y/a)$$

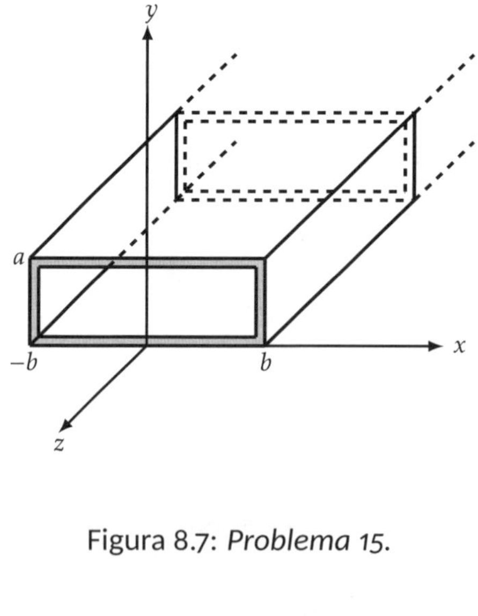

Figura 8.7: *Problema 15.*

16. * Um cilindro condutor muito longo de raio a é separado em quatro partes iguais e submetido a diferentes potenciais, como mostra a Fig. 8.8. Determine o potencial tanto dentro quanto fora do cilindro.

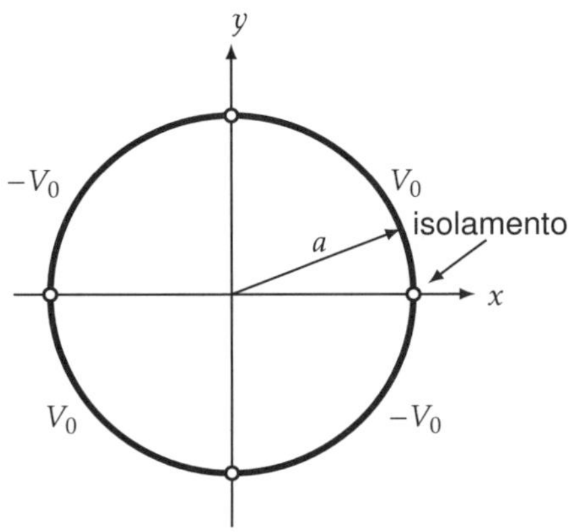

Figura 8.8: *Problema 16.*

17. * Suponha que o potencial $\varphi_0(\theta)$ na superfície de uma esfera é especificado e que não há carga dentro ou fora da esfera. Mostre que a densidade de carga na esfera de raio R é dada por

$$\sigma(\theta) = \frac{\epsilon_0}{2R}\sum_{\ell=0}^{\infty}(2\ell+1)(\ell+1)C_\ell P_\ell(cos\theta)$$

onde

$$C_\ell = \int_0^\pi \varphi_0(\theta)P_\ell(cos\theta)\sin\theta d\theta$$

Capítulo 9

Eletrodinâmica

Nos capítulos anteriores, foram apresentados os princípios da eletrostática. Neste capítulo, estudaremos os efeitos de um campo elétrico sobre os portadores de cargas livres, ou seja, os princípios da eletrodinâmica. Chamamos de portadores de carga qualquer partícula ou íon capaz de se movimentar ordenadamente sob a ação de um campo elétrico.

9.1 Corrente elétrica

Consideremos a Fig. 9.1 onde temos representado portadores de cargas livres se movimentado com velocidade $\vec{v}_d$ devido à ação de um campo elétrico. Definimos como corrente elétrica e representamos por I o movimento ordenado desses portadores de cargas que cruzam a seção transversal de um condutor por unidade de tempo.

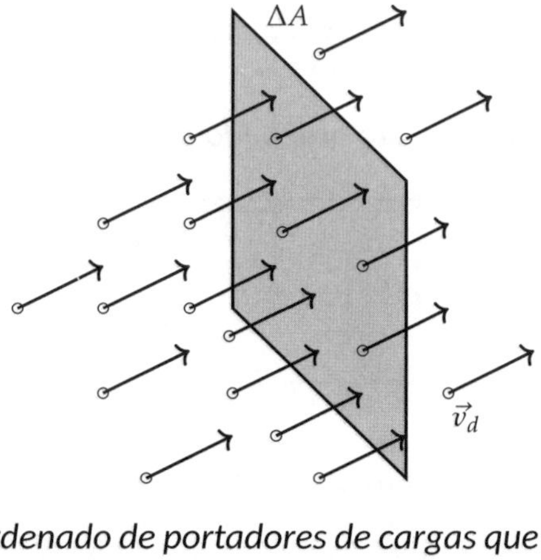

Figura 9.1: *Movimento ordenado de portadores de cargas que cruzam uma superfície de área* ΔA.

Dessa maneira, a corrente elétrica é dada por

$$I = \frac{dQ}{dt} \tag{9.1}$$

onde dQ é a quantidade de carga que cruza uma seção transversal de área A em um intervalo de tempo dt. É importante salientar que esse movimento ordenado deve-se à ação de um campo elétrico e que, na ausência desse campo, há um movimento de portadores de cargas desordenado devido à agitação térmica - portanto, não é caracterizado como corrente elétrica. Em um intervalo de tempo Δt, podemos definir a corrente elétrica média como

$$I = \frac{Q}{\Delta t} \tag{9.2}$$

onde $Q = Nq$, sendo N o número de portadores de cargas livres e q a carga elementar, que tem o valor da carga de um elétron q = 1.602×10^{-19}C. A unidade para a corrente elétrica no SI é o Ampère (A), dado por

$$1A = 1\frac{C}{s}$$

ou seja, um Ampère é a passagem de 1C (um Coulomb) de carga por determinada seção transversal de um condutor em um intervalo de 1 s. O sentido do fluxo dos portadores de cargas é dado pelo sinal do portador de carga. Quando positivo, o sentido do fluxo será o mesmo do campo elétrico, e, quando negativo, o sentido do fluxo dos portadores de cargas será no sentido oposto ao do campo elétrico, como mostram as Figs. 9.2 e 9.3.

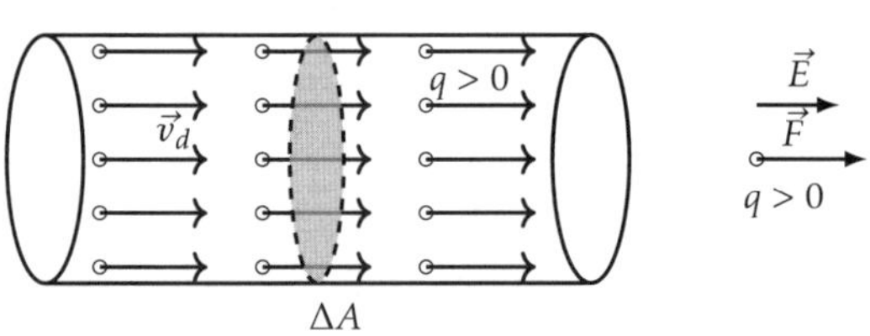

Figura 9.2: *Sentido do movimento ordenado de portadores de cargas positivas.*

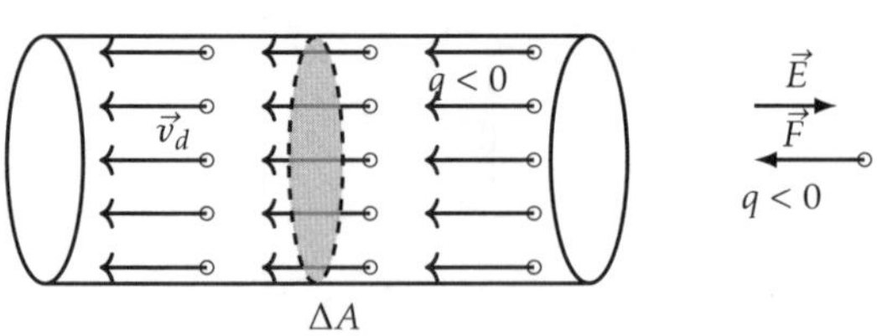

Figura 9.3: *Sentido do movimento ordenado de portadores de cargas negativas.*

É evidente que o sentido do fluxo de cargas depende do sentido do campo elétrico. Convencionamos que o sentido da corrente elétrica, chamada de corrente elétrica convencional, é aquele dado pelo movimento das cargas positivas, mesmo que o portador de carga seja o elétron, pois o sinal do portador não tem qualquer importância prática na descrição dos circuitos elétricos.

9.2 Densidade de corrente e a equação da continuidade

Consideremos agora a Fig. 9.4, onde temos o movimento de uma densidade volumétrica de carga dada por $n = N/V_{vol}$, em que N é o número de portadores de carga e V_{vol} o volume do paralelepípedo de altura ℓ. Dessa forma, podemos então escrever a quantidade de carga ΔQ nesse volume como

$$\Delta Q = nqV_{vol} \tag{9.3}$$

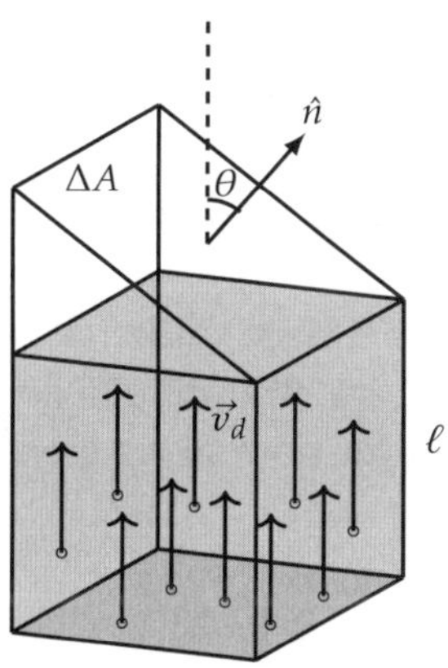

Figura 9.4: *Movimento ordenado de uma densidade volumétrica de portadores de cargas.*

Pela figura, podemos perceber que o volume é $V_{vol} = \ell \Delta A \cos\theta$, com $\Delta A \cos\theta$ sendo a projeção da área ΔA perpendicular ao movimento dos portadores de cargas com velocidade $\vec{v}_d$. Dessa maneira, temos

$$\Delta Q = nq\ell \cos\theta \Delta A \tag{9.4}$$

Uma vez que $\ell = v_d \Delta t$, podemos ainda escrever a Eq. (9.4) como

$$\Delta Q = nq\Delta A v_d \Delta t \cos\theta \tag{9.5}$$

e, dessa forma, a corrente ΔI associada à quantidade de carga dada pela Eq. (9.5) é

$$\Delta I = \frac{\Delta Q}{\Delta t} = nqv_d \cos\theta \Delta A \tag{9.6}$$

que pode ainda ser escrita como

$$\Delta I = nq\vec{v}_d \cdot \hat{n} \Delta A \tag{9.7}$$

Considerando o limite de $\Delta A \to 0$ na Eq. (9.7), obtemos

$$dI = nq\vec{v}_d \cdot \hat{n} dA \tag{9.8}$$

que é o elemento de corrente que cruza a seção transversal do condutor de área dA. Levando em conta a presença de mais de um tipo de portador de carga, a Eq. (9.8) fica

$$dI = (\sum_i n_i q_i \vec{v}_{di}) \cdot \hat{n} dA \tag{9.9}$$

onde o termo entre parênteses é o que chamamos de densidade de corrente elétrica ($\vec{J}$), definida como

$$\vec{J} = \sum_i n_i q_i \vec{v}_{di} \tag{9.10}$$

Dessa forma, a corrente I que cruza a superfície de área A é dada por

$$I = \oint_S \vec{J} \cdot \hat{n} dA \tag{9.11}$$

Consideremos agora uma região do espaço onde há um fluxo de cargas definido pela densidade de corrente $\vec{J}$. Na Fig. 9.5, mostramos o fluxo de cargas cruzando a superfície S do volume V. Na figura, $\hat{n}$ é o vetor normal à superfície. A corrente elétrica I, com base na Eq. (9.11), é dada por

$$I = -\oint_S \vec{J} \cdot \hat{n} dA \tag{9.12}$$

onde o sinal (–) indica os sentidos opostos do fluxo de cargas dado pela densidade de corrente $\vec{J}$ e do vetor $\hat{n}$, como mostrado na Fig. 9.5. Utilizando a definição de corrente

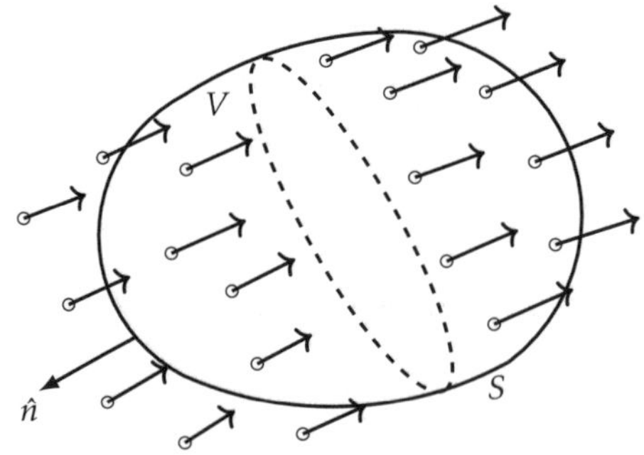

Figura 9.5: *Fluxo de cargas cruzando uma superfície S.*

elétrica dada pela Eq. (9.1) e substituindo na Eq. (9.12), temos

$$\frac{dQ}{dt} = -\oint_S \vec{J} \cdot \hat{n} dA \tag{9.13}$$

Levando em conta que a quantidade de carga Q está relacionada à densidade volumétrica de carga ρ por

$$Q = \int_V \rho dv \tag{9.14}$$

a Eq. (9.13) pode ser escrita como

$$-\frac{d}{dt}\int_V \rho dv = \oint_S \vec{J}\cdot \hat{n} dA \tag{9.15}$$

Utilizando o teorema da divergência e considerando que o volume V não varia com o tempo, podemos escrever a Eq. (9.15) como

$$-\int_V \frac{\partial \rho}{\partial t} dv = \int_V \nabla\cdot\vec{J} dv \tag{9.16}$$

que, após rearranjarmos os termos, conseguimos

$$\frac{\partial \rho}{\partial t} + \nabla\cdot\vec{J} = 0 \tag{9.17}$$

A Eq. (9.17) é chamada de *equação da continuidade* e determina o princípio da conservação da carga elétrica. Em outras palavras, nenhuma carga pode fluir para fora ou para dentro sem que a carga total existente no local diminua.

9.3 Resistência elétrica e lei de Ohm

9.3.1 Resistência elétrica

Quando um portador de carga se movimenta em um meio condutor devido à presença de um campo elétrico, ele sofre a influência do meio. Em um metal, por exemplo, os íons que formam a estrutura cristalina do material se movimentam ao redor de um ponto de equilíbrio devido aos efeitos térmicos. Sobreposto a esse movimento, há o movimento dos portadores livres (elétrons), que colidem com os íons da rede cristalina e parte de sua energia cinética é transformada em outra forma de energia (energia térmica, por exemplo). A transformação de energia cinética em outra forma de energia pode ser entendida como uma dificuldade do movimento dos portadores de cargas provocada pelo meio, sendo conhecida como resistência elétrica do material. Podemos definir a resistência elétrica como

$$R = \frac{\Delta\varphi}{I} \tag{9.18}$$

onde $\Delta\varphi$ é a diferença de potencial associada ao campo elétrico e I, a corrente elétrica. No SI, a unidade de resistência elétrica é o Ohm (Ω), definido como

$$1\Omega = 1\frac{Volt}{Ampere}$$

9.3.2 Lei de Ohm

Verifica-se experimentalmente que a resposta em corrente elétrica de um meio condutor devido à presença de um campo elétrico é dada por

$$\vec{J} = \sigma \vec{E} \tag{9.19}$$

onde σ é condutividade elétrica do meio e é determinada por

$$\sigma = q\mu n \quad \text{para um único portador} \tag{9.20}$$

$$\sigma = q_1\mu_1 n_1 + q_2\mu_2 n_2 \quad \text{para dois portadores} \tag{9.21}$$

em que μ é a mobilidade do portador de carga, dada em (m^2/Vs). Para meios lineares e homogêneos, σ é uma constante. Para meios não lineares, chamados de não ôhmicos, $\sigma = \sigma(E)$. Na Fig. 9.6, mostramos a densidade de corrente em função do campo elétrico para meios ôhmicos (curva a) e meios não ôhmicos (curva b).

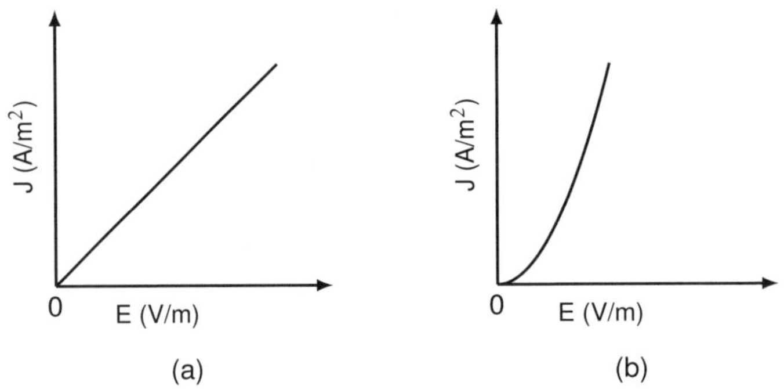

Figura 9.6: *Densidade de corrente em função do campo aplicado para meios lineares curva (a) e não lineares curva (b).*

Vamos agora considerar um condutor, como o representado na Fig. 9.7, de comprimento ℓ e área da seção transversal igual a A. A condutividade elétrica, σ desse nosso condutor é constante, ou seja, um condutor ôhmico.

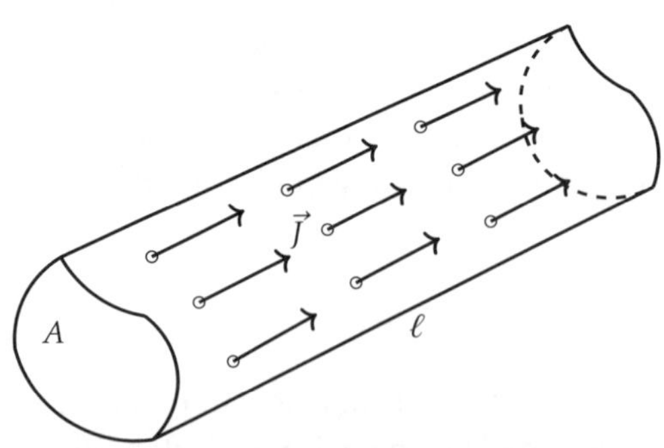

Figura 9.7: *Condutor ôhmico de comprimento ℓ e seção transversal de área A.*

Levando em conta que o condutor esteja submetido a um campo elétrico E constante, podemos relacionar a corrente elétrica I com a densidade da corrente elétrica $\vec{J}$ da seguinte forma:

$$I = \oint_S \vec{J} \cdot \hat{n} dA = JA \tag{9.22}$$

Como o campo elétrico ao qual o condutor está submetido é constante, a diferença de potencial $\Delta\varphi$ associada a esse campo é dada por

$$\Delta\varphi = \int_C \vec{E} \cdot d\vec{\ell} = E\ell \tag{9.23}$$

Utilizando a lei de Ohm dada pela Eq. (9.19), juntamente às Eqs. (9.22) e (9.23), conseguimos

$$J = \sigma E = \frac{I}{A} \tag{9.24}$$

$$\sigma \frac{\Delta\varphi}{\ell} = \frac{I}{A} \tag{9.25}$$

que, após rearranjados os termos e substituída a definição de resistência elétrica dada pela Eq. (9.18) na equação acima, obtemos

$$\frac{\Delta\varphi}{I} = \frac{1}{\sigma}\frac{\ell}{A} \tag{9.26}$$

$$R = \rho\frac{\ell}{A} \qquad \rho = \frac{1}{\sigma} \tag{9.27}$$

onde ρ é a resistividade elétrica do meio, cuja unidade é Ωm. A resistividade ρ é uma característica do material condutor. Para condutores com os mesmos fatores geométricos (ℓ e A), quanto maior a resistividade, maior a resistência elétrica e, evidentemente, menor a condutividade elétrica. Na Tab.9.1, mostramos alguns valores para a resistividade elétrica de diferentes materiais.

9.3.3 Resistência elétrica em função da temperatura

Nos metais, a resistência elétrica não é constante quando há variações de temperatura. A mudança da resistência elétrica com a temperatura ocorre quando o aumento da energia térmica amplia a vibração da rede cristalina do material, dificultando a mobilidade do portador de carga (elétron). A dependência da resistência elétrica com a temperatura pode ser escrita da seguinte forma:

$$R = R_0(1 + \alpha\Delta T) \tag{9.28}$$

onde R_0 é a resistência elétrica em temperatura ambiente e α, o coeficiente de temperatura da resistência. O coeficiente α não depende da temperatura quando há pequenas variações, ou seja, é uma constante.

Tabela 9.1: *Resistividade elétrica ρ para diferentes materiais*

Material	Resistividade elétrica (Ωm)
Prata	1.47×10^{-8}
Cobre	1.72×10^{-8}
Ouro	2.44×10^{-8}
Alumínio	2.75×10^{-8}
Tungstênio	5.25×10^{-8}
Aço	20×10^{-8}
Chumbo	22×10^{-8}
Mercúrio	95×10^{-8}
Constantan (60% Cu, 40% Ni)	49×10^{-8}
Nicromo	100×10^{-8}
Carbono puro	3.5×10^{-5}
Germânio puro	0.60
Silício puro	2300
Vidro	$10^{10}-10^{14}$
Mica	$10^{11}-10^{15}$
Quartzo (fundido)	75×10^{16}
Teflon	maior que 10^{13}
Madeira	$10^{8}-10^{11}$

Exercício Resolvido 9.3.1

Um condutor cilíndrico de comprimento ℓ e raio a é percorrido por uma corrente elétrica I. Sabendo que a resistividade do condutor é dada por $\rho=\alpha r$, determine:

a) O campo elétrico no interior do condutor quando uma corrente elétrica I passa pelo condutor.

b) A resistência elétrica do condutor.

SOLUÇÃO:

a) *A partir da definição de densidade de corrente, temos que*

$$\vec{J}=\sigma\vec{E}=\frac{1}{\alpha r}E\hat{n}$$

onde $\hat{n}$ indica o sentido da densidade de corrente, como mostrado na Fig. 9.8.

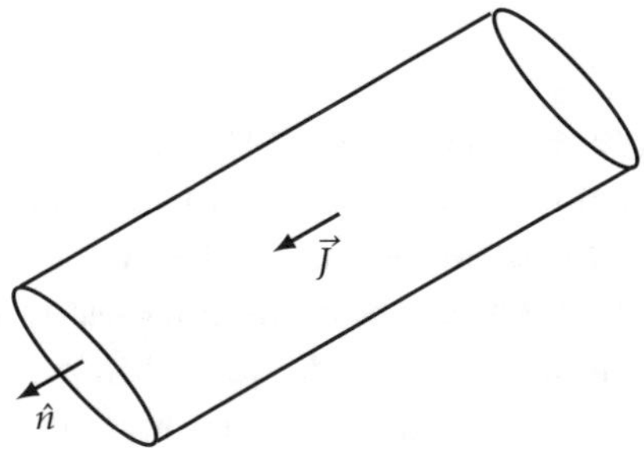

Figura 9.8: *Exercício resolvido 9.3.1.*

Já a corrente elétrica pode ser determinada por

$$I = \oint_S \vec{J} \cdot \hat{n} dA$$

Substituindo a densidade de corrente $\vec{J}$ na equação acima e levando em conta que a área da seção transversal é um círculo, temos

$$I = \int_0^a \frac{1}{\alpha r} E\hat{n} \cdot \hat{n} 2\pi r dr = \frac{2\pi E a}{\alpha}$$

Dessa maneira, o campo elétrico é dado por

$$E = \frac{\alpha I}{2\pi a}$$

■

b) *A resistência do condutor é determinada por*

$$R = \frac{\Delta\varphi}{I}$$

Como $\Delta\varphi = E\ell$, com ℓ sendo o comprimento do condutor, temos

$$\Delta\varphi = \frac{\alpha I}{2\pi a}\ell$$

Com isso, a resistência elétrica do condutor pode ser escrita como

$$R = \frac{\alpha \ell}{2\pi a}$$

■

9.3.4 Supercondutores

Nas seções anteriores, descrevemos o movimento dos portadores de cargas como consequência da presença de um campo elétrico. Em certos materiais, os portadores de cargas sofrem influência do meio quando é estabelecida uma corrente elétrica. Nos metais, essa resistência deve-se basicamente às colisões entre os portadores e os íons que formam o material, e aumenta à medida que a temperatura aumenta. Em 1911, o físico holandês Karmelingh Onnes mostrou que em determinadas condições o mercúrio apresentava resistência elétrica desprezível a baixas temperaturas. Na Fig. 9.9, vemos como varia a resistência elétrica de um fio de estanho [1] em função da temperatura, sendo nula a 3.75 K.

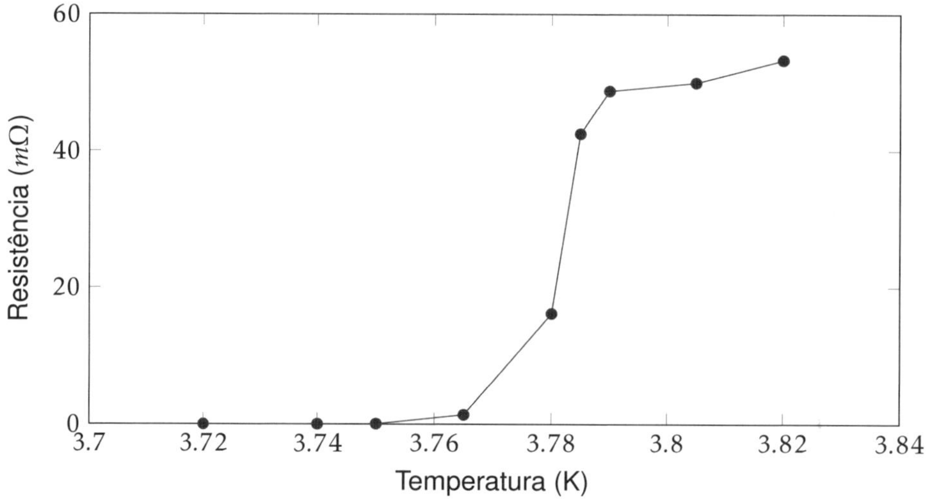

Figura 9.9: *Variação da resistência elétrica em função da temperatura para um fio de estanho de 80 cm e 0.02 mm^2 de seção transversal.*

Materiais que possuem a mesma característica do estanho apresentam o fenômeno da *supercondutividade*, porém o grande desafio dos pesquisadores é encontrar materiais com esse efeito a temperaturas maiores que 4 K, que é a temperatura de liquefação do hélio. Algumas cerâmicas supercondutoras apresentam o efeito da supercondutividade a temperaturas maiores que 110 K. Entretanto, a explicação física da ausência de resistência elétrica apresentada pelos materiais supercondutores só é possível através da mecânica quântica, o que foge da proposta deste livro.

[1]H. Kamerlingh Onnes, Further experiments with liquid helium. II. On the electrical resistance etc. VIII. The sudden disappearance of the ordinary resistance of tin, and the super conductive state of lead, in: KNAW, **Proceedings**, 16 II, 1913-1914, Amsterdam, 1914, pp. 673-688.

9.3.5 Potência elétrica

Quando é estabelecida uma corrente elétrica em um material condutor, como o cobre, ocorre a transformação de energia elétrica em energia térmica, devido à resistência elétrica apresentada pelo meio. Essa transformação é utilizada em vários dispositivos do nosso dia a dia, como os aquecedores elétricos. Consideremos a Fig. 9.10, em que certa quantidade de carga Δq positiva se movimenta devido à presença de um campo elétrico $\vec{E}$ constante. O trabalho realizado pelo campo elétrico entre os pontos A e B,

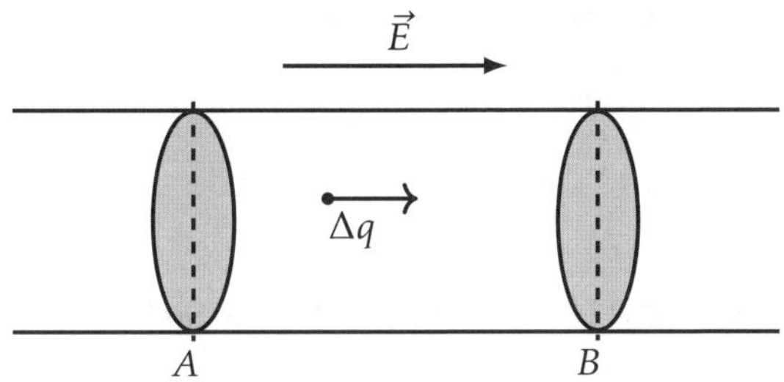

Figura 9.10: *Variação da energia potencial elétrica dos portadores de cargas em um condutor.*

sobre o elemento de carga Δq mostrado na Fig. 9.10, é dado por

$$\Delta W = \vec{F} \cdot \Delta\vec{\ell} \tag{9.29}$$

onde $\vec{F}$ é a força devido ao campo elétrico $\vec{E}$. A potência desenvolvida para a realização do trabalho para um único portador é então

$$p = \lim_{\Delta t \to 0} \frac{\Delta W}{\Delta t} = q\vec{E} \cdot \vec{v}_d \tag{9.30}$$

Para todos os portadores de cargas envolvidos em um volume dv, a potência total (P) é dada

$$dP = \sum_i p_i = \vec{E} \cdot (\sum_i q_i n_i \vec{v}_{di}) dv \tag{9.31}$$

Lembrando que o termo entre parênteses é a densidade de corrente $\vec{J}$, a potência total finalmente é determinada por

$$P = \int_V \vec{E} \cdot \vec{J} dv \tag{9.32}$$

Para um condutor linear submetido a um campo elétrico constante, como o mostrado na Fig. 9.7, a potência dissipada é

$$P = \int_V \vec{E} \cdot \vec{J} dv = E\ell JA \tag{9.33}$$

que, após identificados os termos $E\ell$ como a diferença de potencial $\Delta\varphi$ e o termo JA como a corrente elétrica I, podemos escrever que a potência elétrica dissipada é dada por

$$P = \Delta\varphi I \tag{9.34}$$

Utilizando a definição de resistência elétrica na Eq. (9.34), podemos ainda escrever a potência elétrica como

$$P = RI^2 \qquad \text{ou} \quad P = \frac{\Delta\varphi}{R^2} \tag{9.35}$$

onde R é a resistência elétrica. A unidade de potência elétrica no SI é o Watt (W), definido como 1W = 1 J/s, ou seja, 1 W é a transformação de 1 de energia a cada 1 s.

9.4 Condições de contorno para a densidade de corrente

Na Sec.7.4, descrevemos as condições de contorno que devem ser satisfeitas para campos eletrostáticos quando o campo elétrico passa de um meio para outro. Pelo fato de o movimento ordenado dos portadores de carga (corrente elétrica) estar associado diretamente ao campo elétrico, devemos ter cuidado ao analisar a densidade de corrente quando há mudança de meio. Para tanto, consideremos a Fig. 9.11, onde há dois meios condutores com as condutividades elétricas dadas por σ_1 e σ_2.

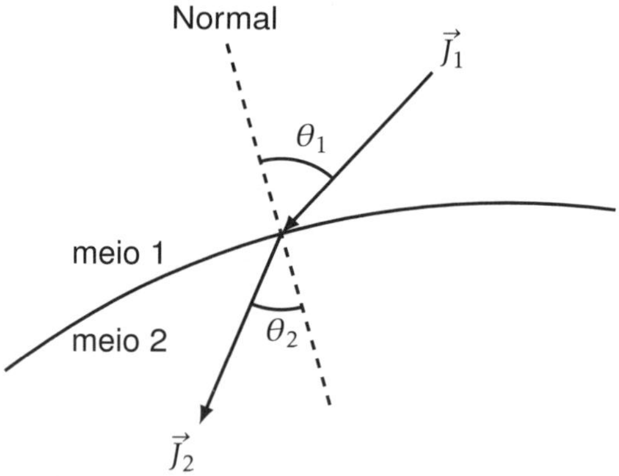

Figura 9.11: *Densidades de corrente em meios condutores separados por uma interface.*

Usando a figura, é fácil ver que as densidades de correntes nos meios 1 e 2 podem ser escritas como

$$\vec{J}_1 = J_{1n}\hat{n} + J_{1t}\hat{t} \tag{9.36}$$

$$\vec{J}_2 = J_{2n}\hat{n} + J_{2t}\hat{t} \tag{9.37}$$

onde $\hat{n}$ e $\hat{t}$ são os vetores unitários perpendicular e tangente à interface que separa os meios 1 e 2. Considerando que o fluxo de cargas ocorre na condição de estado estacionário, $\left(\frac{\partial \rho}{\partial t} = 0\right)$, e que os campos elétricos envolvidos obedecem a Eq. (5.4), temos que

$$\nabla \cdot \vec{J} = 0 \tag{9.38}$$

$$\nabla \times \left(\frac{\vec{J}}{\sigma}\right) = 0 \tag{9.39}$$

Utilizando o teorema de Stokes no contorno $ABCD$ da Fig. 9.12(a), juntamente às Eqs. (9.36) e (9.37) e substituindo na Eq. (9.39), é possível encontrar que

$$\frac{J_{1t}}{\sigma_1} = \frac{J_{2t}}{\sigma_2} \tag{9.40}$$

Usando as mesmas Eqs. (9.36) e (9.37) na Eq. (9.38), porém aplicando o teorema de Gauss nas superfícies da Fig. 9.12(b) encontramos que

$$J_{1n} = J_{2n} \tag{9.41}$$

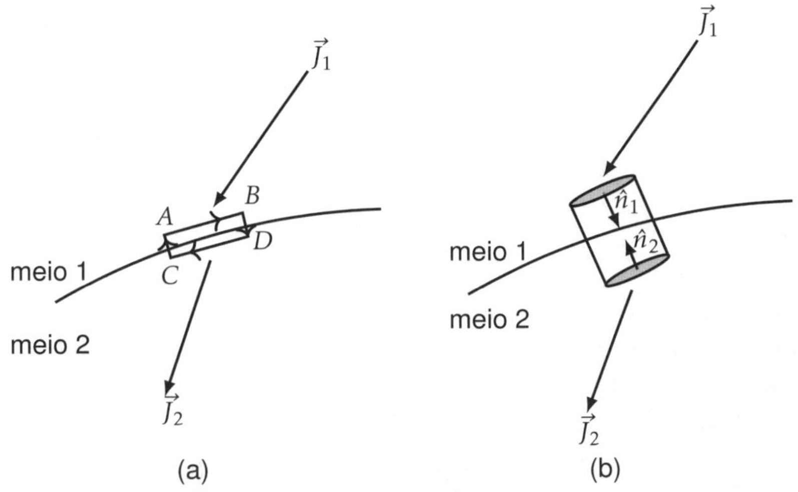

Figura 9.12: *Integral de linha de $\vec{J}/\sigma$ no contorno ABCD (a) e integral de superfície de $\vec{J}$ (b) na interface entre dois meios condutores.*

As Eqs. (9.40) e (9.41) são as condições de contorno que devem ser satisfeitas pela densidade de corrente quando há fluxo de cargas de um meio condutor para outro.

9.5 Teoria microscópica da condução elétrica em metais

Nesta seção, discutiremos o mecanismo de condução elétrica em metais. Utilizaremos o modelo clássico de condução, em que os elétrons serão considerados portadores de cargas livre e que se movimentam por um mar de íons positivos considerados fixos. Imaginemos um material condutor submetido a um campo elétrico constante de módulo E. Devido ao campo elétrico, os portadores de carga se movimentam de forma ordenada, originando uma corrente elétrica. Nessas condições, a corrente elétrica é dada por

$$I = nqAv_d \tag{9.42}$$

onde n é número de portadores de cargas por unidade de volume, q é a carga do elétron, A é a área da seção transversal do condutor e v_d é a velocidade de migração dos portadores de carga. A corrente elétrica está relacionada ao campo elétrico através da densidade de corrente (corrente/área) J da seguinte forma:

$$J = \sigma E \tag{9.43}$$

onde σ é a condutividade elétrica do material e E, o campo elétrico. A velocidade de migração pode ser determinada através da seguinte relação:

$$v_d = a\tau \tag{9.44}$$

onde a é a aceleração, considerada constante, e τ é o intervalo de tempo entre uma colisão e outra do elétron com a rede fixa. É fácil mostrar que a aceleração devido ao campo elétrico é dada por

$$a = \frac{qE}{m} \tag{9.45}$$

Combinando as Eqs. (9.42-9.45), mostramos que o inverso da condutividade elétrica (σ), ou seja, a resistividade (ρ) é dada por

$$\rho = \frac{m}{nq^2\tau} \tag{9.46}$$

Pela Eq. (9.46), fica claro que, quando τ aumenta, a resistividade elétrica diminui e a corrente elétrica aumenta. O inverso também é possível: quando τ diminui, a resistividade aumenta e a corrente elétrica diminui. A diminuição do tempo entre uma colisão e outra está relacionada diretamente à temperatura. Em outras palavras, à medida que a temperatura aumenta, a amplitude de vibração dos íons da rede cristalina também aumenta e, com isso, o tempo entre uma colisão e outra diminui.

9.6 Passagem para o equilíbrio eletrostático

Quando um condutor fica submetido a um campo elétrico, os portadores de cargas livres se organizam de forma a atingir o equilíbrio eletrostático. É fácil perceber que em bons condutores esse processo é mais rápido. Para melhor compreensão, consideremos um condutor que possui uma distribuição volumétrica de cargas dada por $\rho_0(x, y, z)$. A dinâmica dos portadores de cargas pode ser descrita utilizando a equação da continuidade, ou seja,

$$\nabla \cdot \vec{J} + \frac{\partial \rho}{\partial t} = 0 \tag{9.47}$$

Com a lei de Ohm e a lei de Gauss, podemos escrever a Eq. (9.47) da seguinte forma:

$$\frac{\partial \rho}{\partial t} + \frac{\sigma}{\epsilon_0}\rho = 0 \tag{9.48}$$

cuja a solução é

$$\rho = \rho_0 e^{-t/\Gamma} \tag{9.49}$$

considerando

$$\Gamma = \frac{\sigma}{\epsilon_0} \tag{9.50}$$

o tempo de relaxação. Na Fig. 9.13, mostramos a evolução temporal da distribuição de cargas livres dada pela Eq. (9.49) para duas condutividades diferentes σ_1 e σ_2.

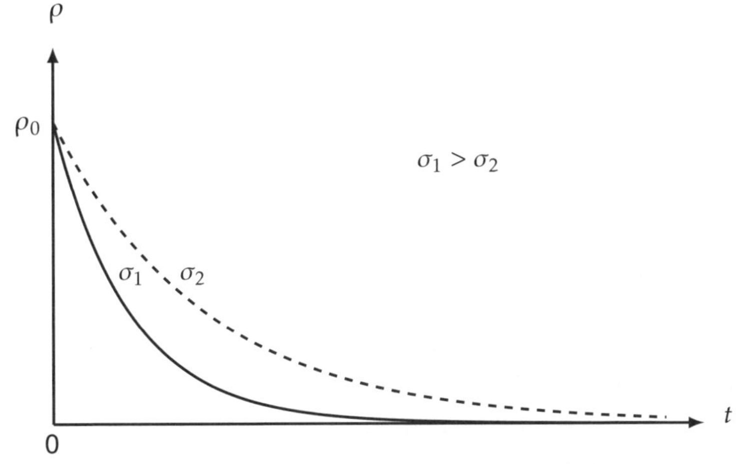

Figura 9.13: *Evolução temporal da distribuição de cargas livres em um condutor para diferentes condutividades.*

O conceito do tempo de relaxação Γ, dado pela Eq. (9.50), não está somente associado aos condutores, mas também pode ser aplicado a uma classe de materiais chamada de materiais fotossensíveis (sensíveis à luz). Nesses materiais, a condutividade está diretamente relacionada à intensidade de luz, ou seja, quanto maior a intensidade de luz, mais rápida é a resposta do material, e vice-versa. Há vários dispositivos fabricados de semicondutores que possuem diferentes aplicabilidade e que respondem à luz; por isso, o conceito de tempo de relaxação (condutividade) é importante não somente em metais.

9.7 Problemas

1. Qual a corrente elétrica que passa por um resistor, cuja resistência elétrica é 8 Ω quando operando a 120 V?

2. Determine a diferença de potencial aplicada em um fio de resistência elétrica 5Ω, se 720 C de carga atravessa esse fio por minuto.

3. Um fio de Nichrome (liga de níquel cromo e ferro) tem 1 m de comprimento e 1 mm^2 de seção reta e conduz uma corrente de 4 A quando uma diferença de potencial de 2 V é aplicada a suas extremidades. Calcule a condutividade σ do Nichrome.

4. Um ser humano pode morrer se uma corrente elétrica da ordem de 50 mA passar pelo coração. Um eletricista trabalhando com as mãos suadas, o que reduz consideravelmente a resistência da pele, segura dois fios desencapados, um em cada mão. Se a resistência do corpo do eletricista é 2000 Ω, qual é a menor diferença de potencial entre os fios capaz de produzir um choque mortal?

5. Uma lâmpada de 100 W é ligada a uma tomada de parede de 120V.

   a) Quanto custa deixar a lâmpada continuamente durante um mês de 31 dias? Suponha que o preço da energia elétrica é $ 0,06/kWh.
   b) Qual é a resistência elétrica da lâmpada?
   c) Qual a corrente elétrica na lâmpada?

6. Um fio de cobre com seção reta de 2×10^{-6} m^2 e comprimento de 4 m é percorrido por uma corrente elétrica de 2 A.

   a) Qual o módulo do campo elétrico no interior do fio?
   b) Qual a energia elétrica transformada em energia térmica em 30 min?

7. Uma diferença de potencial V_0 é aplicada a um fio de seção reta A_0, comprimento L_0 e resistividade ρ. Estamos interessados em mudar a diferença de potencial aplicada e esticar o fio, para que a potência dissipada seja multiplicada por 20 e a corrente seja multiplicada por 3.

   a) Determine a razão entre o novo comprimento e comprimento inicial L.
   b) Determine a razão entre a nova área e a área inicial A.

8. Um fabricante de resistores deseja construir, a partir de um material condutor de massa M e de densidade d, um resistor de formato cilíndrico, cuja a resistência tenha um valor R_0.

   a) Encontre uma expressão para o diâmetro e para o comprimento desse resistor em função das grandezas conhecidas.
   b) Aplique o resultado anterior para o caso em que o condutor seja um pedaço de cobre de 17 kg de massa e tenha uma resistência de 0,5 Ω. Dados: $\rho_{Cu} = 1,7 \times 10^{-8}\Omega$m e d_{Cu}=8,95g/cm^3.

9. Determine a resistência elétrica de um tronco de cone de altura H e raios a e b, com $b > a$.

10. Encontre a resistência elétrica de um condutor de comprimento ℓ, cuja área da seção reta mantém sua forma geométrica, porém aumentando-a linearmente de A até βA, com β sendo uma constante.

11. Uma esfera de metal de raio a está no centro de uma casa esférica metálica de raio b. O espaço entre a esfera e a casca metálica está preenchido por um meio cuja resistividade é ρ. Considerando que a configuração forma um par de eletrodos,

    a) Determine a resistência elétrica entre os eletrodos.
    b) Estude o caso em que o raio da casca esférica tende ao infinito ($b \to \infty$).

12. O espaço entre duas esferas concêntricas de raios R_1 e R_2, com $R_2 > R_1$, está preenchido por um meio condutor. A capacitância do sistema é C. Determine a resistividade do meio se a diferença de potencial entre as esferas, quando são desconectadas de uma fonte de tensão externa, diminui de um fato β durante um intervalo de tempo.

13. Uma esfera metálica de raio a está localizada a uma distância d de um plano condutor infinito. Entre a esfera e o plano existe um meio condutor homogêneo com condutividade σ. Para o caso de $d >> a$, determine:

    a) A densidade da corrente no plano condutor como função da distância r da esfera, se a diferença de potencial entre a esfera e plano for igual a V_0.
    b) A resistência elétrica do meio entre a esfera e o plano.

14. Dois fios longos e paralelos estão localizados em um meio de condutividade σ. Os fios têm seção transversal de raio a e a distância entre os eixos dos fios é d. Para o caso em que $d >> a$, determine:

    a) A densidade da corrente em um ponto r a partir da superfície do fio, se a diferença de potencial entre os fios é V_0.
    b) A resistência elétrica do meio por unidade de comprimento dos fios.

15. Entre as placas planas e paralelas de um capacitor, existe um meio cuja condutividade varia linearmente com a direção perpendicular às placas de σ_1 a σ_2. As placas tem área A e estão separadas por uma distância d. Determine a corrente que flui pelo capacitor devido a uma diferença de potencial igual a V_0 aplicada entre as placas.

16. Dois condutores cilíndricos de mesma seção transversal A e diferentes condutividades σ_1 e σ_2 são conectados em série. Determine a carga na fronteira do dois condutores se a corrente que passa é I.

17. Entre as placas planas e paralelas de um capacitor, há dois meios de espessuras d_1 e d_2, constantes dielétricas κ_1 e κ_2 e resistividades ρ_1 e ρ_2. Se o capacitor está submetido a uma diferença de potencial igual a V_0, determine a densidade superficial de carga na fronteira entre os dois dielétricos.

18. Um condutor muito longo de seção transversal A é feito de um material cuja resistividade depende apenas da distância r da seguinte forma: $\rho = \alpha/r^2$, onde α é uma constante. Determine:
a) A resistência elétrica por unidade de comprimento do condutor.
b) O módulo do campo elétrico no condutor quando uma corrente elétrica I passa pelo condutor.

19. A Fig. 9.14 mostra uma barra de espessura d, na forma de um arco, de circunferência de 90°. Determine a resistência elétrica da barra quando o fluxo de cargas estiver no sentido positivo do eixo z e quando for no sentido radial, de a para b.

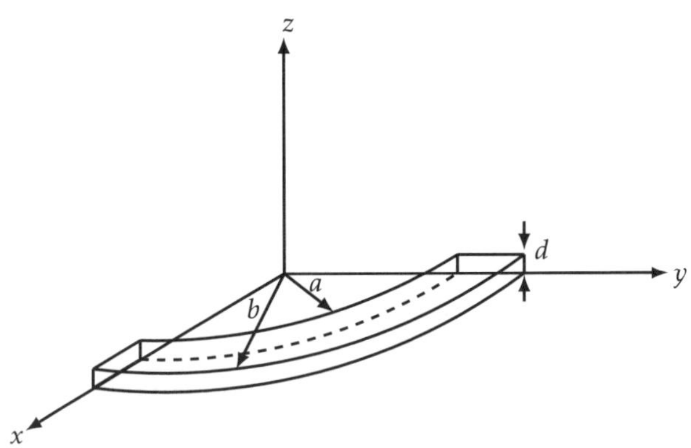

Figura 9.14: *Problema 19.*

20. Uma corrente elétrica I flui entre duas esféricas concêntricas de raios a e b ($b > a$), cujo meio possui condutividade σ. Determine a resistência elétrica do meio.

21. O meio entre duas esferas concêntricas de raios a e b ($b > a$) possui condutividade dada por $\sigma = \sigma_0(1 + \alpha/r)$, com α sendo uma constante. Determine a resistência

elétrica entre as superfícies esféricas.

22. Um hemisfério condutor oco de raio a está enterrado com sua face plana paralela à superfície da terra, servindo como um eletrodo de aterramento. Se a condutividade da terra é σ_T, determine a resistência entre o eletrodo e a terra.

23. Uma casca esférica de raio interno a e raio externo b, como mostrada na Fig. 9.15, possui condutividade σ. Determine a resistência elétrica desse sistema.

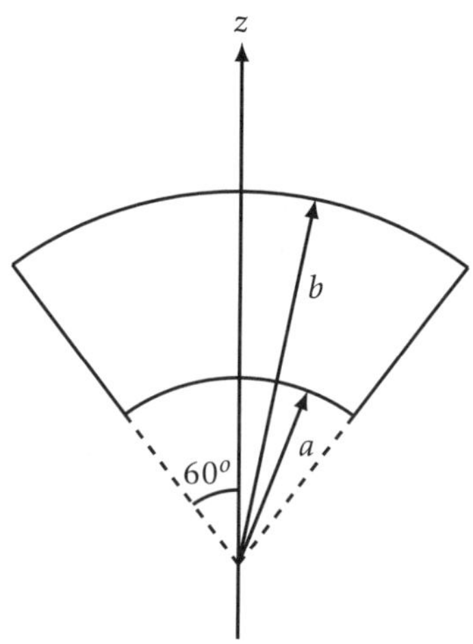

Figura 9.15: *Problema 23.*

24. A parte interna do cabo coaxial de raio a, mostrado na Fig. 9.16, possui condutividade elétrica σ. O espaço entre a parte condutiva e a parte interna do cabo é vazia. Ao longo do eixo axial z, é mantida uma densidade de corrente constante J. Na superfície externa, uma corrente no sentido contrário flui uniformemente. Determine a densidade de carga sobre a superfície interna do cilindro ($r = b$) como função da coordenada z.

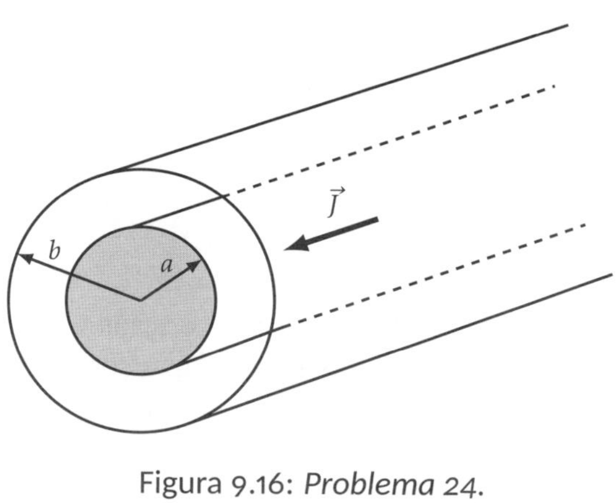

Figura 9.16: *Problema 24.*

25. Duas esferas condutoras concêntricas de raios a e b ($b > a$) são conectadas por um fio. Uma carga pontual q é separada da parte interna e move-se rapidamente com uma velocidade v para a outra esfera. Mostre que a taxa de transferência de carga induzida da parte interna de uma esfera para outra é dada por

$$\frac{dQ}{dt} = -\frac{qab}{(b-a)}\frac{v}{(a+vt)^2}$$

26. Em um dado condutor flui uma densidade de corrente dada por

$$\vec{J} = \alpha(x^3\hat{i} + y^3\hat{j} + z^3\hat{k})$$

onde α é uma constante.

a) Qual a unidade da constante α?
b) Nesse instante, qual é a taxa de mudança da densidade de carga no ponto (2,-1,4) m?
c) Considere a carga total Q contida em uma esfera de raio a centrada na origem. Neste instante, qual é a taxa em que Q está mudando no tempo?
d) A carga total Q aumenta ou diminui?

27. Determine a corrente total que sai de um cubo de lado ℓ, com um dos vértices na origem e lados paralelos aos eixos cartesianos, para uma densidade de corrente igual a

$$\vec{J} = 2x^2\hat{i} + 2xy^3\hat{j} + 2xy\hat{k} \qquad (A/m^2)$$

28. Calcule a corrente total em um condutor de seção reta circular de raio R, se a densidade de corrente varia com r segundo $J = k/r$.

29. Em uma região delimitada por $a \leq r \leq 2a$, $0 < z \leq h$, há uma densidade de corrente

$$\vec{J} = J_0 e^{-\alpha r}\hat{\phi}$$

com J_0 e α sendo constantes. Determine a corrente total que cruza a interseção dessa região e a o plano com ϕ = constante.

30. Dada a densidade de corrente

$$\vec{J} = \frac{k}{r^2}\cos\theta\hat{\theta}$$

em coordenadas esféricas, calcule a corrente total atravessando a faixa cônica definida por $\theta = \pi/4$, $a \leq r \leq 80a$ e sendo k uma constante.

Capítulo 10

Circuitos elétricos

10.1 Força eletromotriz

Quando um material condutor está submetido a um campo elétrico externo (estático), aparece, devido à presença de portadores de cargas livres, um fluxo de cargas no interior do material. Um vez que os portadores de cargas atingem as extremidades do condutor, haverá a formação de um campo elétrico interno, devido à separação de cargas, como indicado na Fig. 10.1. Após atingido o equilíbrio eletrostático, o movimento dos portadores é interrompido. Para que ocorra um movimento contínuo dos portadores de cargas,

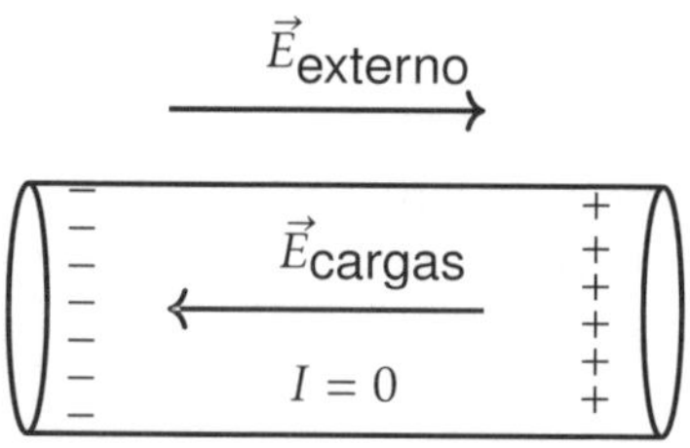

Figura 10.1: *Campo elétrico estático em um condutor.*

ou seja, para que uma corrente elétrica seja estabelecida, é necessário ligar o condutor a uma fonte de força eletromotriz (f.e.m.), transforma energia não elétrica em energia elétrica. Exemplos da fonte f.e.m são pilhas, baterias, geradores etc. Seu papel é de realizar trabalho sobre o portador de carga, modificando assim sua energia potencial elétrica. Na Fig. 10.2, mostramos um condutor ligado a uma fonte de força eletromotriz.

Dessa forma podemos definir a força eletromotriz, (ε), da seguinte maneira:

$$\varepsilon = \frac{\Delta U}{q} \tag{10.1}$$

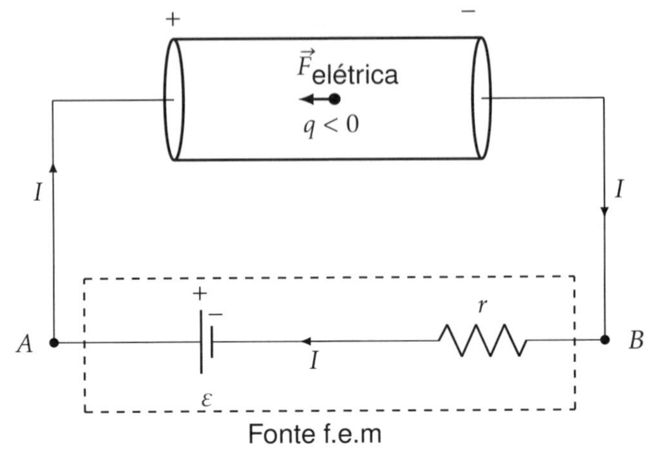

Figura 10.2: *Condutor ligado a fonte de força eletromotriz (f.e.m.).*

onde ΔU é o trabalho realizado e q, a carga. No SI, a unidade para força eletromotriz é J/C≡Volt. Devemos salientar que o termo força é empregado de forma equivocada, pois a unidade para f.e.m. é o Volt, não o Newton, porém por razões históricas manteremos o termo. Para alguns sistemas, trabalharemos com fontes ideais, que utilizam toda energia não elétrica para modificar a energia potencial do portador de carga, ou seja, não haverá energia dissipada. Para uma fonte ideal, temos que

$$\Delta U = q\Delta\varphi \tag{10.2}$$

onde $\Delta\varphi$ é a diferença de potencial (d.d.p) e q, a carga do portador. Utilizando a equação acima na definição de f.e.m, temos

$$\varepsilon = \frac{q\Delta\varphi}{q} = \Delta\varphi \tag{10.3}$$

ou seja, para uma fonte ideal, a diferença de potencial será integralmente utilizada para modificar a energia potencial do portador. Nas situações reais e práticas, as fontes f.e.m apresentam resistência interna. Em um circuito elétrico, a resistência de qualquer elemento resistivo será representada pelo símbolo -ʌʌʌ-.

A resistência interna r da fonte é uma característica intrínseca aos dispositivos que envolvem elementos resistivos. O efeito de sua presença é transformar parte da energia não elétrica em energia térmica.

A partir da Fig. 10.2, podemos determinar uma relação entre a força eletromotriz ε e a diferença de potencial entre os pontos A e B. Sabendo que parte da energia é dissipada pela resistência interna, podemos escrever essa diferença de potencial entre os pontos A e B da seguinte forma:

$$\varphi_A - \varphi_B = \varepsilon - rI \tag{10.4}$$

Pela Eq. (10.4), fica evidente que, quando começa a circular uma corrente pelo circuito, a diferença de potencial entre os pontos A e B diminui, uma vez que a fonte é real, ou seja, apresenta uma resistência interna. Na Fig. 10.3, mostramos a evolução da diferença de potencial entre os terminais em função da corrente.

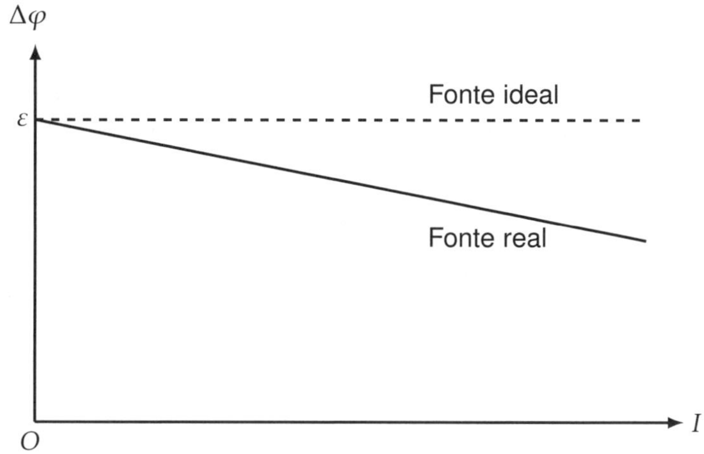

Figura 10.3: *Diferença de potencial em função da corrente para fontes f.e.m ideal e real.*

Aplicando a Eq. (10.4)para calcular a diferença de potencial entre os pontos A e B da Fig. 10.2, podemos determinar a corrente que passa pelo circuito. Sabendo que o condutor conectado a fonte f.e.m tem resistência elétrica R e que a diferença de potencial nos terminais da fonte ($\Delta\varphi_{\text{fonte}} = \varphi_A - \varphi_B$) é a mesma para o resistor, temos, após utilizarmos a definição de resistência elétrica,

$$\Delta\varphi_{\text{resistor}} = \Delta\varphi_{\text{fonte}} \tag{10.5}$$

$$RI = \varepsilon - rI \tag{10.6}$$

$$I = \frac{\varepsilon}{R + r} \tag{10.7}$$

onde R é a resistência elétrica do elemento externo ao circuito e r, a resistência interna da fonte.

10.2 Leis de Kirchhoff

A resolução de circuitos elétricos tem basicamente como objetivo determinar a corrente elétrica que passa pelo circuito elétrico. Nesta seção, discutiremos as leis desenvolvidas pelo físico alemão Gustav Robert Kirchhoff (1824-1887), chamadas de leis de Kirchhoff, para a resolução de circuitos.

Antes de descrever essas leis, serão definidos alguns elementos que chamaremos de *malha* e *nó*. Esses elementos serão fundamentais na aplicação das leis de Kirchhoff para a resolução de circuitos elétricos complexos.

Malha é qualquer parte fechada de um circuito elétrico, enquanto *nó* é o ponto onde três ou mais condutores estão unidos. A Fig. 10.4 (a) mostra um circuito elétrico de uma única malha com duas fontes f.e.m (ε_1 e ε_2) com resistências internas (r_1 e r_2) e diferentes resistores (R_1 e R_2). Além disso a Fig. 10.4 (b) também mostra a representação de um nó.

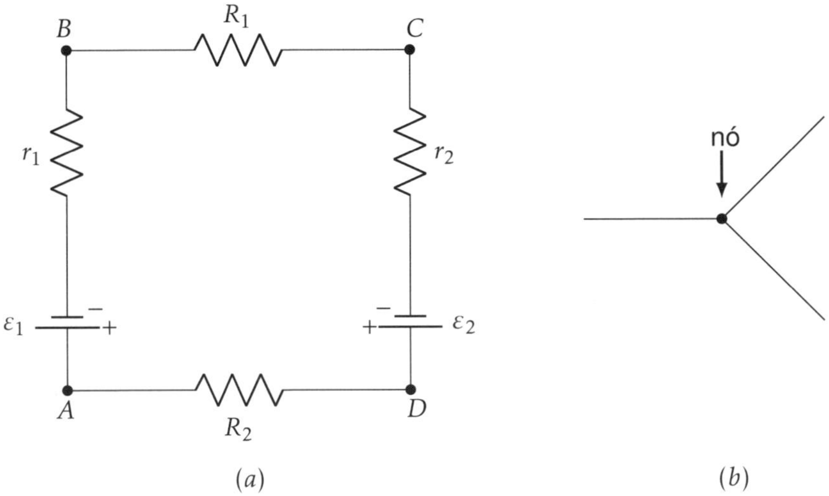

Figura 10.4: *Representação de uma malha (ABCD) e de um nó.*

Uma vez definidos os conceitos de malha e de nó, podemos enunciar as leis de Kirchhoff.

> 1ª Lei - *A soma das correntes elétricas que chegam a um nó é igual à soma das correntes que partem do nó.*

> 2ª Lei - *A soma algébrica das quedas de tensões em uma malha fechada é nula.*

Para determinar a corrente elétrica em um circuito elétrico utilizando as leis de Kirchhoff, devemos primeiramente definir um sentido para a corrente elétrica e depois aplicar as leis. Consideremos o circuito mostrado na Fig. 10.5, que representa a corrente elétrica I e o seu sentido. Percorrendo a malha ABCD no sentido mostrado na

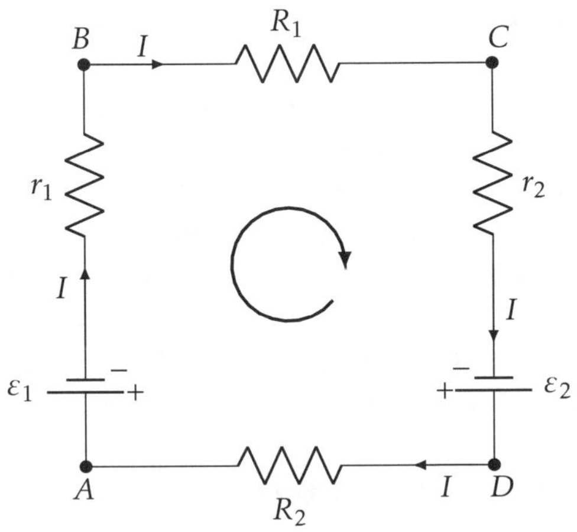

Figura 10.5: *Circuito de um única malha.*

Fig. 10.5 e utilizando a segunda lei de Kirchhoff, a soma algébrica das quedas de tensão na malha pode ser escrita da seguinte forma:

$$-\varepsilon_1 - \Delta\varphi_{r_1} - \Delta\varphi_{R_1} - \Delta\varphi_{r_2} + \varepsilon_2 - \Delta\varphi_{R_2} = 0 \tag{10.8}$$

onde $\Delta\varphi_{r_j}$ e $\Delta\varphi_{R_j}$, com j = 1 e 2, são as tensões elétricas (d.d.p) medidas nas resistências internas e nos resistores, respectivamente. Considerando que os resistores sejam ômhicos, o valor da corrente elétrica no circuito é

$$I = \frac{\varepsilon_2 - \varepsilon_1}{r_1 + r_2 + R_1 + R_2} \tag{10.9}$$

com $\varepsilon_2 > \varepsilon_1$. Os sinais (+) e (-) que aparecem na Eq. (10.8) são devidos à convenção de sinais adotada para as quedas de tensões. A convenção adotada aqui é a seguinte: quando percorremos a malha no sentido da corrente elétrica ao passarmos pela fonte do polo negativo para o polo positivo adotaremos um sinal positivo (+), e quando passarmos pelo resistor adotaremos um sinal de negativo (-) para indicar a queda de tensão. Logo, quando percorremos a malha no sentido contrário ao da corrente, devemos trocar os sinais das tensões. Entretanto, vale salientar que o resultado final não depende do sentido escolhido para a corrente, pois um valor negativo para a corrente elétrica indica apenas que o sentido da corrente não é o inicialmente escolhido.

As leis de Kirchhoff não só são importante para a resolução de circuitos elétricos, mas também descrevem princípios importantes da física, como o princípio da conservação da carga elétrica (1ª lei) e o princípio da conservação da energia (2ª lei).

10.3 Associação de resistores

Em um circuito elétrico, temos vários dispositivos, entre eles bateria (fonte f.e.m), resistores, capacitores etc. Em diversas situações, há necessidade de associar esses dispositivos de modo a simplificar o circuito. Outra razão para associarmos esses dispositivos é por questões práticas, como por exemplo a necessidade de um resistor com uma resistência elétrica especifica.. Nesta seção, descreveremos como obter um resistor, chamado resistor equivalente, ou seja, que tenha o mesmo desempenho que um determinado conjunto de resistores. Descreveremos também dois tipos de associação de resistores: a associação em série e a associação em paralelo.

10.3.1 Associação em série de resistores

A Fig. 10.6 mostra um esquema onde os resistores estão conectados em série. Na figura R_1, R_2 e R_3 representam as resistências dos respectivos resistores e $\Delta\varphi$, a diferença de potencial entre os pontos A e B. É importante notar que a corrente elétrica é a mesma

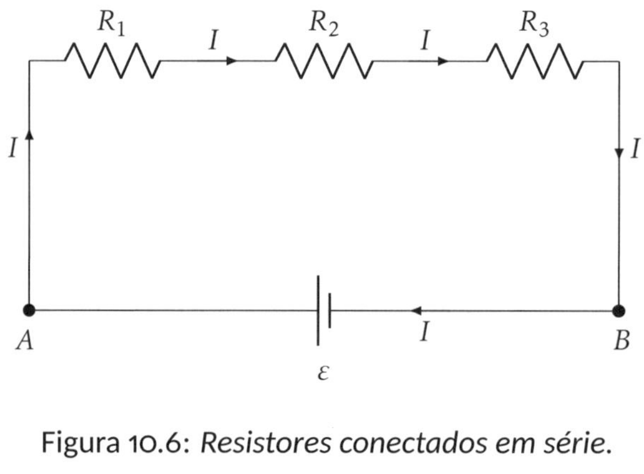

Figura 10.6: *Resistores conectados em série.*

em cada resistor. Essa é uma das principais características dos resistores conectados em série. O objetivo aqui é encontrar o resistor equivalente que será representado por R_{eq}. Na Fig. 10.7, mostramos o circuito equivalente ao da Fig. 10.6. A partir da definição de resistência elétrica, a diferença de potencial para cada resistor pode ser escrita da seguinte forma:

$$\Delta\varphi_1 = R_1 I \tag{10.10}$$

$$\Delta\varphi_2 = R_2 I \tag{10.11}$$

$$\Delta\varphi_3 = R_3 I \tag{10.12}$$

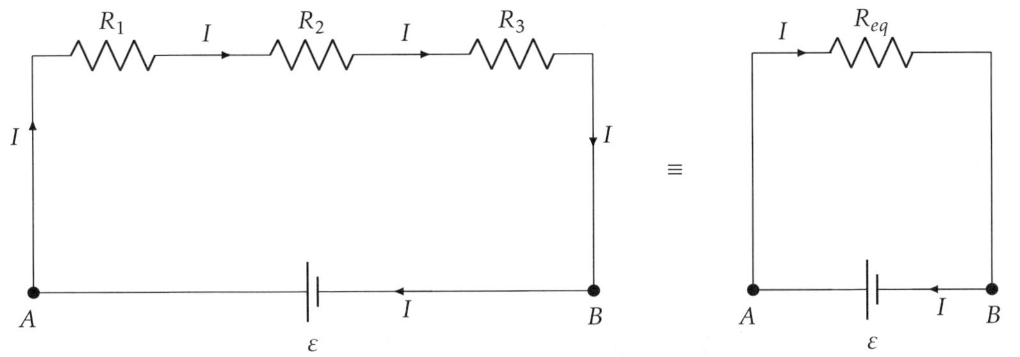

Figura 10.7: *Resistor equivalente para resistores conectados em série.*

onde $\Delta\varphi_1$, $\Delta\varphi_2$ e $\Delta\varphi_3$ são as diferenças de potencial associadas a cada um dos resistores. É fácil mostrar que a diferença de potencial entre os pontos A e B é dada por

$$\Delta\varphi_{AB} = \Delta\varphi_1 + \Delta\varphi_2 + \Delta\varphi_3 \tag{10.13}$$

Utilizando as Eqs. (10.10-10.12) temos que $\Delta\varphi_{AB}$ pode ser escrito como

$$\Delta\varphi_{AB} = R_1 I + R_2 I + R_3 I \tag{10.14}$$

e da Fig. 10.7, temos que

$$\Delta\varphi_{AB} = R_{eq} I \tag{10.15}$$

Utilizando as Eqs. (10.14) e (10.15) para $\Delta\varphi_{AB}$, podemos concluir que a resistência elétrica do resistor equivalente para os resistores conectados em série é dada pela soma das resistências de cada um dos resistores e pode ser calculado por

$$R_{eq} = R_1 + R_2 + R_3 \tag{10.16}$$

De forma geral, a resistência elétrica do resistor equivalente para uma associação em série com n resistores é

$$R_{eq} = R_1 + R_2 + R_3 + \cdots + R_n \tag{10.17}$$

$$R_{eq} = \sum_{j=1}^{n} R_j \tag{10.18}$$

10.3.1.1 Propriedades dos resistores conectados em série

- A corrente que passa tem apenas um caminho a percorrer.
- A resistência elétrica do resistor equivalente é sempre maior que qualquer resistência em questão.
- A energia dissipada pelo resistor equivalente é a mesma que a dissipada pelo circuito associado em série.

Exercício Resolvido 10.3.1

Para o circuito mostrado na Fig. 10.8, determine:
a) A resistência equivalente.
b) A corrente elétrica.
c) As potências dissipadas pelos resistores.
d) A potência fornecida pela fonte (ideal), e compare o resultado com o item (c).

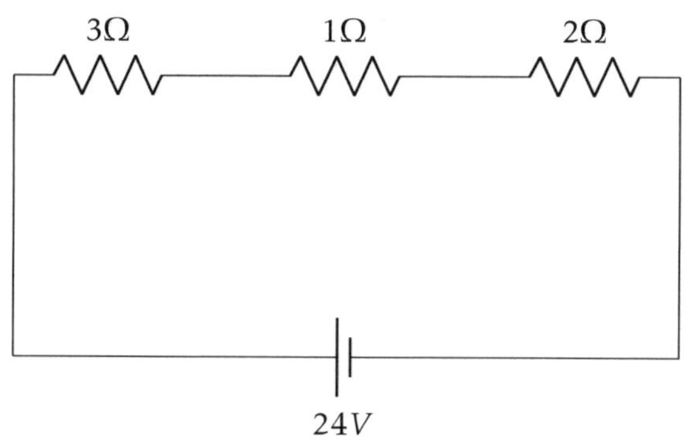

Figura 10.8: *Exercício resolvido 10.3.1.*

SOLUÇÃO:
a) *Pela Eq. (10.17), temos*

$$R_{eq} = R_1 + R_2 + R_3$$

$$R_{eq} = 3\Omega + 1\Omega + 2\Omega$$

Logo, $R_{eq} = 6\Omega$. ■

b) *A partir da definição de resistência elétrica, temos*

$$\Delta\varphi = R_{eq} I$$

$$24 = 6I$$

Assim, a corrente que passa pelo circuito é $I = 4$ A. ■

c) *A potência dissipada por cada um dos resistores é dada por*

$$P = RI^2$$

Substituindo os valores de R de cada um dos resistores e com o valor da corrente, conseguimos

$$P_1 = 3(4)^2 = 48W$$

$$P_2 = 1(4)^2 = 16W$$

$$P_3 = 2(4)^2 = 32W$$

■

d) *A potência fornecida pela f.e.m (ideal) é dada por*

$$P = \Delta\varphi I$$

Como $\Delta\varphi = 24$ V e $I = 4$ A, temos

$$P = 96W$$

É interessante notar que a potência fornecida pela fonte f.e.m é igual à soma das potencias dissipadas pelos três resistores, mostrando que toda a energia fornecida pela fonte é transformada em calor pelos resistores, por exemplo. ■

10.3.2 Associação em paralelo de resistores

A Fig. 10.9 mostra um esquema de resistores conectados em paralelo, onde R_1, R_2 e R_3 representam as resistências de cada um dos resistores e $\Delta\varphi$, a diferença de potencial entre os pontos A e B.

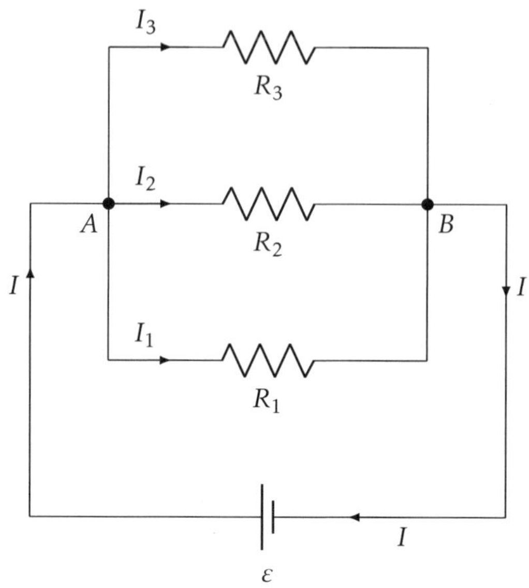

Figura 10.9: *Resistores conectados em paralelo.*

É importante notar que a diferença de potencial entre os pontos A e B, representada por $\Delta\varphi$, é a mesma para todos os resistores. Os pontos A e B são os "nós", e, nesses pontos, a corrente divide-se em I_1, I_2 e I_3. As correntes que passam pelos resistores de resistências R_1, R_2 e R_3 estão relacionadas com a corrente total I da seguinte forma:

$$I = I_1 + I_2 + I_3 \tag{10.19}$$

Utilizando a definição de resistência elétrica, temos que as correntes I_1, I_2 e I_3 ficam determinadas por

$$I_1 = \frac{\Delta\varphi}{R_1} \tag{10.20}$$

$$I_2 = \frac{\Delta\varphi}{R_2} \tag{10.21}$$

$$I_3 = \frac{\Delta\varphi}{R_3} \tag{10.22}$$

Para encontrar o resistor equivalente, vamos analisar a Fig. 10.10, em que R_{eq} é a resistência do resistor equivalente ao do circuito mostrado na Fig. 10.9.

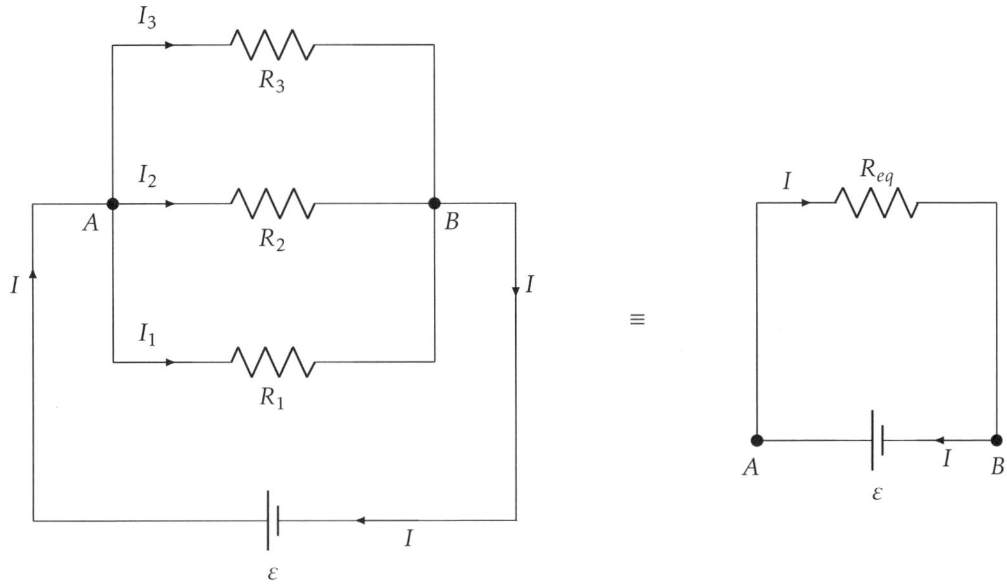

Figura 10.10: *Resistor equivalente para resistores conectados em paralelo.*

Utilizando as expressões para as correntes mostradas anteriormente nas Eqs. (10.20-10.22), temos que

$$I = \frac{\Delta\varphi}{R_1} + \frac{\Delta\varphi}{R_2} + \frac{\Delta\varphi}{R_3} \tag{10.23}$$

e, pela Fig. 10.10, fica claro que

$$I = \frac{\Delta\varphi}{R_{eq}} \tag{10.24}$$

Comparando as Eqs. (10.23) e (10.24), finalmente a resistência do resistor equivalente para uma associação em paralelo é dada por

$$\frac{1}{R_{eq}} = \frac{1}{R_1} + \frac{1}{R_2} + \frac{1}{R_3} \tag{10.25}$$

De forma geral, a resistência elétrica do resistor equivalente para uma associação em paralelo com n resistores é

$$\frac{1}{R_{eq}} = \frac{1}{R_1} + \frac{1}{R_2} + \frac{1}{R_3} \cdots \frac{1}{R_\mathrm{n}} \tag{10.26}$$

$$\frac{1}{R_\mathrm{eq}} = \sum_{\mathrm{j}=1}^{n} \frac{1}{R_\mathrm{j}} \tag{10.27}$$

10.3.2.1 Propriedades dos resistores conectados em paralelo

- A corrente que passa tem mais de um caminho a percorrer.
- A resistência elétrica do resistor equivalente é sempre menor que qualquer resistência em questão.
- A energia dissipada pelo resistor equivalente é a mesma que a dissipada pelo circuito associado em paralelo.

Exercício Resolvido 10.3.2

Para o circuito mostrado na Fig. 10.11, determine:
a) A resistência equivalente.
b) A corrente elétrica que passa pela fonte e em cada um dos resistores.

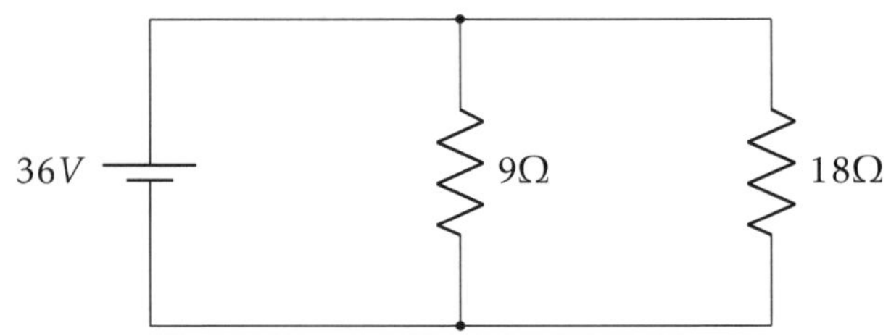

Figura 10.11: *Exercício resolvido 10.3.2.*

SOLUÇÃO:
a) *Como os resistores estão em paralelo, podemos determinar a resistência equivalente utilizando a Eq. (10.26) da seguinte forma:*

$$R_{eq} = \frac{R_1 R_2}{R_1 + R_2}$$

Substituindo $R_1 = 9\Omega$ *e* $R_2 = 18\Omega$*, temos*

$$R_{eq} = \frac{9 \times 18}{9 + 18}$$

$$R_{eq} = 6\Omega$$

■

b) *As correntes que passam pela a fonte* (I_1) *e pelos resistores* (I_2 *e* I_3) *estão indicadas no circuito mostrado na Fig. 10.12.*

É fácil de perceber que no nó A*, temos*

$$I_1 = I_2 + I_3$$

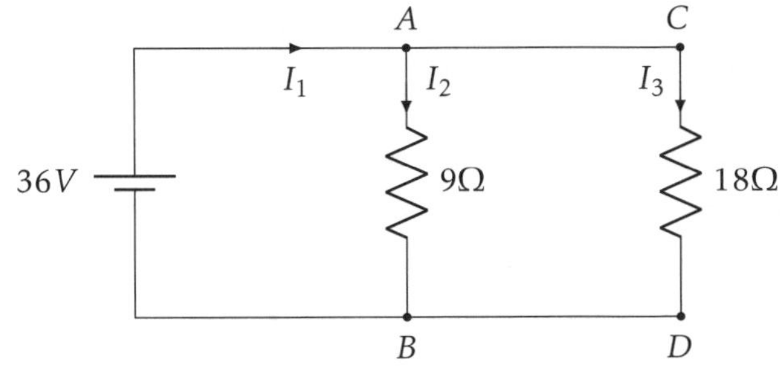

Figura 10.12: *Exercício resolvido 10.3.2.*

Como os resistores estão em paralelo, vale a seguinte relação:

$$\Delta\varphi_{AB} = \Delta\varphi_{CD} = 36V$$

Então,

$$9I_2 = 36$$

$$18I_3 = 36$$

logo, as correntes nos resistores são $I_2 = 4$ A *e* $I_3 = 2$ A. *Já a corrente que passa pela fonte é*

$$I_1 = I_2 + I_3 = 4 + 2$$

$$I_1 = 6A$$

■

10.4 Medidas elétricas

Em um circuito elétrico, a corrente elétrica, a diferença de potencial e a resistência elétrica são fundamentais na descrição do circuito. Uma maneira prática de conhecer o valor da corrente elétrica e da diferença de potencial é conectando, de forma adequada, o circuito elétrico aos aparelhos conhecidos como amperímetro e voltímetro.

10.4.1 Amperímetro

O amperímetro é um aparelho utilizado para medir a intensidade da corrente elétrica que circula pelo circuito, portanto ele deve ser conectado em série com o ramo em que se deseja medir a corrente. Em um circuito elétrico, o amperímetro é representado pelo símbolo Ⓐ. Entretanto, há duas classes de amperímetro: o ideal e o real. O amperímetro ideal é aquele que não apresenta resistência interna, enquanto o real é aquele que possui resistência interna diferente de zero. Para efeitos práticos, o valor da resistência interna do amperímetro deve ser pequena. O fato de o amperímetro apresentar ou não resistência interna é o que determina a precisão do valor medido. Para entender melhor a influência da resistência interna do amperímetro em um circuito, considere a Fig. 10.13, onde o amperímetro tem resistência interna R_A. Analisando o circuito mos-

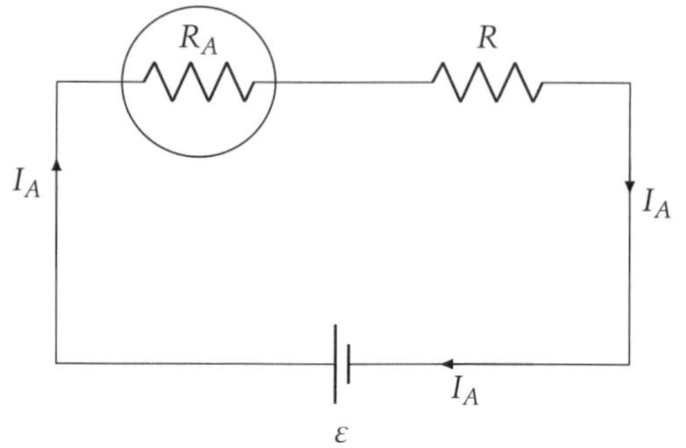

Figura 10.13: *Corrente elétrica medida por um amperímetro real.*

trado na Fig. 10.13, encontramos uma corrente I_A que passa pelo amperímetro e é dada por

$$I_A = \frac{\varepsilon}{R + R_A} \tag{10.28}$$

onde ε é a f.e.m da bateria de resistência interna zero. A partir da relação mostrada acima, podemos ver que a corrente medida pelo amperímetro real fica dependente do valor da resistência interna do aparelho. Na Fig. 10.14 mostramos a corrente elétrica que indica um amperímetro ideal e um real em função da resistência interna do amperímetro R_A.

10.4.2 Voltímetro

O voltímetro é um aparelho que mede tensão elétrica e deve ser ligado em paralelo com o dispositivo em que se deseja medir a tensão. O voltímetro em um circuito elétrico é representado pelo símbolo Ⓥ. Assim como o amperímetros, possui duas classes: ideal e real. O voltímetro ideal é aquele que apresenta uma resistência interna infinita, já o real é aquele em que a resistência interna é grande, porém diferente de infinita. Como o voltímetro mede tensão elétrica (d.d.p), ele deve ser ligado sempre em paralelo ao ramo em que vamos medir a diferença de potencial como indicado na Fig. 10.15.

Do mesmo modo que a resistência interna do amperímetro tem influência no valor da corrente medida pelo aparelho, a resistência interna do voltímetro também exerce influência no valor da tensão medida. Para demonstrarmos a influência da resistência interna do voltímetro, consideremos o circuito mostrado na Fig. 10.15. Na figura, R_v

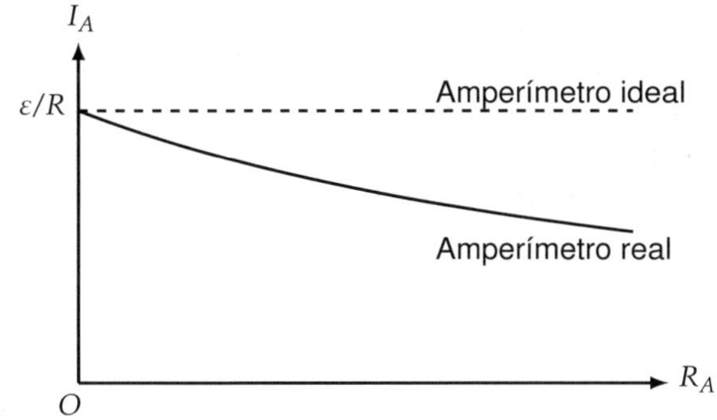

Figura 10.14: *Corrente medida pelo amperímetro em função da resistência interna do aparelho.*

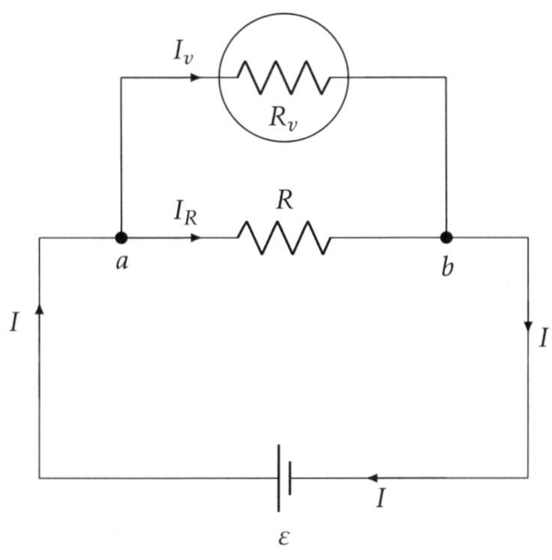

Figura 10.15: *Tensão medida por um voltímetro real.*

é a resistência interna do voltímetro, a e b são os pontos em que se deseja medir a diferença de potencial, ε é a força eletromotriz da bateria considerada ideal e I_R e I_v são as correntes que passam pelo resistor R e pelo voltímetro, respectivamente. É fácil mostrar que a corrente e a diferença de potencial entre os pontos a e b para o circuito são dados por

$$I_R = \frac{1}{1 + \frac{R}{R_v}} I \tag{10.29}$$

e

$$\Delta\varphi_{ab} = \frac{R}{1 + \frac{R}{R_v}} I_R \tag{10.30}$$

Com as Eq. (10.29) e (10.30), fica evidente que, quando $R_v \to \infty$, a corrente que passa pelo voltímetro é nula, pois $I = I_R$ e a diferença de potencial entre os pontos a e b é igual a ε, que é a d.d.p fornecida pela fonte.

Exercício Resolvido 10.4.1

O amperímetro e o voltímetro do circuito mostrado na Fig. 10.16 são ideais. Determine as respectivas leituras desses aparelhos.

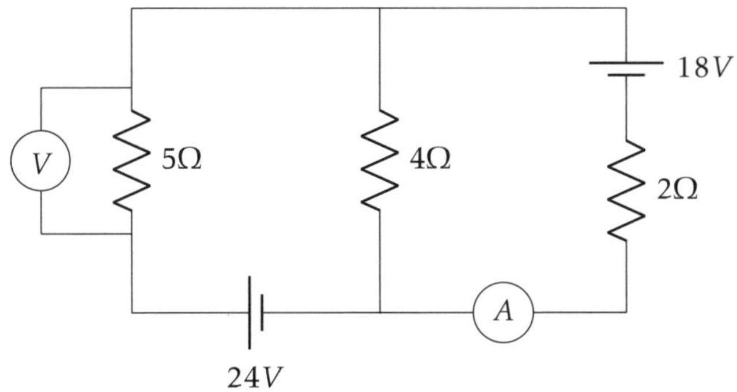

Figura 10.16: *Exercício resolvido 10.4.1.*

SOLUÇÃO: *Para encontrar a leitura do voltímetro e do amperímetro, devemos determinar as correntes que percorrem o circuito. Para isso, vamos escolher aleatoriamente o sentido de cada uma delas, de modo que não interferira no resultado encontrado. Na Fig. 10.17, indicamos as correntes e os respectivos sentidos. Por essa figura, podemos identificar que a leitura do amperímetro será dada pelo valor da corrente I_3, ou seja, $L_A = I_3$. Já a leitura do voltímetro será a medida da queda de tensão associada à corrente I_1 passando pelo resistor de 5Ω, ou seja, $L_V = 5I_1$.*
Para encontrar as respectivas correntes, vamos utilizar as leis de Kirchhoff para as malhas $ABDE$ e $ABCF$ mostradas na Fig. 10.18.
Aplicando a primeira lei de Kirchhoff no nó C, temos

$$I_1 = I_2 + I_3$$

Aplicando a segunda lei de Kirchhoff às malhas $ABDE$ e $ABCF$ e seguindo a convenção de sinais adotada, conseguimos

$$-5I_1 - 18 - 2I_3 + 24 = 0$$

$$-5I_1 - 4I_2 + 24 = 0$$

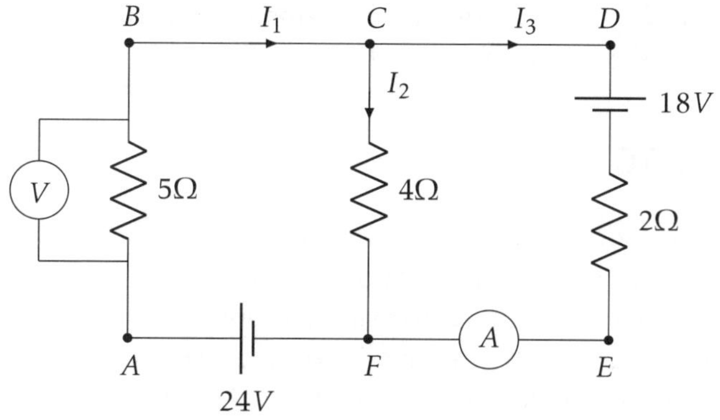

Figura 10.17: *Exercício resolvido 10.4.1.*

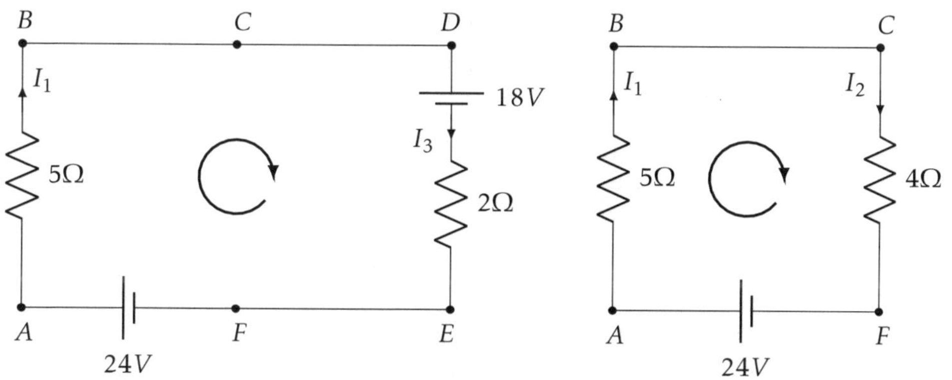

Figura 10.18: *Malhas $ABDE$ e $ABCF$ e os respectivos sentidos das correntes.*

Com isso, temos o seguinte sistema de equações:

$$I_1 - I_2 - I_3 = 0$$
$$5I_1 + 2I_3 = 6$$
$$I_1 + 4I_2 = 24$$

que permitirá encontrar os valores das respectivas correntes. O sistema de equação é de fácil resolução e, por isso, deixamos como exercício. Resolvendo o sistema, conseguimos:

$$I_1 = 1.895A$$
$$I_2 = 3.362A$$
$$I_3 = -1.737A$$

Vale salientar que o sinal de negativo no valor da corrente I_3 indica apenas que o sentido previamente escolhido não corresponde ao sentido correto da corrente, entretanto isso *não invalida o resultado. Sendo assim, os aparelhos mostraram* $L_A = 1.737$ *A para o amperímetro;* $L_V = 9.475$ *V para o voltímetro.* ■

10.5 Circuitos RC

Nas seções anteriores, descrevemos os circuitos compostos por apenas resistores. Agora, descreveremos os circuitos chamados de *circuitos RC*, que apresentam os elementos resistor e capacitor. Como já mencionado antes, os resistores são elementos que transformam energia elétrica em energia térmica, e os capacitores são elementos utilizados para armazenar cargas e energia elétrica. Na Fig. 10.19, mostramos um circuito RC, onde R é o resistor, C o capacitor e ε é a f.e.m da fonte de resistência interna nula.

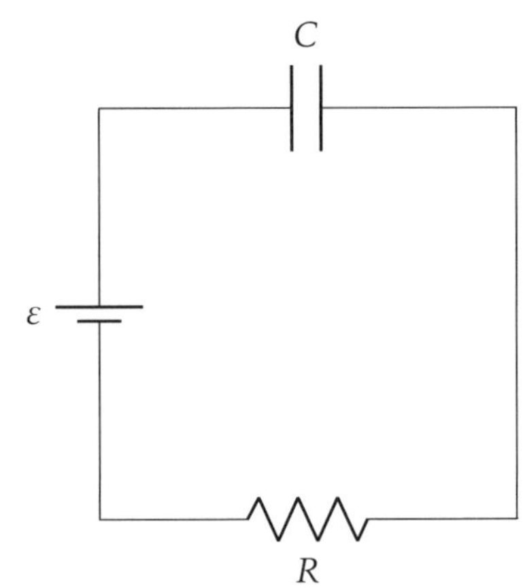

Figura 10.19: *Circuito resistor capacitor - circuito RC.*

10.5.1 Processo de carga de um capacitor

Na Fig. 10.20 (a), mostramos um circuito RC onde S é uma chave de liga e desliga. Para essa situação, chave S aberta, consideremos que o capacitor está totalmente descarregado.

O processo de carga de um capacitor é baseado no fluxo de cargas elétricas de uma placa para outra. Na Fig. 10.20 (a), com a chave S aberta, não há fluxo de cargas ($I = 0$) no circuito. Entretanto, fechando a chave S como mostrado na Fig. 10.20 (b) e devido à presença da fonte f.e.m (ε), haverá um deslocamento de cargas de uma placa para outra, ou seja, surgirá uma corrente elétrica no circuito e, consequentemente, o carregamento do capacitor da seguinte maneira: a placa que está conectada ao polo negativo da fonte ficará com um excesso de cargas negativas, pois os elétrons que se acumularam nessa placa são aqueles que se deslocaram da outra placa. Assim, a placa que "doa"os elétrons

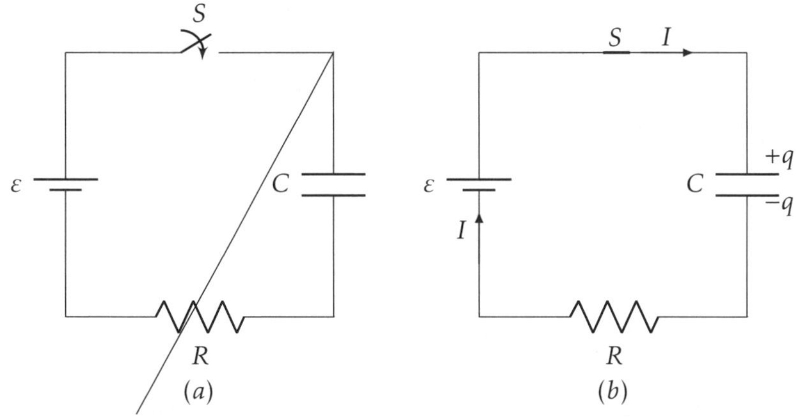

Figura 10.20: *Processo de carga de um capacitor.*

fica com um excesso de carga positiva, e, após atingido o equilíbrio, o fluxo de cargas cessa e a corrente elétrica no circuito diminui a zero – nesse instante, dizemos que o capacitor foi totalmente carregado. Vale salientar que o sentido dos elétrons é o oposto ao sentido da corrente elétrica I.

Para determinar a evolução da quantidade de carga no capacitor e o da corrente elétrica no circuito, utilizaremos a lei das malhas de Kirchhoff. Percorrendo a malha no sentido da corrente, temos que

$$\varepsilon - RI - \frac{q}{C} = 0 \tag{10.31}$$

Como a corrente elétrica é dada por

$$I = \frac{dq}{dt} \tag{10.32}$$

podemos combinar as equações acima para conseguir a equação que descreve a evolução temporal da quantidade de carga no capacitor e o da corrente elétrica no circuito. Dessa forma, obtemos

$$\frac{dq}{q - \varepsilon C} = -\frac{dt}{RC} \tag{10.33}$$

A Eq. (10.33) é chamada de equação diferencial de primeira ordem, e há vários métodos para resolvê-lá, porém o mais simples é integrar ambos os lados, ou seja,

$$\int_0^Q \frac{dq}{q - \varepsilon C} = -\int_0^t \frac{dt}{RC} \tag{10.34}$$

É importante notar que os limites de integração correspondem às seguintes condições de contorno: para $t = 0$, o capacitor está totalmente descarregado, ou seja, q=0, e, para instante t, a quantidade de carga armazenada pelo capacitor é Q. As integrais envolvidas são de fácil resolução e, dessa forma, deixaremos como exercício mostrar que a evolução temporal do processo de carga de um capacitor e a corrente elétrica no circuito RC são dadas por

$$Q(t) = \varepsilon C(1 - e^{-t/RC}) \tag{10.35}$$

$$I(t) = \frac{\varepsilon}{R} e^{-t/RC} \tag{10.36}$$

É importante notar que o produto RC que aparece no denominador da exponencial tem dimensão de tempo e é chamado de constante de tempo, representado por $\tau = RC$. A constante de tempo τ determina o tempo necessário para que o capacitor carregue aproximadamente 63% da carga total. É fácil verificar que, para uma resistência pequena, a corrente elétrica flui com mais facilidade pelo circuito, e, dessa forma, o capacitor é carregado mais rapidamente. Se a resistência elétrica é grande, a corrente elétrica é pequena, tornando o processo de carga do capacitor mais lento. Na Fig. 10.21 (a) e 10.21 (b), mostramos a evolução temporal da quantidade de carga e da corrente elétrica durante o processo de carga de um capacitor.

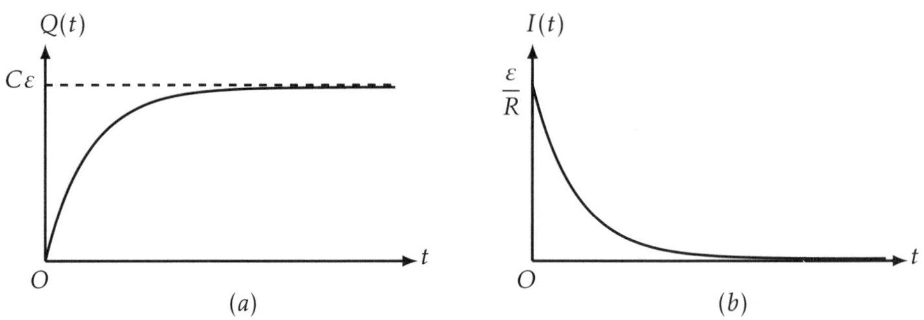

Figura 10.21: *Evolução temporal da quantidade de carga (a) e da corrente elétrica (b) durante o processo de carga de um capacitor.*

A carga que será armazenada no capacitor ao final do processo é obtida fazendo $t \to \infty$ na Eq. (10.35). Dessa maneira, a carga final é dada por

$$Q_{\text{final}} = \varepsilon C \tag{10.37}$$

onde ε é a f.e.m da fonte e C, a capacitância do capacitor. É interessante notar que o mesmo resultado pode ser obtido através da Fig. 10.21(a). O capacitor estará totalmente carregado quando o processo de carga atingir o estado estacionário representado pela linha tracejada na Fig. 10.21(a).

10.5.2 Processo de descarga de um capacitor

Assim como o processo de carga de um capacitor é baseado no fluxo de carga, por motivos óbvios o processo de descarga segue o mesmo princípio. Consideremos o circuito mostrado na Fig. 10.22, onde há um capacitor totalmente carregado com carga q. Na Fig. 10.22 (a), S é uma chave que está aberta, de modo a evitar que o fluxo de cargas do capacitor circule pelo resistor R.

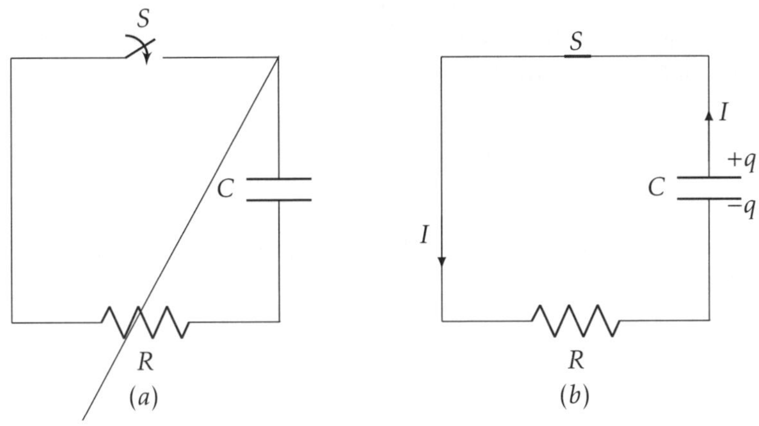

Figura 10.22: *Processo de descarga de um capacitor.*

Quando a chave S for fechada, haverá um fluxo de cargas negativas da placa carregada negativamente para placa carregada positivamente. Ao atingirem o equilíbrio, ocorrerá um balanceamento total das cargas positivas pelas cargas negativas. Ao final desse processo, o capacitor estará totalmente descarregado. Para encontrar a evolução da carga e da corrente elétrica no circuito, utilizaremos a lei da malhas de Kirchhoff; assim, para o circuito mostrado na Fig. 10.22 (b) e percorrendo no sentido da corrente, temos

$$\frac{q}{C} - RI = 0 \tag{10.38}$$

Sabendo que a corrente elétrica está no sentido contrário ao fluxo de cargas, temos, a partir da definição de corrente elétrica, que

$$I = -\frac{dq}{dt} \tag{10.39}$$

e, substituindo na Eq. (10.38), obtemos

$$\frac{dq}{dt} = -\frac{q}{RC} \tag{10.40}$$

A Eq. (10.40) é uma equação diferencial de primeira ordem de fácil resolução. Para resolvê-la, um dos métodos é integrar ambos os lados da equação, ou seja,

$$\int_{Q_0}^{Q} \frac{dq}{q} = -\int_0^t \frac{dt}{RC} \tag{10.41}$$

com as condições de contorno dadas por: em $t = 0$ a quantidade de carga é Q_0 e em um instante qualquer após iniciado o processo de descarga a carga é Q. Deixamos como exercício mostrar que a evolução temporal da quantidade de carga durante o processo de descarga do capacitor é dada por

$$Q(t) = Q_0 e^{-t/RC} \tag{10.42}$$

A corrente elétrica I no circuito é dada pela Eq. (10.39) que, substituindo $Q(t)$ dada pela Eq. (10.42), encontramos

$$I(t) = \frac{\varepsilon}{R} e^{-t/RC} \tag{10.43}$$

A Fig. 10.23 mostra a evolução temporal da quantidade de carga no capacitor (a) e da corrente elétrica (b) no circuito durante o processo de descarga do capacitor. É importante notarmos que ambas as curvas são idênticas, uma vez que tanto a carga quanto a corrente elétrica são governadas pela mesma função. Outro fato interessante é que a corrente inicial para o processo de descarga do capacitor deve-se à diferença de potencial gerada entre as placas após o capacitor ter sido totalmente carregado; como a fonte neste caso é ideal a diferença de potencial é dada simplesmente pelo valor da f.e.m (ε) da fonte.

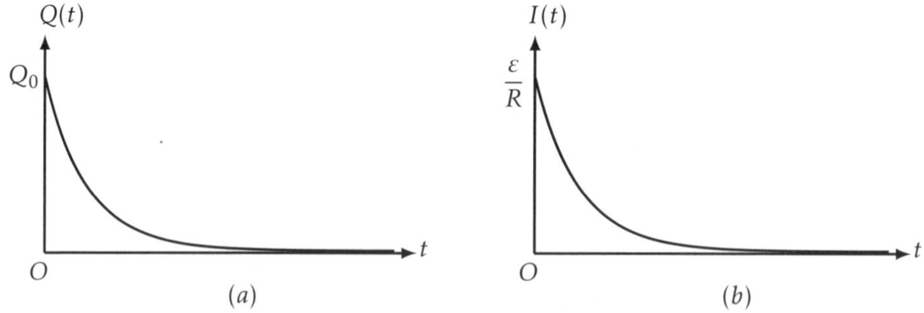

Figura 10.23: *Evolução temporal da quantidade de carga (a) e da corrente elétrica (b) durante o processo de descarga de um capacitor.*

Exercício Resolvido 10.5.1

O capacitor do circuito mostrando na Fig. 10.24 está inicialmente descarregado. Quando a chave S for fechada, determine:
a) O valor da constante de tempo do circuito.
b) A diferença de potencial no capacitor no instante $t = 3$ ms.
c) A corrente elétrica para $t = 12$ ms.

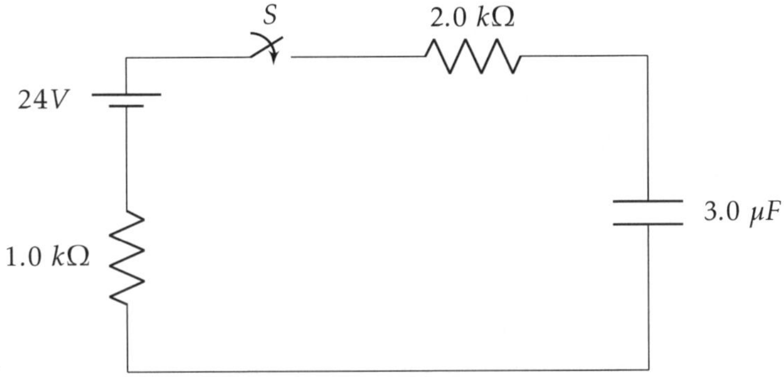

Figura 10.24: *Exercício resolvido 10.5.1.*

SOLUÇÃO:

a) *Os resistores mostrados no circuito estão em série, portanto a constante de tempo será igual a* $\tau = (R_1 + R_2)C$. *Substituindo os valores de* $R_1 = 2$ kΩ *e* $R_2 = 1$ kΩ, *temos*

$$\tau = (2 \times 10^3 + 1 \times 10^3) 3 \times 10^{-6}$$

e como isso a constante de tempo é $\tau = 9$ *ms.* ■

b) *A diferença de potencial no capacitor está relacionada a quantidade de carga que o capacitor irá armazenar em função do tempo da seguinte forma:*

$$\Delta\varphi(t) = \frac{Q(t)}{C}$$

com

$$Q(t) = \varepsilon C\left(1 - e^{t/\tau}\right)$$

Logo,

$$\Delta\varphi(t) = \varepsilon\left(1 - e^{t/\tau}\right)$$

Substituindo os valores de $\varepsilon = 24$ *V e* $\tau = 9$ *ms, o valor da diferença de potencial no capacitor no instante* $t = 3$ *ms é* $\Delta\varphi = 6.8$ *V.* ■

c) *A corrente elétrica no circuito após a chave S ser fechada é dada por*

$$I(t) = \frac{\varepsilon}{R_{eq}} e^{-t/\tau}$$

com $R_{eq} = R_1 + R_2$, uma vez que os resistores estão em série. Com os valores de $\varepsilon = 24$ V, $\tau = 9$ ms e $R_{eq} = 3 \times 10^3 \Omega$, encontramos que no instante $t = 12$ ms o valor da corrente elétrica no circuito é $I = 2.11$ mA. ■

10.6 Problemas

1. Considere dois resistores cujas resistências são R_1 e R_2. Quando os resistores são conectados em série, a resistência equivalente é igual a 16Ω. Já quando são conectados em paralelo, a resistência equivalente vale 3Ω. Encontre a maior e a menor das duas resistências.

2. Na Fig. 10.25, as fontes 1 e 2 tem as características dadas por: ε_1=12 V, r_1=0.1 Ω, ε_2=6 V e r_2=0.1 Ω. Os resistores tem resistências R_1=4 Ω e R_2=8 Ω.

   a) Determine a corrente elétrica no circuito.
   b) Determine as potências dissipadas pelos resistores 1 e 2.
   c) Determine as potências fornecidas pelas fontes 1 e 2.
   d) Qual fonte recebe e qual fornece energia?

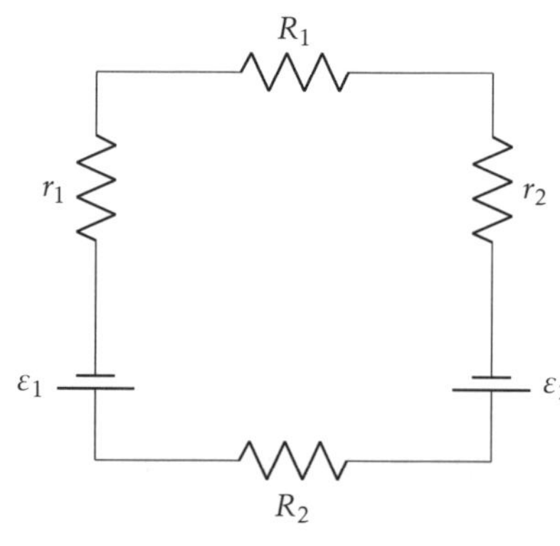

Figura 10.25: *Problema 2.*

3. Na Fig. 10.26, a fonte de força eletromotriz é ideal. Sabendo que a corrente elétrica no resistor R_6 é I_6 = 1.40 A e as resistências R_1=R_2=R_3=2 Ω, R_4=16 Ω, R_5=8 Ω e R_6=4 Ω, determine:

   a) A resistência equivalente.
   b) A corrente em cada resistor.
   c) A força eletromotriz da fonte ideal.

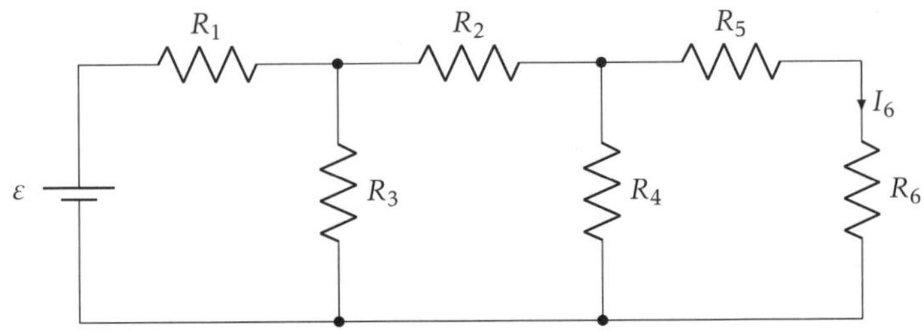

Figura 10.26: *Problema 3.*

4. Na Fig. 10.27, as fontes ideais têm forças eletromotrizes ε_1=10 V e ε_2=5 V e todas as resistências iguais a 4Ω. Determine a corrente nas resistências R_1 e R_3.

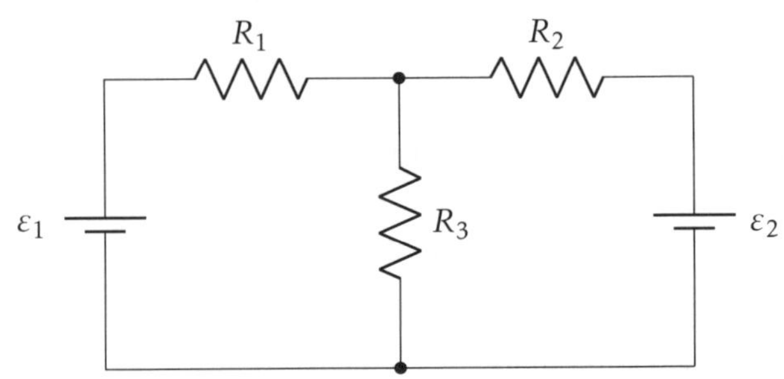

Figura 10.27: *Problema 4.*

5. Na Fig. 10.28, a fonte é ideal e as resistências valem R_1=2 Ω e R_2=5 Ω. Qual é o valor de R_3, que maximiza a potência dissipada no resistor de resistência R_3?

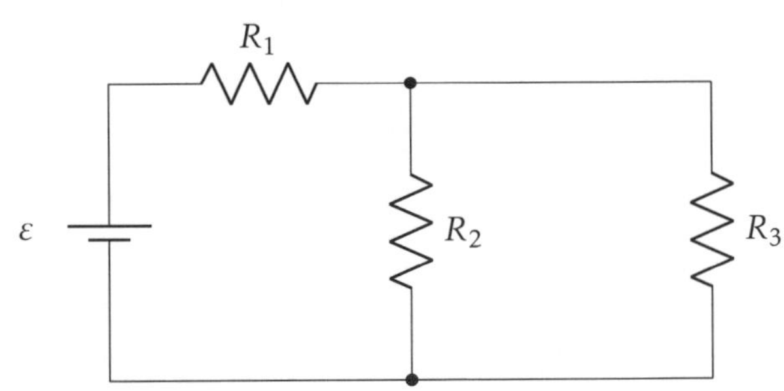

Figura 10.28: *Problema 5.*

6. Na Fig. 10.29, as resistências R_1=1 Ω e R_2=2 Ω e as forças eletromotrizes das fontes

ideais são ε_1=2 V, ε_2=4 V e ε_3=4 V. Determine:

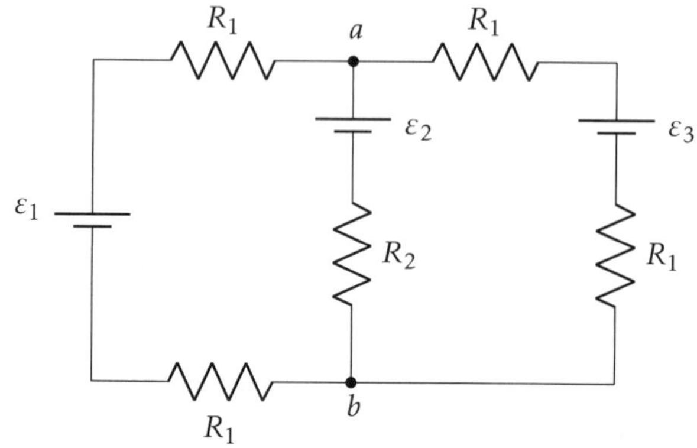

Figura 10.29: *Problema 6.*

a) O valor absoluto e o sentido da corrente na fonte 1.
b) O valor absoluto e o sentido da corrente na fonte 2.
c) O valor absoluto e o sentido da corrente na fonte 3.
d) A diferença de potencial $\varphi_a - \varphi_b$.

7. Para o circuito mostrado na Fig. 10.30, determine:

   a) As leituras do amperímetro e do voltímetro.
   b) A diferença de potencial entre os pontos a e b.

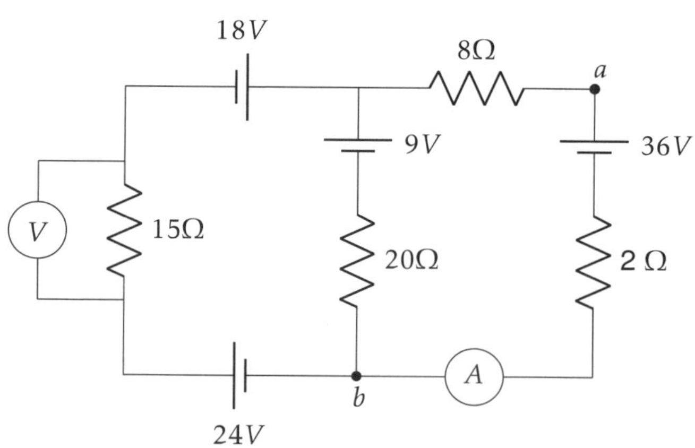

Figura 10.30: *Problema 7.*

8. Na Fig. 10.31, R_1=100 Ω, R_2=R_3=50 Ω, R_4=75 Ω e ε=6 V. Determine a resistência

equivalente e a corrente em cada resistor.

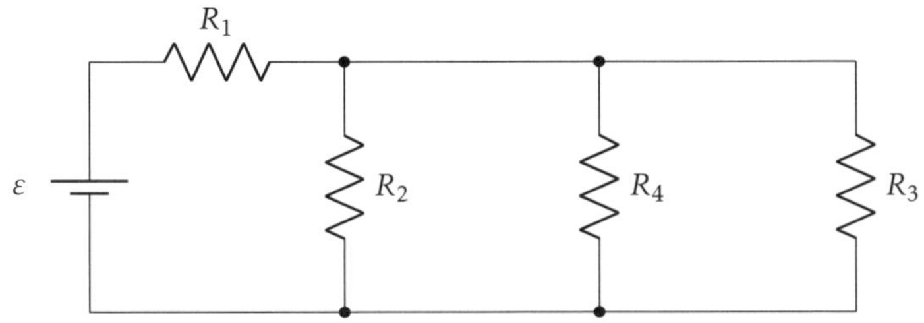

Figura 10.31: *Problema 8.*

9. A Fig. 10.32 mostra parte de um circuito pelo qual está passando uma corrente igual a I=6 A. Sabendo que as resistências são R_1=R_2=2R_3=2R_4=4Ω, determine o valor de I_1.

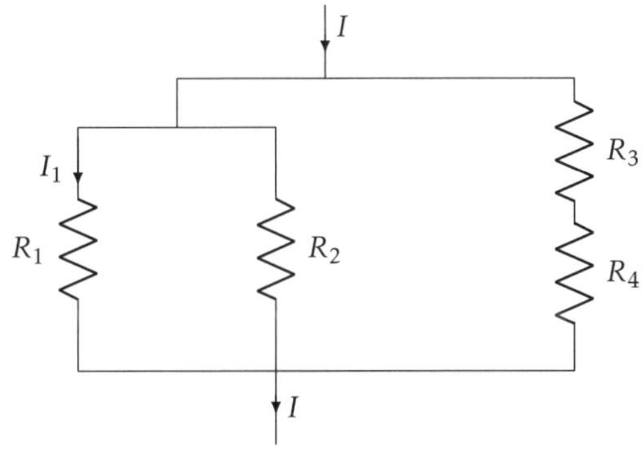

Figura 10.32: *Problema 9.*

10. Na Fig. 10.33, R_1=2R, a resistência do amperímetro é desprezível e a fonte é ideal. Determine a corrente elétrica que indica o amperímetro.

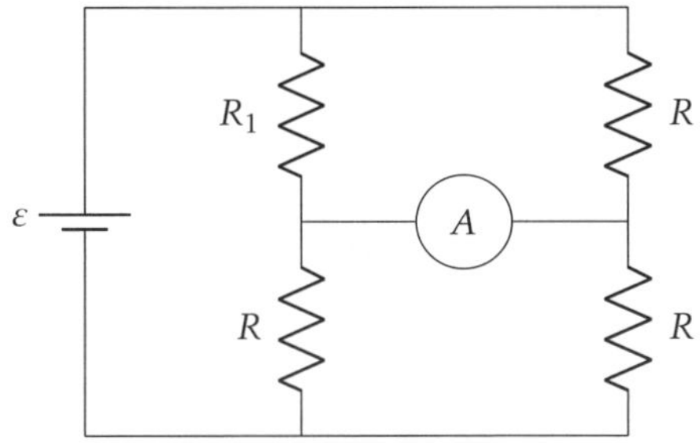

Figura 10.33: *Problema 10.*

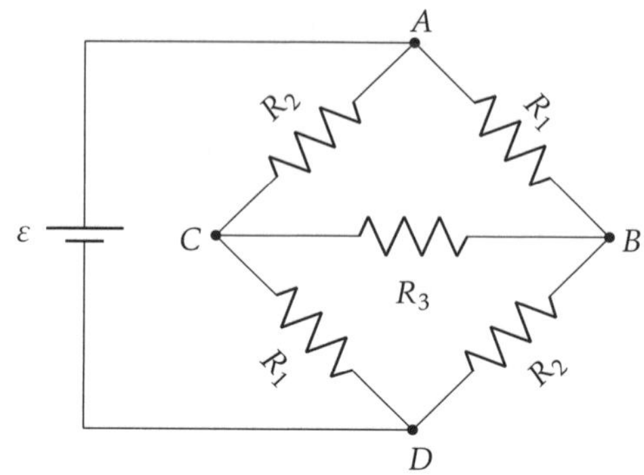

Figura 10.34: *Problema 11.*

11. Na Fig. 10.34, ε=12 V, R_1=2 $k\Omega$, R_2=3 $k\Omega$ e R_3=4 $k\Omega$. Determine:

   a) $\varphi_A - \varphi_B$.
   b) $\varphi_B - \varphi_C$.
   c) $\varphi_C - \varphi_D$.
   d) $\varphi_A - \varphi_C$.

12. Na Fig. 10.35, o valor de R_p pode ser ajustado através de um contato deslizante até que os potenciais dos pontos A e B sejam iguais. Um teste para verificar se essa condição foi satisfeita é ligar temporariamente um amperímetro entre os pontos A e B. Se os potenciais dos dois pontos forem iguais, a indicação do amperímetro será igual a zero. Mostre que, quando essa condição for satisfeita, teremos R_x=R_pR_2/R_1. Uma resistência desconhecida R_x pode ser medida em termos de uma resistência padrão R_p usando esse circuito, conhecido como ponte de Wheatstone.

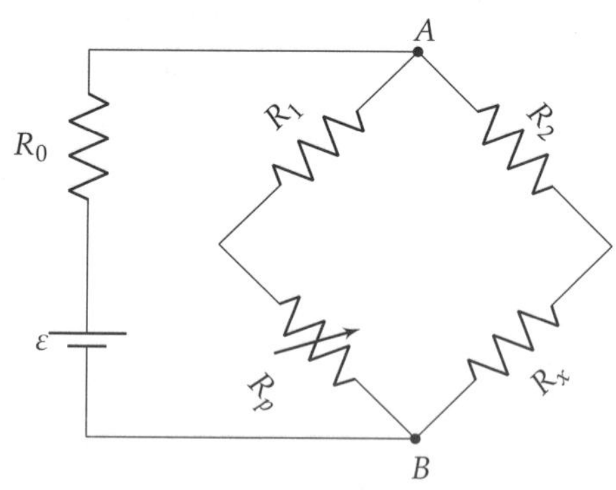

Figura 10.35: *Problema 12.*

13. Considerando a Fig. 10.35 e que os pontos A e B foram ligados por um fio de

resistência r, mostre que a corrente que passa por esse fio é

$$I = \frac{\varepsilon(R_p - R_x)}{(R+2r)(R_p + R_x) + 2R_pR_x}$$

onde ε é a força eletromotriz da fonte ideal e $R_1 = R_2 = R$.

14. Determine a diferença de potencial entre as placas do capacitor C mostrado na Fig. 10.36 se ε_1=4 V e ε_2=1 V e as resistências são iguais a R_1=10 Ω, R_2=20 Ω e R_3=30 Ω. Considere a resistência interna da fonte desprezível.

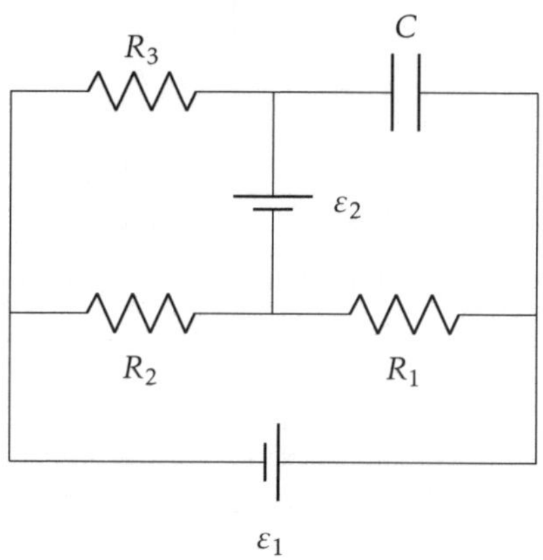

Figura 10.36: *Problema 14.*

15. Determine a tensão em função do tempo no capacitor C, mostrado na Fig. 10.37, após o fechamento da chave S no instante t = 0.

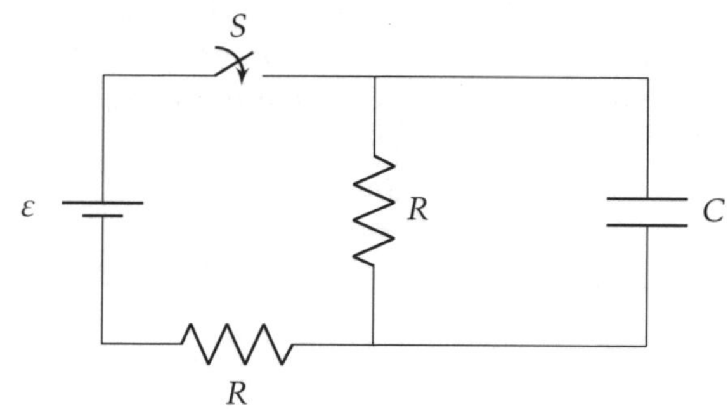

Figura 10.37: *Problema 15.*

16. No circuito mostrado na Fig. .10.38, C=500 μF, R_1=500 Ω e R_2=330 Ω. Sabendo que a fonte de tensão é ideal e f.e.m é igual a 200 V, determine a energia gerada pelo resistor R_2.

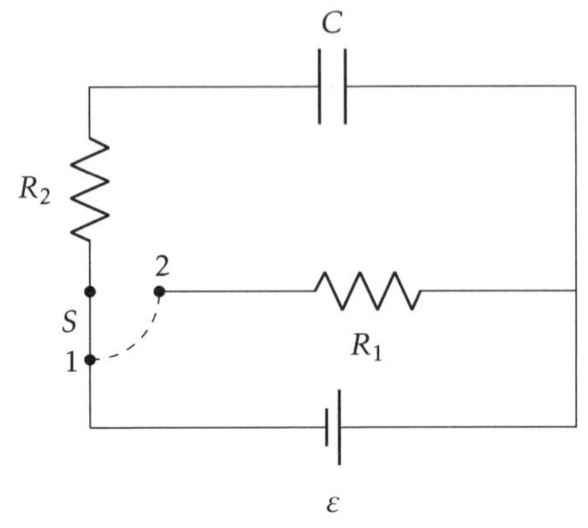

Figura 10.38: *Problema 16.*

17. Um capacitor de capacitância C=2 μF está carregado com Q=1 mC. Quando ele é conectado a um resistor de resistência R=5 MΩ, determine.

    a) A quantidade de carga que flui no circuito no instante t= 2 s.

    b) A quantidade de energia gerada nesse instante.

18. Um capacitor de capacitância C=400 pF está conectado a um resistor de resistência R=650 Ω, a uma fonte de tensão constante V_0. Depois de quanto tempo a tensão no capacitor será de 0,9 V_0?

19. Um capacitor que está preenchido com um material dielétrico de constante κ=2.1 descarrega metade da carga durante um intervalo de tempo de 3 min. Assumindo que as cargas fluem apenas pelo dielétrico, determine a resistividade do meio.

20. Para o circuito mostrado na Fig. 10.39, a bateria possui f.e.m igual a ε=12 V e resistência interna r=1 Ω. O resistor tem resistência R=5 Ω e os capacitores possuem capacitâncias iguais a C_1=3 μF e C_2=6 μF. Determine a constante de tempo do circuito quando a chave S for fechada e a diferença de potencial no capacitor C_1.

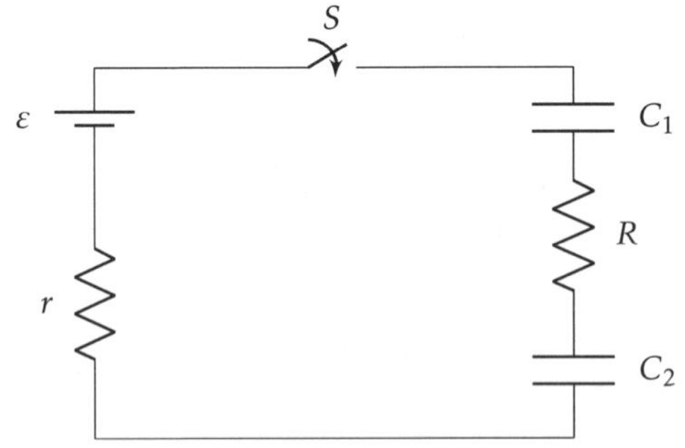

Figura 10.39: *Problema 20.*

Capítulo 11

Magnetismo

Os gregos descobriram que materiais conhecidos como magnetita (Fe_3O_4), encontrados na região da Magnésia, tinham a propriedade de atrair pequenos pedaços de ferro. Diante dessa descoberta e de outras, surgiu um novo campo na física, conhecido como magnetismo. Os efeitos do magnetismo se apresentaram em um primeiro momento em diversos experimentos realizados por vários cientistas, entre eles o físico Hans Cristian Oersted, que demonstrou, em 1820, que uma corrente elétrica pode provocar movimento em uma agulha imantada (bússola). Outros cientistas como André-Marie Ampère e Michael Faraday propuseram leis para o magnetismo, baseadas em diversas observações experimentais que foram mais tardes confirmadas pelo trabalho teórico de James Clark Maxwell. O trabalho de Maxwell não só confirmou as leis de Ampère e Faraday como também mostrou uma correlação entre os conceitos da eletrostática, da eletrodinâmica e do magnetismo. Essa correlação está fundamentada nas conhecidas equações de Maxwell, que formam o alicerce do eletromagnetismo.

11.1 Linhas de campo magnético

Para descrever o campo magnético, podemos, assim como na descrição do campo elétrico, utilizar o conceito de linhas de campo, chamadas de linhas de campo magnético. Na Fig. 11.1, mostramos uma configuração das linhas de campo magnético em um imã.

As linhas de campo magnético sempre partem do polo norte (N) e chegam ao polo sul (S). O vetor campo magnético $\vec{B}$ é sempre tangente às linhas de campo. Na Fig. 11.2, mostramos a representação das linhas quando o campo magnético for perpendicular a um plano. Quando elas estão saindo do plano (Fig. 11.2 [a]), são representadas pelo símbolo $\odot$, e quando estão entrando no plano (Fig. 11.2 [b]), a representação é dada pelo símbolo $\otimes$.

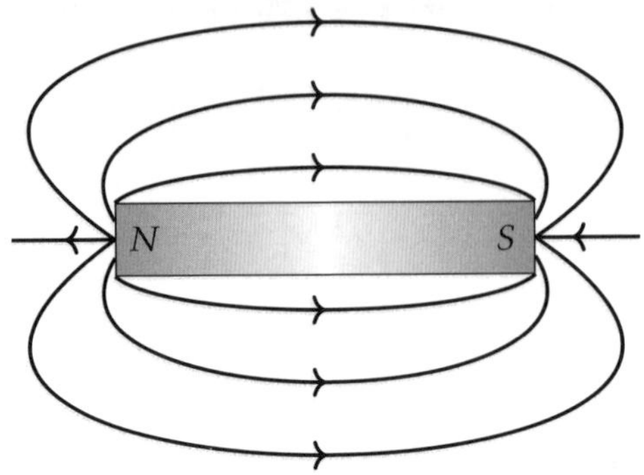

Figura 11.1: *Representação das linhas de campo magnético em um imã.*

Figura 11.2: *Representação das linhas de campo magnético saindo (a) e entrando (b) no plano do papel.*

11.2 Definição de campo magnético

11.2.1 Força magnética

No Cap.4, vimos que a interação do campo elétrico com partículas carregadas ocorre pela presença de uma força provocada pelo campo elétrico. A presença de um campo magnético $\vec{B}$ também pode ser detectada pela ação de uma força sobre uma partícula carregada, porém essa interação pode ocorrer de várias maneiras diferentes. A seguir, descreveremos alguns resultados que exemplificam a influência do campo magnético sobre partículas carregadas. O campo pode ser criado, por exemplo, por ímãs naturais ou por correntes elétricas, ou seja, por cargas em movimento. Consideremos agora que existe um campo magnético constante em uma determinada região do espaço.

1. A Fig. 11.3 tem uma carga $q > 0$ em repouso na região do campo. Nessa situação, observa-se que a força magnética $\vec{F}_m$ sobre a carga é nula.

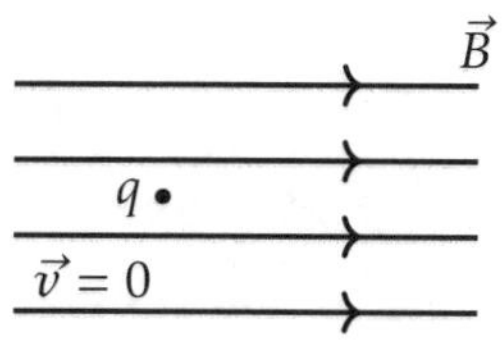

Figura 11.3: *Carga em repouso em um campo magnético.*

2. Agora a carga é lançada com uma velocidade $\vec{v}$, paralela ou antiparalela ao campo magnético, como mostrado na Fig. 11.4. Nessa situação, observa-se que a força magnética $\vec{F}_m$ sobre a carga também é nula.

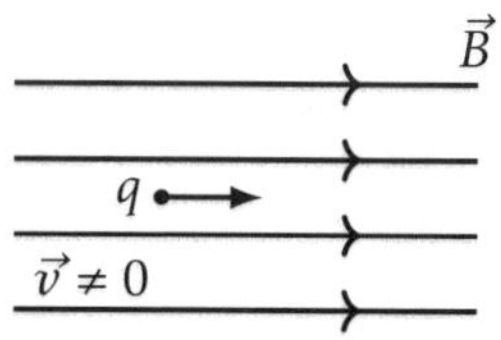

Figura 11.4: *Carga lançada paralelamente ao campo magnético.*

3. A interação entre o campo e a carga é máxima quando a carga é lançada perpendicularmente às linhas do campo magnético, como mostrado na Fig. 11.5.

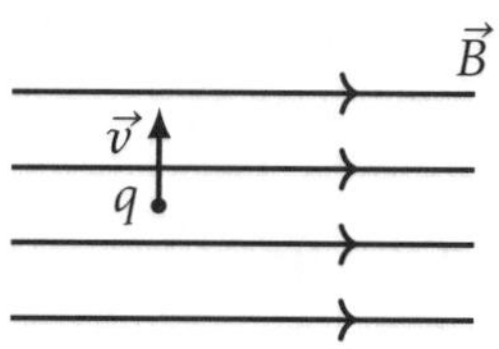

Figura 11.5: *Carga lançada perpendicularmente ao campo magnético.*

Nessa situação, o módulo da força magnética é dado por

$$F_m = qvB \tag{11.1}$$

onde q, v e B são respectivamente a carga, o módulo do vetor velocidade $\vec{v}$ e o módulo do vetor campo magnético $\vec{B}$.

4. Agora a carga q é lançada fazendo um ângulo θ com a linha do campo magnético. O vetor velocidade $\vec{v}$ pode ser decomposto em duas componentes, uma paralela e outra perpendicular à linha de campo magnético, como mostrado na Fig. 11.6.

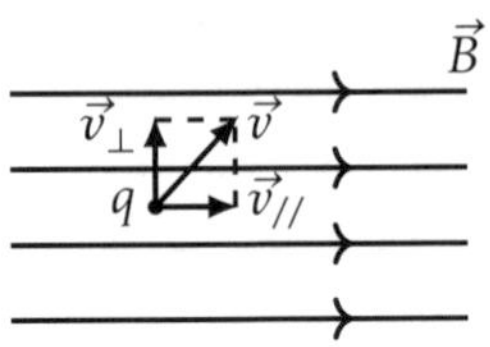

Figura 11.6: *Carga lançada obliquamente ao campo magnético.*

A partir da Fig. 11.6, fica claro que apenas o componente perpendicular da velocidade terá algum efeito do ponto de vista da força magnética. Assim, o módulo da força magnética $\vec{F}_m$ é dado por

$$F_m = qv_\perp B \tag{11.2}$$

e considerando que $\vec{v}_\perp$ é dado por

$$v_\perp = v\sin\theta \tag{11.3}$$

temos que o módulo da força magnética é

$$F_m = qvB\sin\theta \tag{11.4}$$

onde θ é o ângulo entre o vetor velocidade e o vetor campo magnético.

Das considerações feitas anteriormente, podemos escrever ainda que o vetor força magnética é então

$$\vec{F}_m = q\vec{v}\times\vec{B} \tag{11.5}$$

ou seja, o vetor força magnética é dado pelo produto entre o vetor ($q\vec{v}$) e o vetor campo magnético ($\vec{B}$). É importante notar que a direção do vetor $\vec{F}_m$ é sempre perpendicular ao plano formado pelos vetores $\vec{v}$ e $\vec{B}$ e o sentido dessa força é dado pela regra da mão direita. Na Fig. 11.7, mostramos o vetor força magnética sobre uma carga positiva e sobre uma carga negativa.

A partir da Fig. 11.7, fica claro que o sentido do vetor força magnética é dado pelo sinal da carga. Com isso, podemos adotar a seguinte regra para encontrar o sentido para uma carga negativa:

Primeiro – Encontrarmos o sentido da força magnética, utilizando a regra da mão direita, sobre uma carga positiva.

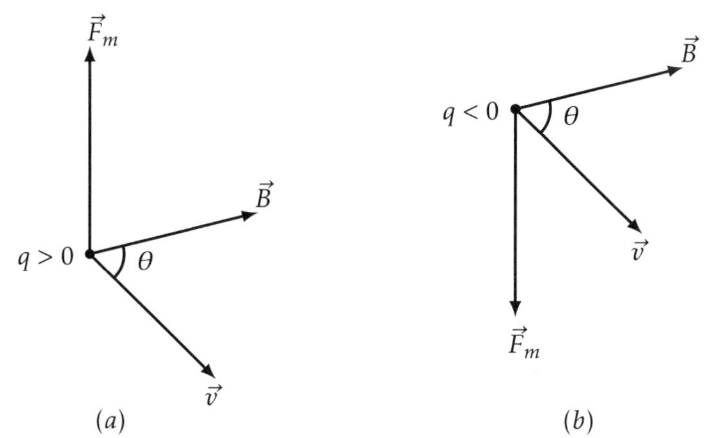

Figura 11.7: *Direção e sentido do vetor força magnética sobre uma carga positiva (a) e sobre uma carga negativa (b).*

Segundo - Invertemos o sentido do vetor força obtido pela regra da mão direita. Matematicamente, podemos dizer que se a carga for positiva o sentido da força é o mesmo do produto $\vec{v} \times \vec{B}$, e se a carga for negativa o sentido da força é o oposto do produto $\vec{v} \times \vec{B}$.

Como estamos utilizando o SI, temos que a unidade para a força é o Newton (N), para a carga é o Coulomb (C), para a velocidade (m/s) e, agora, para o campo magnético é o Tesla (T), ou seja, 1T = 1N$(\mathrm{Am})^{-1}$. Essa unidade é em homenagem ao cientista austríaco Nikola Tesla (1856-1943), um grande estudioso das aplicações do magnetismo. Outra unidade utilizada para o campo magnético é o Gauss (G), cuja relação com o Tesla é 1T=10^4G.

Nos itens discutidos acima, consideramos que a força sobre uma partícula era exclusivamente devida ao campo magnético. Porém, na presença de um campo elétrico, a força terá tanto origem magnética quanto elétrica. Nesse caso, a força total sobre a partícula é dada por

$$\vec{F} = q(\vec{E} + \vec{v} \times \vec{B}) \tag{11.6}$$

conhecida como a força de Lorentz.

11.3 Força sobre condutores percorridos por corrente elétrica

Na seção anterior, vimos que partículas carregadas em movimento em uma região do campo magnético sofrem ação de uma força magnética. Nesse sentido, se um condutor, que é percorrido por uma corrente elétrica I, estiver em uma região do campo magnético $\vec{B}$, ele também sofrerá a ação do campo, como mostrado na Fig. 11.8.

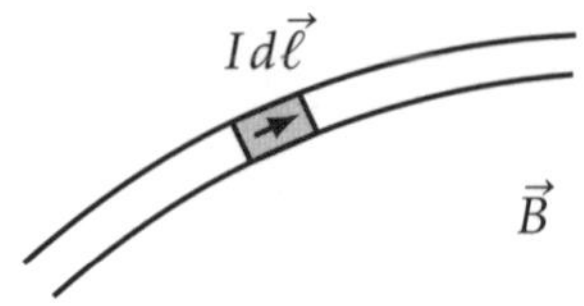

Figura 11.8: *Condutor percorrido por corrente elétrica em um campo magnético.*

A força sobre os portadores de carga que se movimentam pelo condutor é dado por

$$d\vec{F} = Nq\vec{v} \times \vec{B} \tag{11.7}$$

onde N é o número de portadores de cargas livres, $\vec{v}$ é a velocidade e $\vec{B}$ é o campo magnético. Considerando que n portadores de cargas por unidade de volume cruzam pela seção transversal A do condutor, podemos escrever a Eq. (11.7) da seguinte forma:

$$d\vec{F} = nqAd\ell\vec{v} \times \vec{B} \tag{11.8}$$

com $d\ell$ sendo o elemento de comprimento do condutor. Como os vetores $\vec{v}$ e $d\vec{\ell}$ possuem a mesma direção e sentido, a Eq. (11.8) pode ser ainda escrita como

$$d\vec{F} = JAd\vec{\ell} \times \vec{B} \qquad \text{com} \qquad J = nqv \tag{11.9}$$

sendo J a densidade de corrente. Sabendo que $I = JA$, a força total sobre o condutor devido ao campo magnético fica então dada por

$$\vec{F} = \oint_C Id\vec{\ell} \times \vec{B} \tag{11.10}$$

11.4 Torque em uma espira percorrida por corrente

Uma vez que um fio percorrido por corrente elétrica sofre a influência do campo magnético, é de se esperar que um circuito fechado C também sofra a influência do campo, podendo ser traduzida em uma tendência de rotação. Considere que o circuito C, mostrado na Fig. 11.9, tenha uma corrente elétrica I e esteja imerso em uma região de campo magnético. Devido à presença do campo magnético, o circuito sofre a ação de uma força dada pela Eq. (11.5) e tende a possuir um movimento de rotação no espaço. Em relação a origem do sistema de coordenadas, o torque $d\vec{\tau}$, devido a essa força sobre cada elemento de corrente $Id\vec{\ell}$, é dado por

$$d\vec{\tau} = \vec{r} \times d\vec{F} \tag{11.11}$$

onde $\vec{r}$ é o vetor posição do elemento de corrente ($Id\vec{\ell}$) e $\vec{F}$, o vetor força. Utilizando a Eq. (11.10), podemos escrever o torque $\vec{\tau}$ sobre o circuito C como

$$\vec{\tau} = I\oint_C \vec{r} \times (d\vec{\ell} \times \vec{B}) \tag{11.12}$$

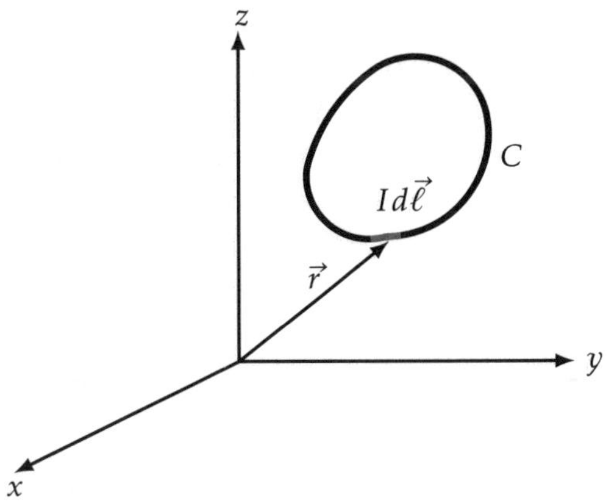

Figura 11.9: *Circuito C percorrido por corrente elétrica I e imerso em um campo magnético $\vec{B}$.*

11.4.1 Motor elétrico

Com o avanço nos estudos sobre o magnetismo e suas origens, foram surgindo diferentes aplicações, por exemplo, o motor elétrico, que surgiu do entendimento da interação do campo magnético com fios percorridos por corrente elétrica. Basicamente, um motor elétrico é composto por um conjunto de espiras (bobina), que é percorrido por uma corrente elétrica I, imersa em um campo magnético.

Consideremos a Fig. 11.10, onde temos representada uma espira retangular de largura a e comprimento ℓ, percorrida por uma corrente elétrica I. A espira está imersa em uma região de campo magnético gerado pelos polos norte e sul de um imã.

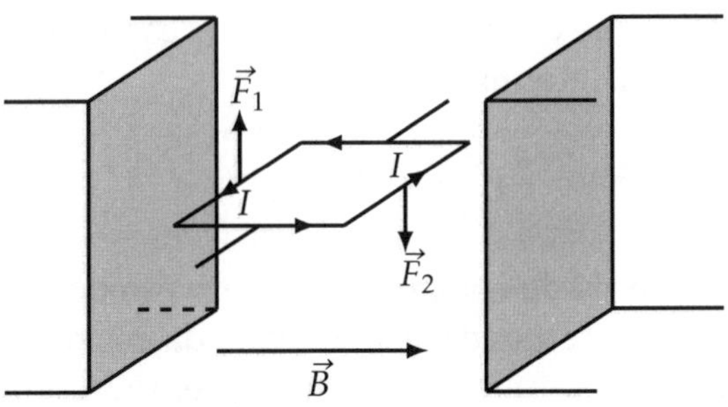

Figura 11.10: *Espira percorrida por uma corrente elétrica e imersa em um campo magnético constante.*

Na Fig. 11.10, mostramos uma situação na qual as linhas do campo magnético são paralelas ao plano da espira. É fácil verificar ainda pela Fig. 11.11 que, sobre os fios de comprimento ℓ, atuam as forças $\vec{F}_1$ e $\vec{F}_2$ devido ao campo magnético. Já nos fios de comprimento a, a força magnética é nula, pois a corrente elétrica, nesses trechos, é paralela às linhas de campo magnético. Para melhor visualização, consideremos a espira fazendo um ângulo α com as linhas de campo magnético. Nessa figura, os símbolos $\odot$ e $\otimes$ representam as correntes saindo e entrando no plano do papel, respectivamente.

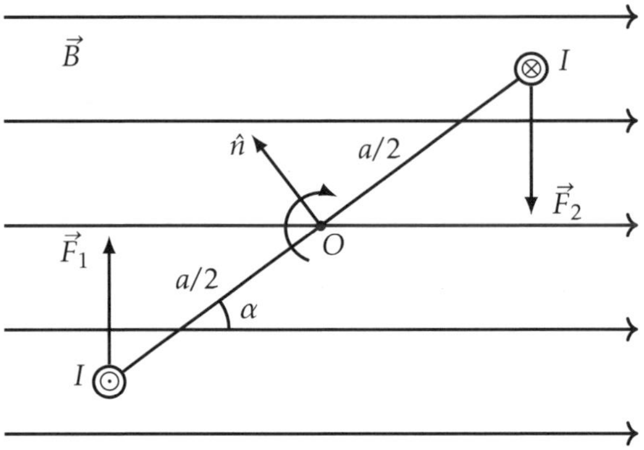

Figura 11.11: *Força sobre uma espira percorrida por uma corrente elétrica.*

Como as forças $\vec{F}_1$ e $\vec{F}_2$ não possuem a mesma linha de ação, fica claro que essas forças não se equilibram, portanto formam um binário. O resultado é uma rotação na espira ao redor do ponto O. Sendo o par de forças $\vec{F}_1$ e $\vec{F}_2$ um binário, o módulo dessas forças são iguais e dados por

$$F_1 = F_2 = I\ell B \tag{11.13}$$

onde I é corrente elétrica que circula na espira e B, o campo magnético. O torque em relação ao ponto O é então determinado por

$$\tau_O = \frac{a}{2}F_1 \cos\alpha + \frac{a}{2}F_2 \cos\alpha \tag{11.14}$$

onde α é o ângulo entre o fio de comprimento a e o campo magnético. Levando em consideração que o vetor $\hat{n}$, perpendicular ao plano da espira, faz um ângulo θ com o campo magnético, encontramos que o torque pode ser representado por

$$\tau = IAB\sin\theta \tag{11.15}$$

$$\vec{\tau} = \vec{m} \times \vec{B} \tag{11.16}$$

com $\vec{m} = IA\hat{n}$ sendo definido como o momento de dipolo magnético do circuito.

11.5 Campo magnético devido a uma carga em movimento

Uma partícula carregada com carga q em movimento e com velocidade $\vec{v}$ é uma fonte de campo magnético. Para baixas velocidades, esse campo é dado por

$$\vec{B} = \frac{\mu_0}{4\pi}\frac{q\vec{v}\times\vec{r}}{r^3} \tag{11.17}$$

onde $\vec{r}$ é o vetor posição que localiza a carga q em relação ao referencial adotado e μ_0 é a permeabilidade magnética do vácuo, com valor igual a $4\pi\times 10^{-7}$ TmA^{-1}. Além do campo magnético $\vec{B}$, a carga em movimento também gera no espaço um campo elétrico $\vec{E}$. Utilizando a Eq. (4.4) do campo elétrico de uma carga puntiforme, encontramos que o campo magnético e o elétrico estão relacionados da seguinte forma:

$$\vec{B} = \mu_0\epsilon_0\vec{v}\times\vec{E} \tag{11.18}$$

Um ponto interessante que devemos notar na Eq. (11.18) é que o campo magnético gerado por uma carga elétrica em movimento é sempre perpendicular ao plano formado pelos vetores $\vec{v}$ e $\vec{E}$. Em outras palavras, os campos $\vec{E}$ e $\vec{B}$ são sempre perpendiculares a direção do movimento da carga, dada pelo vetor $\vec{v}$.

11.6 Lei de Biot e Savart

Já mencionamos antes que, além dos ímãs, cargas em movimento e correntes elétricas são fontes de campos magnético. Em muitas das situações nas quais estamos interessados em determinar o campo magnético, a fonte envolvida é a corrente elétrica. Os físicos Jean-Baptiste Biot e Félix Savart mostraram que o campo magnético gerado por um elemento de corrente de um circuito C é proporcional a esse elemento e inversamente proporcional ao quadrado da distância entre o circuito (elemento de corrente) e o ponto onde se deseja determinar o campo magnético. Matematicamente podemos escrever a lei de Biot-Savart da seguinte forma:

$$\vec{B} = \frac{\mu_0}{4\pi}\oint_C \frac{Id\vec{\ell}\times(\vec{r}-\vec{r}_1)}{|\vec{r}-\vec{r}_1|^3} \tag{11.19}$$

onde $Id\vec{\ell}$ é o elemento de corrente e os vetores $\vec{r}$ e $\vec{r}_1$ são aqueles representados na Fig. 11.12.

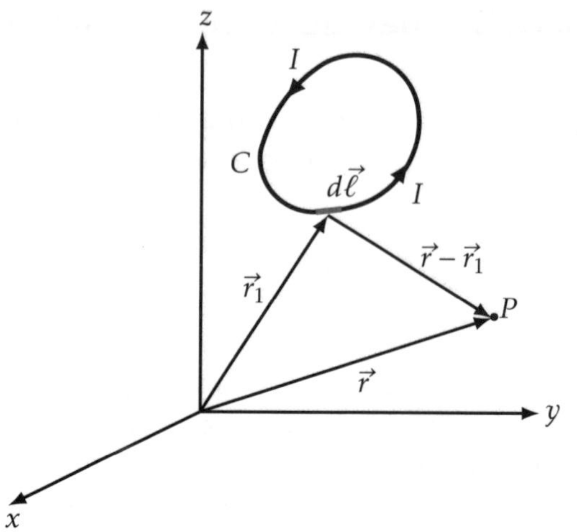

Figura 11.12: *Circuito C percorrido por uma corrente elétrica I.*

11.6.1 Aplicações da lei de Biot-Savart

Nesta seção, faremos uso da lei de Biot-Savart, dada pela Eq. (11.19), para determinar o campo magnético devido a um fio retilíneo finito e de uma espira circular percorrida por corrente.

11.6.1.1 Campo magnético devido a um fio retilíneo percorrido por corrente

Consideremos o fio retilíneo mostrado na Fig. 11.13, de comprimento $2L$ e percorrido por uma corrente elétrica I no sentido positivo do eixo z. O campo magnético no ponto P, localizado no plano xy, devido ao elemento de corrente $Id\vec{\ell}$, é dado por

$$d\vec{B} = \frac{\mu_0}{4\pi}\frac{Id\vec{\ell}\times(\vec{r}-\vec{r}_1)}{|\vec{r}-\vec{r}_1|^3}$$

com

$$d\vec{\ell} = dz'\hat{k} \qquad \vec{r}_1 = z'\hat{k} \qquad \vec{r} = r\cos\phi\hat{i} + r\sin\phi\hat{j} \qquad \vec{r} = r\hat{\rho} \tag{11.20}$$

mostrados na Fig. 11.13. Substituindo as relações acima na Eq. (11.20), temos que

$$d\vec{B} = \frac{\mu_0 I}{4\pi}\frac{dz'\hat{k}\times(r\hat{\rho}-z'\hat{k})}{(r^2+z'^2)^{3/2}} \tag{11.21}$$

$$d\vec{B} = \frac{\mu_0 I}{4\pi}\frac{rdz'}{(r^2+z'^2)^{3/2}}(\hat{k}\times\hat{\rho}) - \frac{\mu_0 I}{4\pi}\frac{rdz'}{(r^2+z'^2)^{3/2}}(\hat{k}\times\hat{k}) \tag{11.22}$$

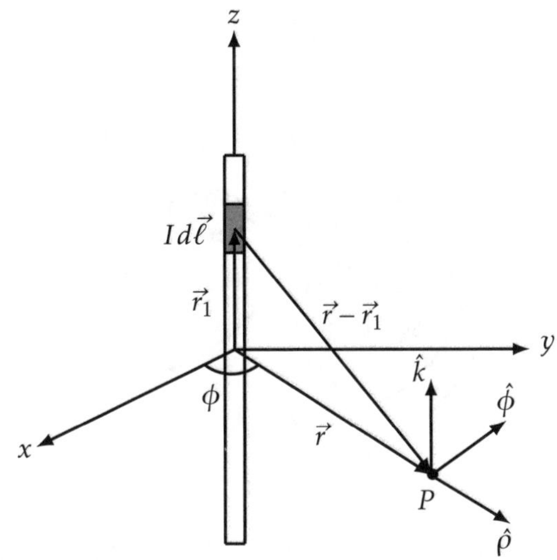

Figura 11.13: *Fio retilíneo percorrido por uma corrente elétrica I.*

A partir da Fig. 11.13, percebemos que $(\hat{k} \times \hat{\rho})$ é igual a $\hat{\phi}$, enquanto o produto $(\hat{k} \times \hat{k})$ é igual a zero. Com isso, podemos escrever o campo total no ponto P como sendo $\vec{B} = B\hat{\phi}$, com

$$B = \frac{\mu_0 I}{4\pi} \int_{-L}^{L} \frac{r dz'}{(r^2 + z'^2)^{3/2}} \tag{11.23}$$

e resolvendo a integral, encontramos que o campo no ponto P é

$$\vec{B} = \frac{\mu_0 I}{2\pi} \frac{L}{r\sqrt{r^2 + L^2}} \hat{\phi} \tag{11.24}$$

É interessante analisar a equação acima para o caso em que o fio tenha comprimento infinito. É fácil mostrar que, para $L >> r$, o campo magnético no ponto P é dado por

$$\vec{B} = \frac{\mu_0 I}{2\pi r} \hat{\phi} \tag{11.25}$$

Na Fig. 11.14, estão representadas as linhas de campo magnético $\vec{B}$ devido ao fio retilíneo infinito. É importante notar que as linhas de campo são círculos concêntricos, e seu sentido está definido pelo vetor unitário $\hat{\phi}$. Para o caso em que a corrente está no sentido contrário ao mostrado na Fig. 11.13, as linhas de campo terão sentidos opostos ao mostrado na Fig. 11.14.

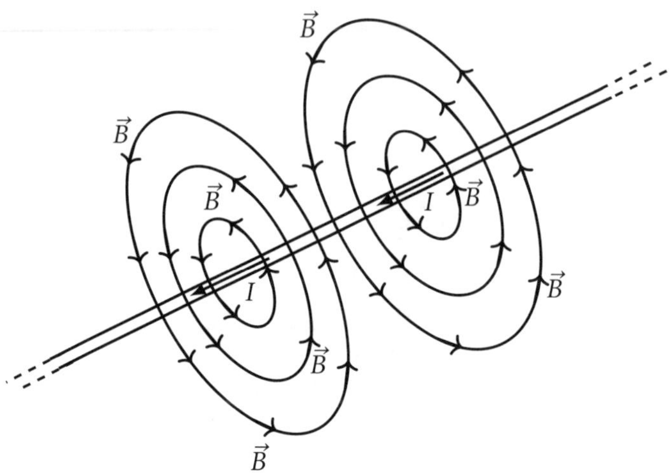

Figura 11.14: *Linhas de campo magnético de um fio infinito percorrido por corrente.*

11.6.1.2 Campo magnético devido a uma espira circular percorrida por corrente

Consideremos a espira circular de raio R, mostrada Fig. 11.15, que é percorrida por uma corrente elétrica I. O campo magnético no ponto P sobre o eixo z, que passa pelo centro da espira, pode ser determinado com auxílio da lei de Biot-Savart. O campo magnético no ponto P devido ao elemento de corrente $Id\vec{\ell}$ é dado por

$$d\vec{B} = \frac{\mu_0}{4\pi}\frac{Id\vec{\ell}\times(\vec{r}-\vec{r}_1)}{|\vec{r}-\vec{r}_1|^3}$$

com

$$\vec{r} = z\hat{k} \tag{11.26}$$

$$\vec{r}_1 = R\cos\phi\hat{i} + R\sin\phi\hat{j} \tag{11.27}$$

$$\vec{r}_1 = R\hat{\rho} \tag{11.28}$$

$$d\vec{\ell} = d\ell\hat{\phi} = Rd\phi\hat{\phi} \tag{11.29}$$

mostrados na Fig. 11.15. Substituindo as relações acima na Eq. (11.26), temos

$$d\vec{B} = \frac{\mu_0}{4\pi}\frac{Id\ell\hat{\phi}\times(z\hat{k}-R\hat{\rho})}{(z^2+R^2)^{3/2}} \tag{11.30}$$

$$d\vec{B} = \frac{\mu_0 I}{4\pi}\frac{Rzd\phi}{(z^2+R^2)^{3/2}}(\hat{\phi}\times\hat{k}) - \frac{\mu_0 I}{4\pi}\frac{R^2d\phi}{(z^2+R^2)^{3/2}}(\hat{\phi}\times\hat{\rho}) \tag{11.31}$$

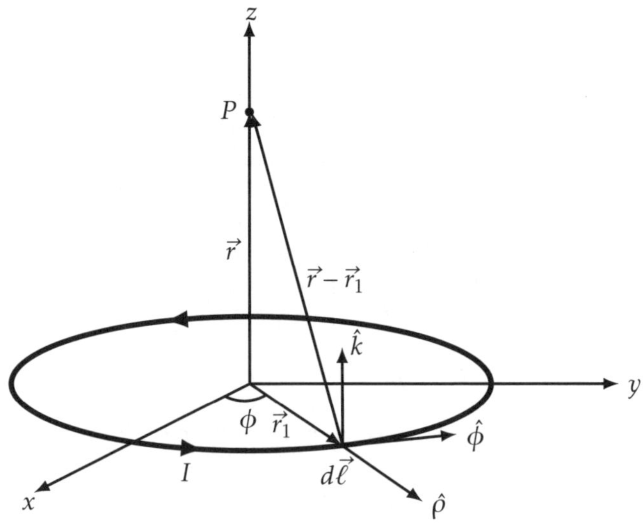

Figura 11.15: *Espira circular percorrida por corrente.*

Da Fig. 11.15, percebemos que $(\hat{\phi}\times\hat{k})$ é igual a $\hat{\rho}$, enquanto o produto $(\hat{\phi}\times\hat{\rho})$ é igual a $-\hat{k}$. Com isso, podemos escrever o campo total no ponto P sobre o eixo z como

$$d\vec{B}=\frac{\mu_0 I}{4\pi}\frac{Rzd\phi}{(z^2+R^2)^{3/2}}\hat{\rho}+\frac{\mu_0 I}{4\pi}\frac{R^2d\phi}{(z^2+R^2)^{3/2}}\hat{k} \tag{11.32}$$

Logo, o campo magnético total no ponto P sobre o eixo z é então dado por

$$\vec{B}=\frac{\mu_0 I}{4\pi}\int_0^{2\pi}\frac{Rzd\phi}{(z^2+R^2)^{3/2}}\hat{\rho}+\frac{\mu_0 I}{4\pi}\int_0^{2\pi}\frac{R^2d\phi}{(z^2+R^2)^{3/2}}\hat{k} \tag{11.33}$$

como $\hat{\rho}=\cos\phi\hat{i}+\sin\phi\hat{j}$, a primeira integral é nula. Com isso, o campo magnético total no ponto P sobre o eixo z é dado finalmente por

$$\vec{B}=\frac{\mu_0 I}{2}\frac{R^2}{(z^2+R^2)^{3/2}}\hat{k} \tag{11.34}$$

Da Eq. (11.34), podemos facilmente determinar o campo magnético no centro da espira impondo $z=0$ na Eq. (11.34) e, com isso, conseguimos

$$\vec{B}=\frac{\mu_0 I}{2R}\hat{k} \tag{11.35}$$

Fica claro que, no centro da espira, o campo magnético é constante para um dado raio da espira. A Fig. 11.16 mostra a configuração das linhas de campo em uma espira circular percorrida por corrente.

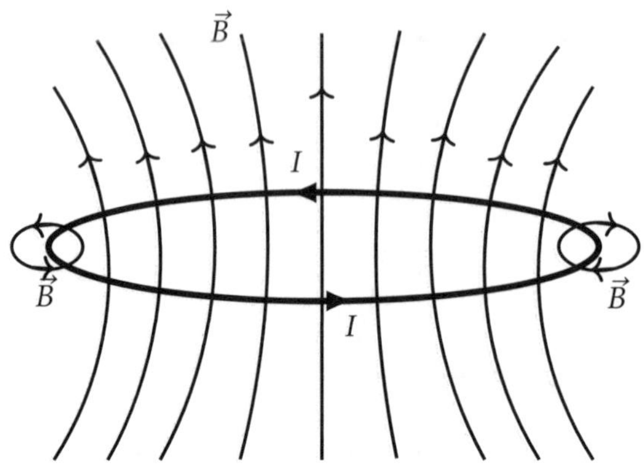

Figura 11.16: *Linha de campo magnético em uma espira circular percorrida por corrente.*

11.7 O divergente de $\vec{B}$

Ao analisar as Figs. 11.14 e 11.16, podemos notar que as linhas de campo magnético são linhas fechadas, indicando que o fluxo do campo magnético por uma superfície fechada que envolve o elemento de corrente é nulo. Para demonstrar essa afirmação, usaremos a lei de Biot-Savart, que determina o campo magnético gerado por corrente, entretanto, vamos considerar que o campo é gerado por uma distribuição de corrente dada pela densidade de corrente elétrica $\vec{J}$. Levando em consideração a densidade de corrente, a Eq. (11.19) pode ser escrita como

$$\vec{B} = \frac{\mu_0}{4\pi}\int_V \frac{\vec{J}(\vec{r}_1)\times(\vec{r}-\vec{r}_1)}{|\vec{r}-\vec{r}_1|^3}dv \tag{11.36}$$

Vamos agora encontrar o $\nabla\cdot\vec{B}$, com $\vec{B}$ dado pela Eq. (11.36), ou seja,

$$\nabla\cdot\vec{B} = \frac{\mu_0}{4\pi}\int_V \nabla\cdot\left[\frac{\vec{J}(\vec{r}_1)\times(\vec{r}-\vec{r}_1)}{|\vec{r}-\vec{r}_1|^3}\right]dv \tag{11.37}$$

Utilizando a identidade dada pela Eq. (1.144) com

$$\vec{A} = \vec{J}(\vec{r}_1), \tag{11.38}$$

$$\vec{B} = \frac{\vec{r}-\vec{r}_1}{|\vec{r}-\vec{r}_1|^3} \tag{11.39}$$

temos

$$\nabla\cdot\vec{B} = (\nabla\times\vec{J}(\vec{r}_1))\cdot\left(\frac{\vec{r}-\vec{r}_1}{|\vec{r}-\vec{r}_1|^3}\right) - \left[\nabla\times\left(\frac{\vec{r}-\vec{r}_1}{|\vec{r}-\vec{r}_1|^3}\right)\right]\cdot\vec{J}(\vec{r}_1) \tag{11.40}$$

Considerando que o termo entre parenteses no segundo termo da Eq. (11.40) pode ser escrito como

$$\frac{\vec{r}-\vec{r}_1}{|\vec{r}-\vec{r}_1|^3} = \nabla\left(\frac{1}{|\vec{r}-\vec{r}_1|}\right) \tag{11.41}$$

que o operador ∇ atua na variável $\vec{r}$ e que a identidade dada pela Eq. (1.148) é sempre verdadeira, encontramos que

$$\nabla\cdot\vec{B} = 0 \tag{11.42}$$

A Eq. (11.42) nos diz que não há o equivalente a carga elétrica no magnetismo, ou seja, não há monopolos magnéticos. Isso permite dizer que, por mais que possamos dividir um ímã, nunca teremos um polo norte isolado do polo sul.[1]

11.8 Problemas

1. Considere duas partículas q_1 e q_2 carregadas que se movem, no vácuo, paralelamente, com velocidades iguais a 250 km/s. Sabendo que as partículas possuem cargas iguais a 1.602×10^{-19} C, determine a razão entre a força magnética e a força elétrica.

2. Uma partícula carregado com carga q_0 e de massa M desloca-se em um campo magnético uniforme $\vec{B}_0$. Mostre que o movimento mais geral que a partícula descreve é o de uma hélice, cuja seção reta é um círculo de raio $R = Mv_p/qB_0$ onde v_p é a componente perpendicular da velocidade em relação ao campo magnético.

3. Uma partícula carregada com uma carga q=1.6×10^{-19}C é lançada perpendicularmente a um campo magnético B=0.1 T, com velocidade de v =1×10^{7}m/s.
   a) Determine o desvio, em relação a uma trajetória retilínea, que a partícula sofre depois de percorrer 1 cm.
   b) Encontre o tempo que leva a partícula para percorrer um arco de $\pi/2$ rad de uma circunferência.

4. Uma partícula de carga q e velocidade $\vec{v} = v_0\hat{i}$ entra em uma região de campo magnético $\vec{B} = B_0\hat{j}$. Determine a equação da trajetória, considerando que a velocidade da partícula é suficientemente grande para considerarmos que não há

[1] Embora ainda não tenha sido encontrado na natureza o similar magnético da carga elétrica, há vários estudos teóricos (*The Theory of Magnetic Poles*, P. A. M. Dirac, Physical Review, vol. 74, N° 7, 1948) e experimentais (*First Results from a Superconductive Detector for Moving Magnetic Monopoles*, Blas Cabrera, Physical Review Letters, vol. 48, N° 20, 1982; *Theoretical and experimental status of magnetic monopoles*, Kimball A Milton, Reports on Progress in Physics, vol. 69, 2006 ou *Dirac Strings and Magnetic Monopoles in the Spin Ice* $Dy_2Ti_2O_7$, D.J.P.Morris e colaboradores, Science, vol. 326, 5951, pp. 441-4, 2009.) que tratam desse assunto ainda em aberto.

variação na direção do movimento da partícula, implicando que a força magnética está ao longo do eixo z e é constante.

5. Determine a densidade de corrente necessária em um fio condutor horizontal, orientado no sentido de leste-oeste, de densidade ρ, para fazê-lo "flutuar"no campo magnético terrestre B_0.

6. Para cada uma das configurações mostradas na Fig. 11.17, determine a força por unidade de comprimento no ponto O, sabendo que a corrente que percorre em cada uma é I_0.

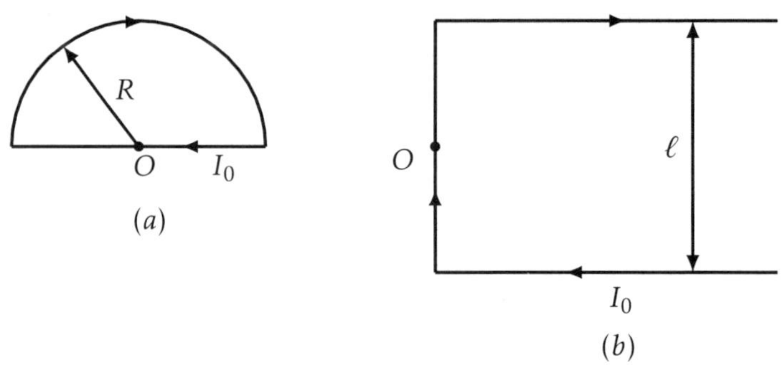

Figura 11.17: *Problema 6.*

7. Um fio de cobre de área A está inclinado, como mostra a Fig. 11.18, devido à presença de um campo magnético uniforme B e vertical. Mostre que o campo magnético é dado por

$$B = \frac{2\rho g A}{I_0} \tan\theta$$

onde ρ e I_0 são respectivamente a densidade do fio e a corrente elétrica que circula.

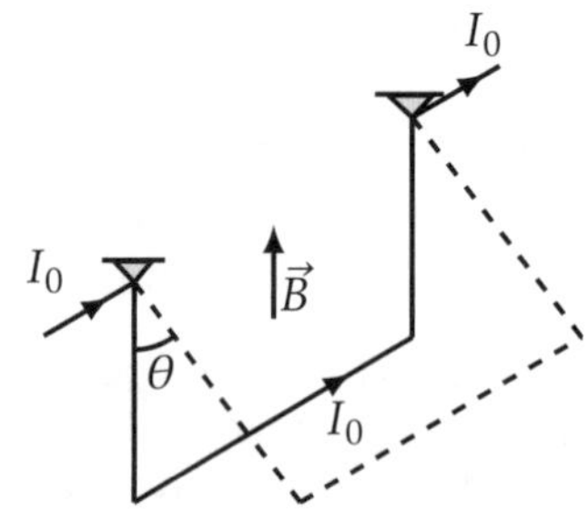

Figura 11.18: *Problema 7.*

8. Para o circuito mostrado na Fig. 11.19, determine o campo magnético no ponto O, sabendo que a corrente que circula é I_0 constante.

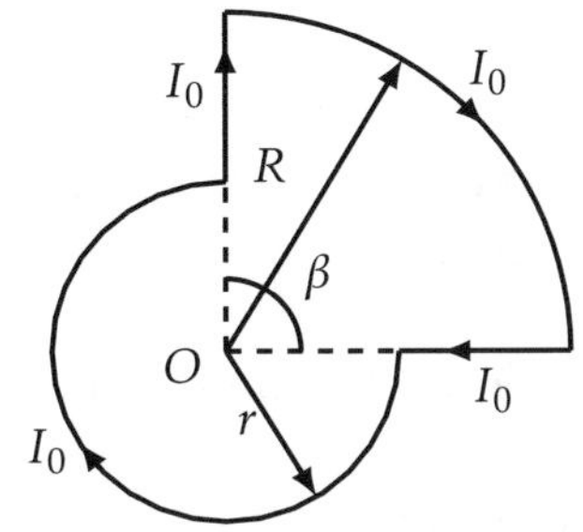

Figura 11.19: *Problema 8.*

9. Em um solenoide muito longo, circula uma corrente elétrica I_0. Sabendo que a área da seção reta é igual a A e que o número de espiras por unidade de comprimento é N, determine o campo magnético ao longo do solenoide.

10. A Fig. 11.20 mostra um toroide de seção reta retangular, de altura H e raios interno a e externo b. Determine o fluxo do campo magnético que cruza a seção reta do toroide, sabendo que o mesmo possui n espiras enroladas e que a corrente que circula é igual a I_0.

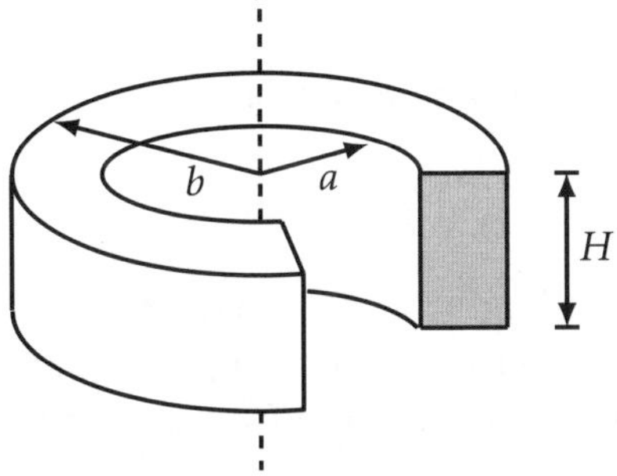

Figura 11.20: *Problema 10.*

11. Um pequeno ímã tem um momento magnético $\vec{m}$ que faz um ângulo θ com o eixo x e está em um campo magnético não uniforme, dado por $\vec{B} = B_x(x)\hat{i} + B_y(y)\hat{j}$. Prove que a força sobre o ímã é dada aproximadamente por

$$\vec{F} \approx m_x \frac{\partial B_x}{\partial x}\hat{i} + m_y \frac{\partial B_y}{\partial y}\hat{j}$$

12. Uma espira quadrada de lado a está no plano yz, com seu centro na origem. A corrente na espira é I_0. Determine o campo magnético em qualquer ponto do eixo x e avalie o caso onde $x >> a$.

13. Um disco de raio R está carregado com uma densidade de carga superficial porém fixa. Sabendo que o disco gira com uma velocidade angular ω, determine o campo magnético em um ponto qualquer x do eixo que passa pelo centro do disco.

14. Considere um fio longo percorrido por uma corrente elétrica I_0 que está localizado paralelamente ao eixo x, em $y = a$ e $z = -a$. Determine o campo magnético $\vec{B}$ na origem do sistema de coordenada.

15. Um fio finito que é percorrido por uma corrente I_0 está localizado ao longo do eixo z desde $z = a$ a $z = b$, como mostra a Fig. 11.21. Determine o campo magnético no ponto P.

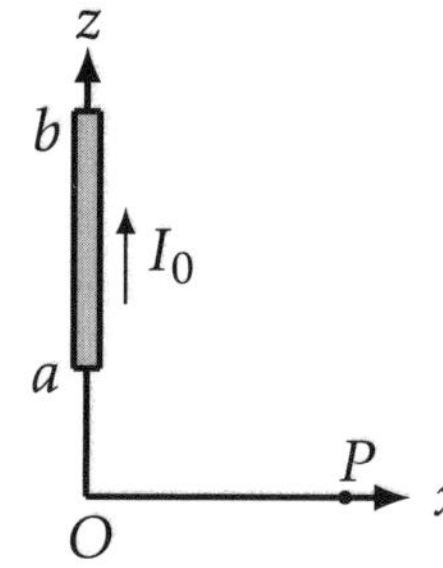

Figura 11.21: *Problema 15.*

16. Uma fita muito longa e de largura ℓ está em um campo magnético uniforme, dado por $\vec{B} = B_0\hat{i}$. A corrente elétrica na fita é I_0 ao longo do eixo y, como mostrada na Fig. 11.22. Determine a força, por unidade de comprimento, sobre a fita.

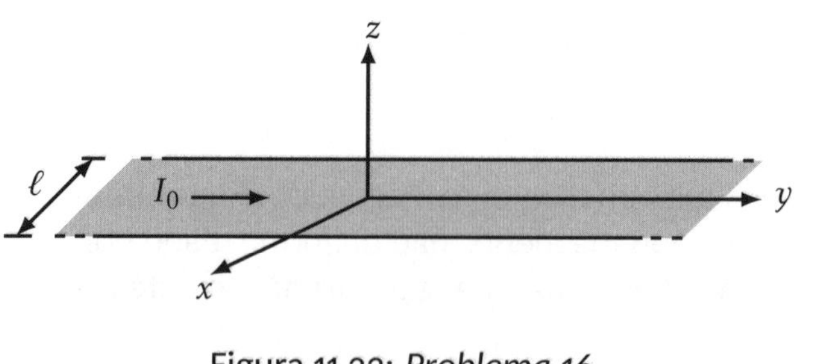

Figura 11.22: *Problema 16.*

17. A Fig. 11.23 mostra um fio longo e paralelo ao eixo x a uma distância d de uma fita também muito longa e de largura ℓ. Sabendo que a corrente elétrica na fita é I_0 e no fio é I_1, ambas no mesmo sentido, determine a força, por unidade de comprimento, sobre o fio devido à fita. Avalie o caso em que a fita possui largura infinita.

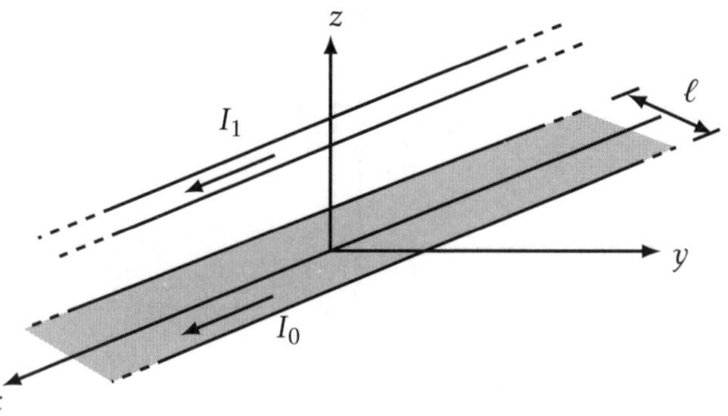

Figura 11.23: *Problema 17.*

18. Um condutor retilíneo de comprimento ℓ está ao longo do eixo y e centrado na origem. O condutor é percorrido por uma corrente elétrica I_0 na direção positiva do eixo y. Sobre o condutor atua uma força igual a $\vec{F} = F_0(\hat{i}+\hat{k})$, devido à presença de uma campo magnético $\vec{B}$. Determine o valor do campo magnético.

19. Um fio condutor é percorrido por uma corrente elétrica I_0. O fio corta um plano infinito que é percorrido por uma densidade superficial de corrente elétrica igual J_p, como mostra a Fig. 11.24. Determine a força, por unidade de comprimento, sobre o fio.

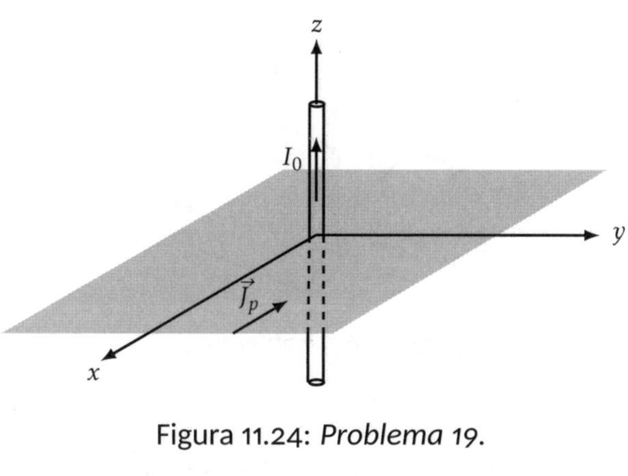

Figura 11.24: *Problema 19.*

20. Uma espira de raio a está no plano $z = h$ paralelamente ao plano xy, como mostrado na Fig. 11.25, e é percorrida por uma corrente elétrica I_0. Determine a força sobre a espira devido ao plano infinito que é percorrido por uma densidade superficial de corrente J_p.

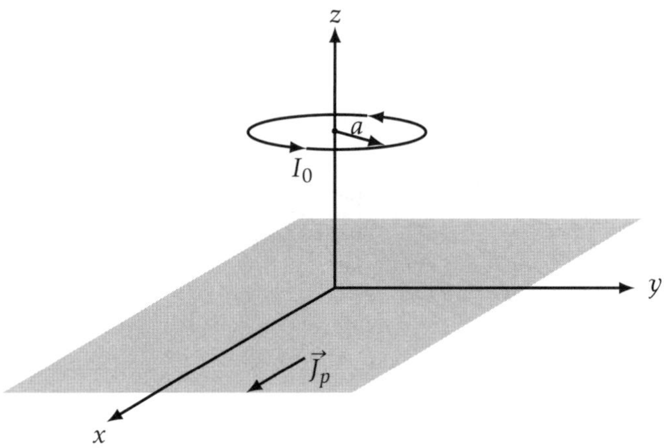

Figura 11.25: *Problema 20.*

21. Uma espira circular de raio R está no plano $z = 0$. A corrente elétrica no espira é I_0 e está no sentido anti-horário. Determine o torque sobre a espira, sabendo que ela está em uma região onde o campo magnético é $\vec{B} = B_0(\hat{\imath} + \hat{k})$.

22. Um bloco de metal tem a forma de um paralelepípedo com dimensões a, b e c. O bloco se movimenta com velocidade $\vec{v}$ em um campo magnético $\vec{B}$, como mostra a Fig. 11.26. Determine o campo elétrico e as densidades de cargas no volume e na superfície do bloco.

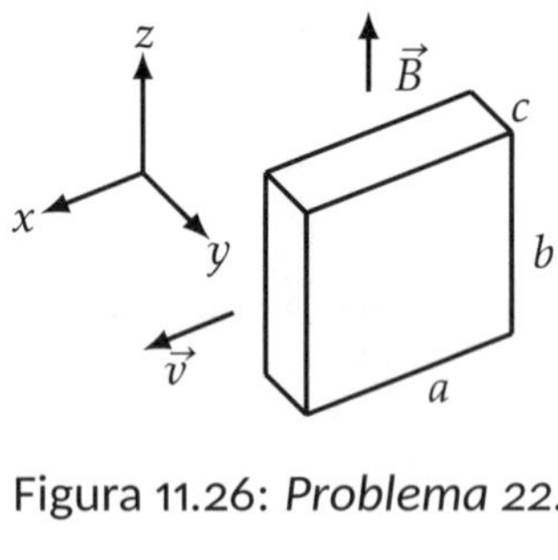

Figura 11.26: *Problema 22.*

23. Suponha que o campo magnético no eixo de um cilindro circular é dado por $\vec{B} = B_0(1 + \alpha z^2)\hat{k}$, com α sendo uma constante. Considere ainda que a componente

angular do campo é zero no interior do cilindro. Determine a componente radial do campo B_r para pontos próximos do eixo.

24. Considere três linhas condutoras infinitas e igualmente espaçadas de d. A corrente elétrica nas linhas é igual a I_0 e todas têm a mesma direção e sentido. Determine os pontos onde o campo magnético é nulo. Se a linha do centro for deslocada de uma distância x, com $x << d$, e mantendo as outras duas fixas, qual o movimento da linha central?

25. Dois fios longos são mutuamente perpendiculares e estão separados por uma distância d, como mostra a Fig. 11.27. A corrente elétrica no fio 1, ao longo do eixo x, é I_1 e no fio 2, perpendicular ao eixo y, é I_2, com os sentidos indicados na figura. Considere um segmento do fio 2 de comprimento ℓ e determine a força e o torque sobre o segmento.

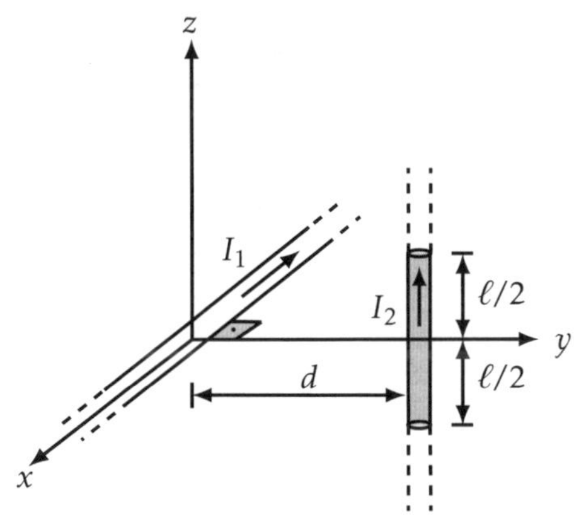

Figura 11.27: *Problema 25.*

26. Considere dois circuitos C_1 e C_2 fechados que são percorridos pelas correntes elétricas I_1 e I_2. Mostre que a força sobre C_2 devido ao campo gerado pelo circuito C_1 é dado por

$$F_2 = -\frac{\mu_0}{4\pi} I_1 I_2 \oint_{C_1} \oint_{C_2} \frac{\vec{r}_2 - \vec{r}_1}{|\vec{r}_2 - \vec{r}_1|^3} d\vec{\ell}_1 \cdot d\vec{\ell}_2$$

onde $\vec{r}_1$ e $\vec{r}_2$ localizam os elementos de correntes. Mostre ainda que $\vec{F}_1 = -\vec{F}_2$, sendo $\vec{F}_1$ a força sobre o circuito C_1.

27. Dois conjuntos de espiras circulares idênticas de raio R, cada um contendo N espiras, estão separados por uma distância d, como mostra a Fig. 11.28. As correntes, de intensidade I_0, circulam no mesmo sentido nos conjuntos. O centro

das espiras coincide com o eixo x.
a) Determine o campo magnético $\vec{B} = B_0\hat{\imath}$ no ponto médio entre as espiras.
b) Mostre que $\frac{dB_x}{dx}$ é zero em $x = d/2$.
c) Determine uma relação entre R e d de modo que $\frac{d^2B_x}{dx^2}$ é zero em $x = d/2$.

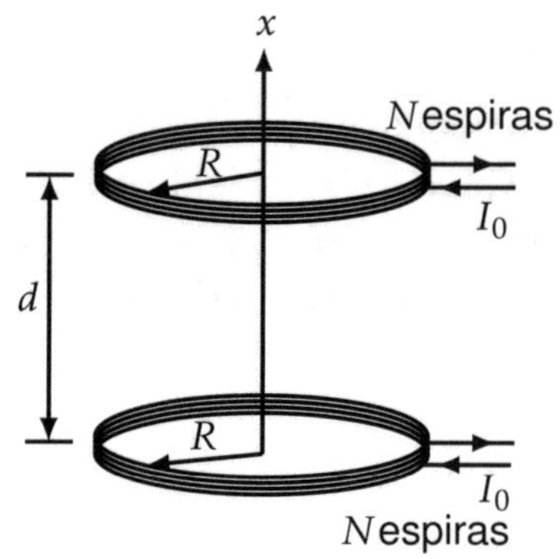

Figura 11.28: *Problema 27.*

Capítulo 12

Lei de Ampère

Os fenômenos elétricos e magnéticos têm como origem as cargas elétricas estáticas ou em movimento. No Cap.11, mostramos que não há o equivalente da carga elétrica no magnetismo, ou seja, que a fonte de campo magnético não está associada a uma carga magnética. Neste capítulo, mostraremos que a soma das componentes tangenciais do campo magnético ao longo de um caminho fechado é proporcional à corrente elétrica, ou seja, discutiremos aqui o que chamamos de lei de Ampère. André Marie Ampère (1775-1836) foi um grande cientista que se dedicou a realização de diversos estudos experimentais sobre o magnetismo, cujos resultados foram posteriormente confirmados pela teoria desenvolvida por James Clerk Maxwell.

12.1 A lei de Ampère

A lei de Gauss representada pela Eq. (6.3) nos mostra, entre outras coisas, que o fluxo do campo elétrico é proporcional à carga elétrica encerrada por uma superfície S. Já a Eq. (11.42) nos diz que as linhas de campo magnético são fechadas, o que determina que o fluxo do campo magnético por uma superfície S seja zero. Essas considerações mostram alguns pontos importantes acerca das fontes de campo elétrico e de campo magnético, entretanto para melhor entendimento das fontes de campo magnético, vamos determinar o valor da

$$\oint_C \vec{B} \cdot d\vec{\ell} \tag{12.1}$$

para o campo magnético gerado por um fio infinito percorrido por uma corrente elétrica I, porém vamos calcular o valor da integral dada pela Eq. (12.1) para dois caminhos C_1 e C_2 distintos. Para o primeiro caminho C_1, vamos considerar um círculo de raio R com o fio passando pelo centro do círculo, como mostrado na Fig. 12.1. Já para o segundo caso, vamos considerar o caminho C_2 como mostrado na Fig. 12.2.

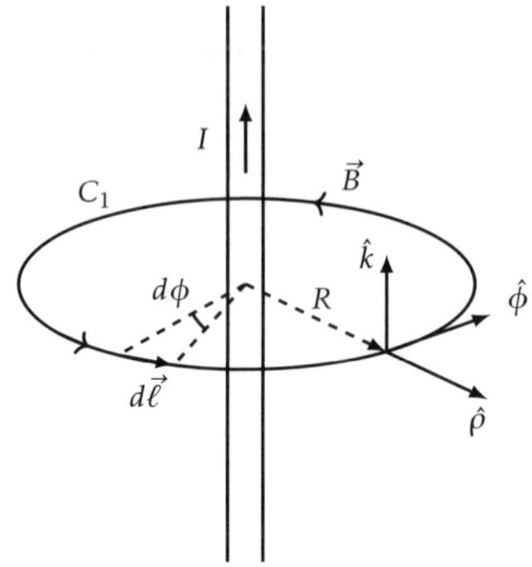

Figura 12.1: *Integral do campo $\vec{B}$ ao longo do caminho C_1, um círculo de raio R.*

O campo magnético gerado por um fio infinito percorrido por uma corrente elétrica I a uma distância R do fio é dado pela Eq. (11.25), ou seja,

$$\vec{B} = \frac{\mu_0 I}{2\pi} \frac{1}{R} \hat{\phi}$$

Considerando a Fig. 12.1, é fácil mostrar que $d\vec{\ell} = Rd\phi\hat{\phi}$ e que, substituindo na Eq. (12.1), obtemos

$$\oint_{C_1} \vec{B} \cdot d\vec{\ell} = \int_0^{2\pi} \frac{\mu_0 I}{2\pi} \frac{1}{R} \hat{\phi} \cdot \hat{\phi} R d\phi \tag{12.2}$$

Como $\hat{\phi} \cdot \hat{\phi} = 1$, temos que

$$\oint_{C_1} \vec{B} \cdot d\vec{\ell} = \mu_0 I \tag{12.3}$$

Já para o segundo caso, vamos considerar o caminho C_2 mostrado na Fig. 12.2. É importante notar que o fio está perpendicular ao plano e não está envolvido pelo caminho.

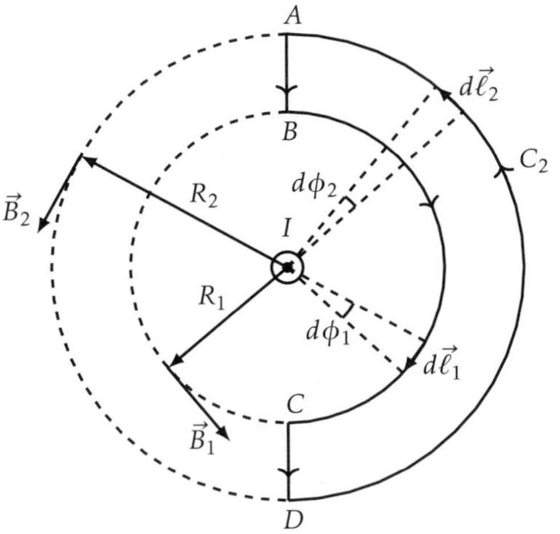

Figura 12.2: Integral do campo $\vec{B}$ ao longo do caminho C_2, formado pelos segmentos $\overline{AB}$ e $\overline{CD}$ e pelos arcos de circunferências $\widehat{BC}$ e $\widehat{DA}$, de raios iguais a R_1 e R_2, respectivamente.

Para esse caminho, temos

$$\oint_{C_2} \vec{B}\cdot d\vec{\ell} = \int_{\widehat{BC}} \vec{B}_1 \cdot d\vec{\ell}_1 + \int_{\widehat{DA}} \vec{B}_2 \cdot d\vec{\ell}_2 \tag{12.4}$$

uma vez que o campo magnético $\vec{B}$ é perpendicular aos caminhos $\overline{AB}$ e $\overline{CD}$. Por isso, a integral do campo nos caminhos $\overline{AB}$ e $\overline{CD}$ é zero. Analisando ainda a Fig. 12.2, podemos escrever que $d\vec{\ell}_1 = -R_1 d\phi_1 \hat{\phi}$ e $d\vec{\ell}_2 = R_2 d\phi_2 \hat{\phi}$, e que substituindo na Eq. (12.4) com

$$\vec{B}_1 = \frac{\mu_0 I}{2\pi}\frac{1}{R_1}\hat{\phi} \tag{12.5}$$

$$\vec{B}_2 = \frac{\mu_0 I}{2\pi}\frac{1}{R_2}\hat{\phi} \tag{12.6}$$

conseguimos

$$\oint_{C_2} \vec{B}\cdot d\vec{\ell} = -\int_0^{\pi} \frac{\mu_0 I}{2\pi}\frac{1}{R_1}\hat{\phi}\cdot\hat{\phi}R_1 d\phi + \int_0^{\pi} \frac{\mu_0 I}{2\pi}\frac{1}{R_2}\hat{\phi}\cdot\hat{\phi}R_2 d\phi = -\frac{\mu_0 I}{2} + \frac{\mu_0 I}{2} \tag{12.7}$$

Com os resultados encontrados das Eqs. (12.3) e (12.7), podemos afirmar que, quando a integral dada pela Eq. (12.1) for calculada, tendo o elemento de corrente envolvido pelo caminho, ela será sempre $\mu_0 I$ e, quando o elemento de corrente não estiver envolvido pelo caminho, será nula. Essa afirmação vale para qualquer que seja o caminho

C, então, de maneira geral, podemos escrever que

$$\oint_C \vec{B} \cdot d\vec{\ell} = \begin{cases} \mu_0 I & \text{corrente envolvida pelo caminho fechado C} \\ 0 & \text{corrente fora do caminho fechado C} \end{cases} \tag{12.8}$$

A Eq. (12.8) é conhecida como a lei de Ampère. Ela nos diz que a soma dos componentes tangenciais do campo ao longo de uma curva fechada C, que envolve o elemento de corrente, é proporcional à corrente elétrica. A Eq. (12.8) também é conhecida como a forma integral da lei de Ampère, entretanto é possível escrever a Eq. (12.8) de uma forma diferente. Para isso, vamos utilizar o teorema de Stokes no lado esquerdo da equação:

$$\oint_C \vec{B} \cdot d\vec{\ell} = \oint_S (\nabla \times \vec{B}) \cdot \hat{n} dA \tag{12.9}$$

Lembrando que

$$I = \oint_S \vec{J} \cdot \hat{n} dA \tag{12.10}$$

podemos então escrever a Eq. (12.8) da seguinte forma:

$$\nabla \times \vec{B} = \mu_0 \vec{J} \tag{12.11}$$

que é chamada de lei de Ampère na forma diferencial.

Exercício Resolvido 12.1.1

A densidade de corrente ao longo do eixo de um condutor cilíndrico de raio a é dada por

$$\vec{J} = \begin{cases} \dfrac{\gamma}{r}\hat{k} & \text{para} \quad 0 < r < a \\ 0 & \text{para} \quad r > a \end{cases}$$

Determine o campo magnético:

a) Dentro do condutor.

b) Fora do condutor.

SOLUÇÃO:

a) *Para determinar o campo magnético dentro do condutor ($0 < r < a$), vamos utilizar a lei de Ampère no contorno C, mostrado na Fig. 12.3.*

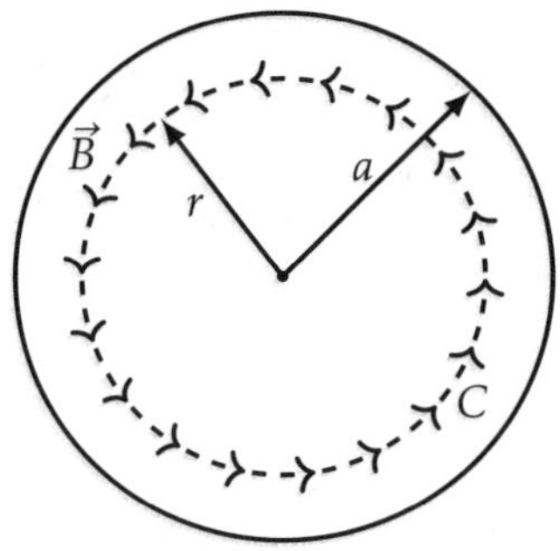

Figura 12.3: *Exercício resolvido 12.1.1.*

Pela figura, é fácil perceber que o campo magnético é dado por $\vec{B} = B\hat{\phi}$. *Já a corrente elétrica é determinada da seguinte forma:*

$$I = \oint_S \vec{J} \cdot \hat{n} dA$$

Como a densidade de corrente está ao longo do eixo do condutor, a corrente elétrica pode então ser calculada por

$$I = \int_0^r \frac{\gamma}{r'} \hat{k} \cdot \hat{k} 2\pi r' dr' = 2\pi\gamma r$$

Aplicando agora a lei de Ampère no contorno C, *temos*

$$\oint_C \vec{B} \cdot d\vec{\ell} = \mu_0 I$$

$$\oint_C B\hat{\phi} \cdot r d\phi \hat{\phi} = \mu_0 2\pi\gamma r$$

$$Br2\pi = \mu_0 2\pi\gamma r$$

Rearranjando os termos, finalmente o campo magnético no interior do condutor é dado por

$$B = \mu_0 \gamma$$

■

b) *Para encontrar o campo magnético fora do condutor* ($r > a$), *vamos utilizar o contorno* C, *mostrado na Fig. 12.4.*

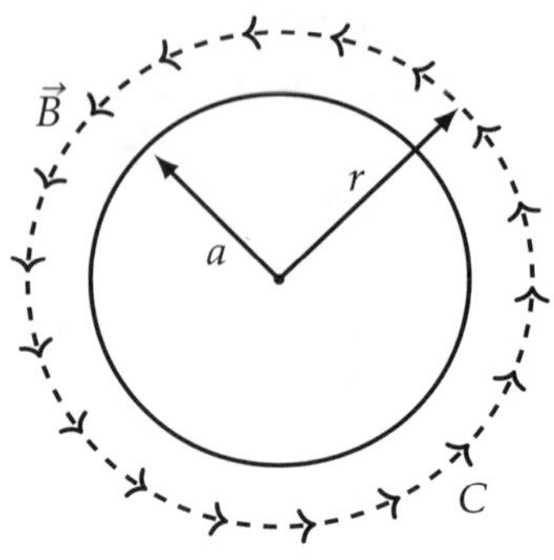

Figura 12.4: *Exercício resolvido 12.1.1.*

Aplicando agora a lei de Ampère no contorno C, temos

$$\oint_C \vec{B} \cdot d\vec{\ell} = \mu_0 I$$

Como a corrente elétrica é envolvida pelo contorno, tem-se

$$I = \int_0^a \frac{\gamma}{r'} \hat{k} \cdot \hat{k} 2\pi r' dr' = 2\pi \gamma a$$

que, substituindo na lei de Ampère, conseguimos

$$Br 2\pi = \mu_0 2\pi \gamma a$$

e, após rearranjar os termos, finalmente o campo fora do condutor é dado por

$$B = \mu_0 \gamma \frac{a}{r}$$

■

12.2 Corrente de deslocamento de Maxwell

Consideremos o circuito mostrado na Fig. 12.5, em que há um capacitor e uma fonte de tensão. Devido aos portadores de cargas livres nos fios, uma corrente I_c é gerada no circuito enquanto o capacitor está sendo carregado. Aplicando a lei de Ampère para o circuito da Fig. 12.5, é fácil verificar que a lei de Ampère apresenta uma inconsistência, pois

$$\oint_C \vec{B} \cdot d\vec{\ell} = \begin{cases} \mu_0 I_c & \text{para a superfície } S_1 \\ 0 & \text{para a superfície } S_2 \end{cases} \tag{12.12}$$

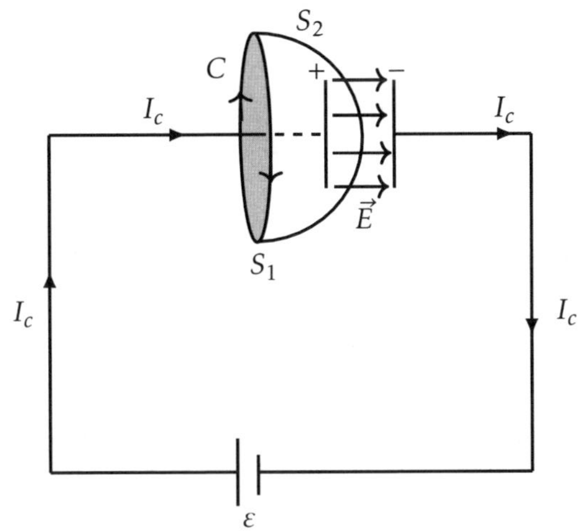

Figura 12.5: *Inconsistência na lei de Ampère.*

A inconsistência na lei de Ampère também pode ser verificada através da forma diferencial da lei de Ampère dada por

$$\nabla \times \vec{B} = \mu_0 \vec{J} \tag{12.13}$$

Aplicando o operador divergente ($\nabla\cdot$) em ambos os lados da Eq. (12.13), temos

$$\nabla \cdot (\nabla \times \vec{B}) = \mu_0 \nabla \cdot \vec{J} \tag{12.14}$$

Analisando a Eq. (12.14), fica claro que o lado esquerdo sempre será zero, como demonstrada pela Eq. (1.149). Já o lado direito pode ser diferente de zero, devido às correntes estacionárias, cuja densidade $\vec{J}$ é constante e sendo assim a igualdade se matem. Já para correntes não estacionárias, a densidade de corrente $\vec{J}$ é diferente de constante, portanto o lado direito é diferente de zero, pois $\nabla \cdot \vec{J} \neq 0$. Para corrigir essa inconsistência, vamos definir a densidade de corrente $\vec{J}$ da seguinte forma:

$$\vec{J} = \vec{J}_c + \vec{J}_d \tag{12.15}$$

onde $\vec{J}_c$ é a densidade de corrente por condução, devido ao movimento dos portadores de cargas livres, e $\vec{J}_d$ é o termo que corrige a lei de Ampère. Substituindo a Eq. (12.15) na lei de Ampère, temos

$$\nabla \times \vec{B} = \mu_0 (\vec{J}_c + \vec{J}_d) \tag{12.16}$$

Aplicando o operador divergente ($\nabla\cdot$) em ambos os lados da Eq. (12.16), conseguimos

$$\nabla \cdot \vec{J}_d = -\nabla \cdot \vec{J}_c \tag{12.17}$$

E utilizando a Eq. (9.17) (equação da continuidade), podemos escrever a Eq. (12.17) da seguinte maneira:

$$\nabla \cdot \vec{J}_d = \frac{\partial \rho}{\partial t} \tag{12.18}$$

Pela lei de Gauss na forma diferencial, podemos determinar a densidade de cargas como

$$\rho = \nabla \cdot \vec{D} \tag{12.19}$$

que, substituindo na Eq. (12.18), encontramos a densidade de corrente $\vec{J}_d$ dada por

$$\vec{J}_d = \frac{\partial \vec{D}}{\partial t} \tag{12.20}$$

A Eq. (12.20) é conhecida como a densidade de corrente de deslocamento de Maxwell, com a qual podemos escrever a lei de Ampère generalizada na forma diferencial:

$$\nabla \times \vec{B} = \mu_0 \vec{J} + \mu_0 \frac{\partial \vec{D}}{\partial t} \tag{12.21}$$

onde $\vec{J}$ é a densidade de corrente de condução. Na forma integral, a lei de Ampère fica

$$\oint_C \vec{B} \cdot d\vec{\ell} = \mu_0 I + \mu_0 \frac{d}{dt} \oint_S \vec{D} \cdot \hat{n} dA \tag{12.22}$$

12.3 Problemas

1. Um cilindro condutor muito longo, de raio R, está localizado ao longo do eixo z. Se o condutor for percorrido por uma corrente elétrica I_0 no sentido de $+z$, determine a densidade da corrente.

2. Um cilindro condutor longo de raio R é percorrido por uma corrente elétrica I_0. Entretanto, a densidade de corrente J não é constante e é dada por $J = br$, com b sendo uma constante. Determine o campo magnético para $r < R$ e $r > R$.

3. Um longo cilindro condutor de raio R tem duas cavidades cilíndricas de diâmetro R, como indicado na Fig. 12.6. Uma corrente elétrica uniforme percorre o cilindro ao longo de seu eixo. Encontre o vetor campo magnético nos pontos $P_1(0, r)$ e $P_2(r, 0)$.

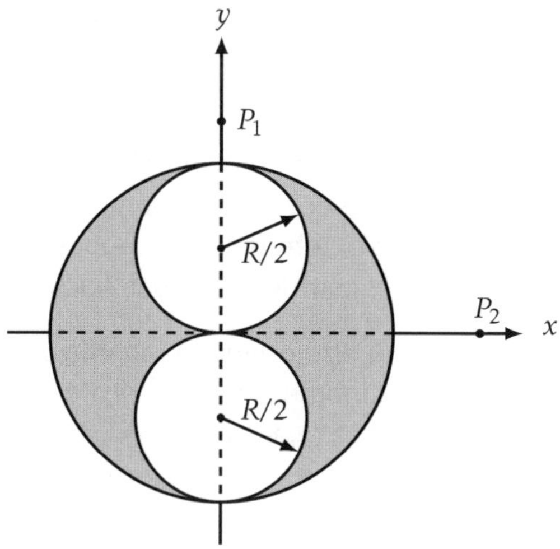

Figura 12.6: *Problema 3.*

4. Em uma determinada região, há uma campo magnético dado por

$$\vec{B} = 4\pi[yz(x^2+y^2)\hat{i} - y^2xz\hat{j} + 4x^2y^2\hat{k}] \qquad 10^{-7}T$$

a) Determine a densidade da corrente $\vec{J}$ no ponto $P(5,2,-3)$m.
b) Determine a corrente que cruza a região, $x = -1$, $0 \leq y \leq 2$ e $0 \leq z \leq 2$.
c) Prove que $\nabla \cdot \vec{B} = 0$.

5. Um cilindro condutor de raio a possui uma condutividade dada por $\sigma(r) = \sigma_0 e^{-r/b}$, onde σ_0 e b são constantes. O condutor está em uma região onde há um campo elétrico $\vec{E} = E_0\hat{k}$. Determine:
a) A corrente total que cruza a superfície do cilindro em $r < a$ e $z = 0$.
b) O campo magnético $\vec{B}$ para $r > a$ e $r < a$.

6. Um campo magnético

$$\frac{\vec{B}}{\mu_0} = \frac{x^2yz}{1+y}\hat{i} + 3x^2z^2\hat{j} - \frac{xyz^2}{1+y}\hat{k} \qquad A/m$$

está presente em uma dada região do espaço. Determine a corrente total ao longo da direção x que cruza a região $x = 2$, $1 \leq y \leq 4$ e $3 \leq z \leq 4$. Considere x, y e z positivos e menores que 5.

7. Um cilindro comprido, com seu eixo orientado ao longo do eixo Oz, possui uma densidade de corrente não uniforme dada por

$$\vec{J}(r) = \begin{cases} \dfrac{4I_0}{\pi a^2}\left[1 - \dfrac{r^2}{a^2}\right]\hat{k} & \text{para} \quad r \leq a \\ 0 & \text{para} \quad r \geq a \end{cases}$$

em que a é o raio do cilindro, r é a distância radial entre o ponto considerado e o eixo do cilindro e I_0 é uma constante dada em Ampères. Determine o campo magnético para $r \geq a$ e para $r \leq a$.

8. Em uma região do espaço livre, o campo magnético é dado por $\vec{B} = [4(z-1)^2\hat{\imath} + 2x^3\hat{\jmath} + xy\hat{k}]$ mT, com x, y e z dados em metros. Determine a corrente total contida por um contorno quadrado, com 2 m de lado, repousando no plano xy com o centro na origem do sistema de coordenadas, paralelos aos eixos x e y.

9. Um cilindro comprido, com seu eixo orientado ao longo do eixo Oz, possui uma densidade de corrente $\vec{J}$ que, embora seja simétrica em relação ao eixo z, não é constante e varia de acordo com a relação

$$\vec{J}(r) = \begin{cases} \dfrac{b}{r} e^{(r-a)/\delta} \hat{k} & \text{para} \quad r \leq a \\ 0 & \text{para} \quad r \geq a \end{cases}$$

onde δ é uma constante. Determine o o módulo do campo magnético para:
a) $r = \delta$ com $\delta < a$.
b) $r = a$ e $r = 2a$.

10. No espaço livre, há um possível campo magnético dado por $\vec{B} = y^2\hat{\imath} + z^2\hat{\jmath} + x^2\hat{k}$. Demonstre que o campo $\vec{B}$ representa um campo magnético e determine a densidade de corrente $\vec{J}$ associado a esse campo.

11. Um determinado campo magnético $\vec{B}$ em coordenadas cilíndricas é dado por

$$\vec{B}(r) = \begin{cases} 0 & \text{para} \quad 0 < r < a \\ \dfrac{\mu_0 I}{2\pi r} \dfrac{r^2 - a^2}{b^2 - a^2} \hat{\phi} & \text{para} \quad a < r < b \\ \dfrac{\mu_0 I}{2\pi r} \hat{\phi} & \text{para} \quad b < r \end{cases}$$

Determine a densidade de corrente $\vec{J}$ em todos as regiões.

12. Considere um fio longo de raio R que possui uma densidade de corrente dada por

$$J(r) = \begin{cases} J_0 \left(1 - \dfrac{r^2}{R^2}\right) & \text{para} \quad r \leq R \\ 0 & \text{para} \quad r > R \end{cases}$$

onde r é a distância do eixo do fio.

a) Determine o campo magnético dentro e fora do fio.
b) Faça um gráfico do campo obtido no item (a) em função de r.
c) Determine em qual ponto o valor do campo magnético é máximo e qual o valor desse campo máximo.

13. Considere a situação mostrada na Fig. 12.7. Um campo elétrico de E_0 está confinado em uma área circular de diâmetro d e direcionado perpendicularmente para fora do plano da figura. Se o campo está aumentando a uma taxa k, qual é a direção e o módulo do campo magnético no ponto $P(r = a)$ do centro do círculo?

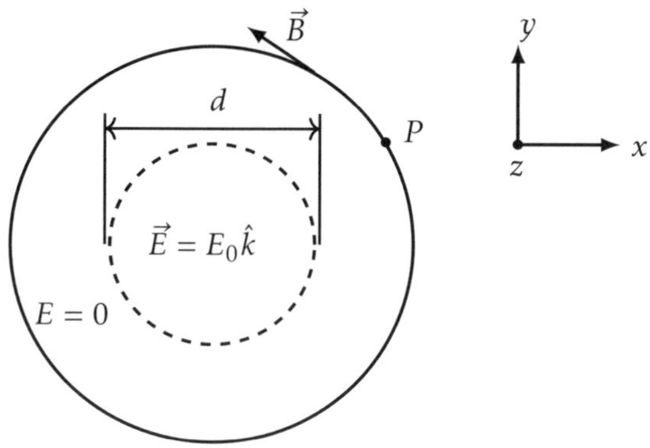

Figura 12.7: Problema 13.

14. Um capacitor de placas planas e paralelas em forma de discos tem a região entre as duas placas preenchidas com um dielétrico cuja constante é κ. O dielétrico tem uma imperfeição e por isso possui uma condutividade elétrica σ_0. O capacitor de capacitância C é carregado até uma diferença de potencial ΔV e é isolado. Determine:

   a) A carga sobre o capacitor como função do tempo.
   b) A corrente de deslocamento elétrico no dielétrico.
   c) O campo magnético no dielétrico.

15. Um capacitor de placas planas e paralelas, com área A e separação igual a d, está submetido a uma diferença de potencial igual a $V(t) = V_0 \sin(\omega t)$. Considere que, entre as placas do capacitor, há um dielétrico de constante igual a κ e determine a corrente de deslocamento.

Capítulo 13

Lei de indução de Faraday

Nos capítulos anteriores, mostramos que o campo elétrico pode ser gerado por uma carga em repouso ou em movimento. Verificamos também que, além de gerar campo elétrico, as cargas elétricas em movimento (corrente elétrica) produzem um campo magnético. Entretanto, até o presente momento, não havia evidências de uma relação estreita entre o campo elétrico e o campo magnético, ou seja, pode-se gerar um campo elétrico partir de um campo magnético e vice-versa? A resposta foi dada pelo brilhante físico inglês Michael Faraday (1791-1867), que mostrou, através de vários experimentos, que um campo elétrico pode ser gerado a partir da variação do fluxo do campo magnético. As conclusões sobre os resultados experimentais demonstrados por Faraday ficaram conhecidos como lei de Faraday, que também compõe o que chamamos de "Equações de Maxwell". As descobertas de Faraday contribuíram para o desenvolvimento de motores elétricos, transformadores, entre outros. A seguir, descreveremos os experimentos de Faraday, assim como suas conclusões.

13.1 Experiência de Faraday

Para descrever a lei de Faraday, primeiramente discutiremos algumas situações experimentais acerca da lei, a partir das Figs. 13.1-13.2. Na Fig. 13.1 (a), temos um circuito composto de uma bonina circular conectada a um amperímetro A, além de uma fonte de campo magnético (ímã) próxima ao circuito. Verifica-se experimentalmente que, quando a fonte de campo magnético está em repouso em relação à bobina, a leitura do amperímetro é zero, ou seja, não há indicação de passagem de corrente elétrica. Já quando a fonte de campo magnético se aproxima ou se afasta da bobina, representada pela Fig. 13.1 (b), o amperímetro mostra uma leitura diferente de zero, indicando a passagem de corrente elétrica pelo circuito. É importante perceber que a leitura no amperímetro está relacionada à variação do fluxo do campo magnético que cruza as espiras que formam a bobina.

Consideremos agora que a fonte de campo magnético é a bobina posicionada ao

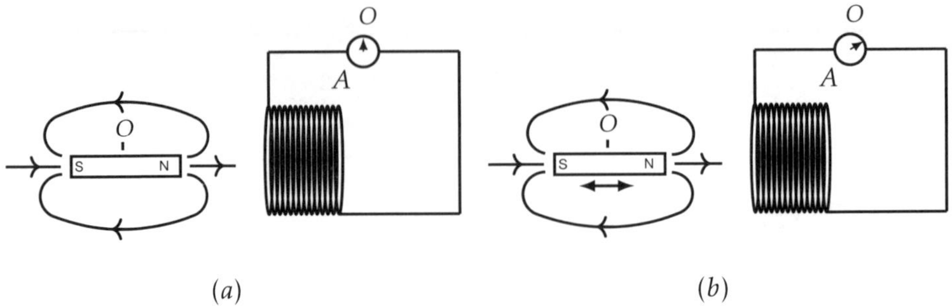

Figura 13.1: *Ímã em repouso em relação ao circuito (a); ímã em movimento de aproximação ou afastamento em relação ao circuito (b). No primeiro caso, a leitura do amperímetro (A) é igual a zero e no segundo diferente de zero.*

lado do circuito, como mostrado na Fig. 13.2 (a) percorrida por uma corrente elétrica I. O campo magnético é gerado pela corrente elétrica que circula na bobina. Nessa situação, a bobina pode aproximar-se ou afastar-se do circuito, e, por consequência, há uma variação do fluxo do campo magnético que cruza a bobina conectada ao circuito. Por causa dessa variação, o amperímetro indica uma leitura diferente de zero, ou seja, uma corrente elétrica é induzida no circuito, assim como nas situações descritas anteriormente. Por fim, consideremos que o campo magnético na bobina é gerado por uma fonte de corrente alternada, como indicado na Fig. 13.2 (b). Embora a bobina permaneça em repouso em relação ao circuito, o amperímetro indica uma leitura diferente de zero.

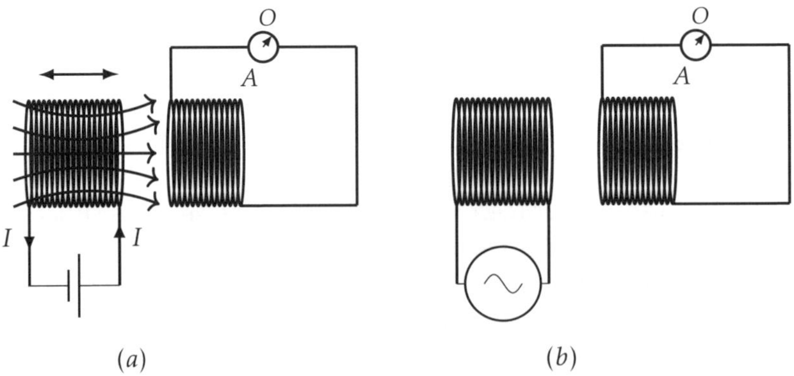

Figura 13.2: *Em (a), a bobina é percorrida por uma corrente contínua e está em movimento de aproximação ou afastamento em relação ao circuito. Em (b), a bobina está em repouso em relação ao circuito, porém é percorrida por uma corrente alternada. Em ambos os casos, a leitura do amperímetro (A) é diferente de zero.*

Dos resultados da experiência de Faraday, podemos concluir que

A variação do fluxo do campo magnético através da área delimitado por um circuito fechado induz uma força eletromotriz no circuito.

Matematicamente, podemos escrever a f.e.m induzida no circuito da seguinte forma:

$$\varepsilon = -\frac{d\Phi_B}{dt} \tag{13.1}$$

onde Φ_B é o fluxo do campo magnético. O sinal (−) indica que a corrente induzida gerará um campo magnético que tem o sentido contrário à variação do campo $\vec{B}$. Essa interpretação do sinal (−) é dada pela lei de Lenz.[1] A f.e.m em um circuito fechado é definida como

$$\varepsilon = \oint_C \vec{E} \cdot d\vec{\ell} \tag{13.2}$$

onde $\vec{E}$ é o campo elétrico. Considerando ainda que o fluxo de campo magnético $\vec{B}$ é dado por

$$\Phi_B = \int_S \vec{B} \cdot \hat{n} dA \tag{13.3}$$

podemos escrever a Eq. (13.1) da seguinte forma:

$$\oint_C \vec{E} \cdot d\vec{\ell} = -\frac{d}{dt}\int_S \vec{B} \cdot \hat{n} dA \tag{13.4}$$

Levando em conta que o volume encerrado pela superfície S não varia com o tempo, temos

$$\oint_C \vec{E} \cdot d\vec{\ell} = -\int_S \frac{\partial \vec{B}}{\partial t} \cdot \hat{n} dA \tag{13.5}$$

A equação acima é conhecida como lei de Faraday na forma integral, entretanto, como fizemos antes com a lei de Ampère, podemos escrever a lei de Faraday na forma diferencial. Para isso, devemos aplicar o teorema de Stokes no lado esquerdo da Eq. (13.5) para conseguir

$$\nabla \times \vec{E} = -\frac{\partial \vec{B}}{\partial t} \tag{13.6}$$

A Eq. (13.6) nos diz que um campo magnético variando no tempo produz um campo elétrico. Além disso, vale salientar que o campo elétrico $\vec{E}$ gerado dessa maneira não é um campo de origem eletrostática.

[1]Lei de Lenz: "A uma variação de fluxo em um sistema sucede algo que tende a se opor a essa variação".

Exercício Resolvido 13.1.1

Uma espira retangular de comprimento b e largura ℓ está a uma distância d, como mostra a Fig. 13.3, de um fio muito longo que é percorrido por uma corrente elétrica $I = \beta t$, onde β é uma constante. Determine a f.e.m induzida na espira.

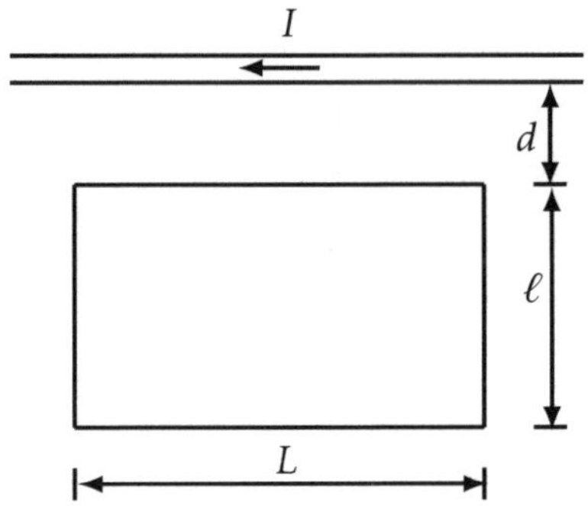

Figura 13.3: *Exercício resolvido 13.1.1.*

SOLUÇÃO: *A f.e.m induzida na espira é dada por*

$$\varepsilon = -\frac{d\Phi_B}{dt}$$

onde Φ_B é o fluxo do campo magnético, dado pela Eq. (13.3), que cruza a espira e que é gerado pela corrente elétrica I, que passa pelo fio. Dessa maneira, o campo devido a corrente que passa pelo fio é

$$B = \frac{\mu_0 I}{2\pi y}$$

onde y é a distância entre o fio e o elemento de área dA, mostrado na Fig. 13.4.

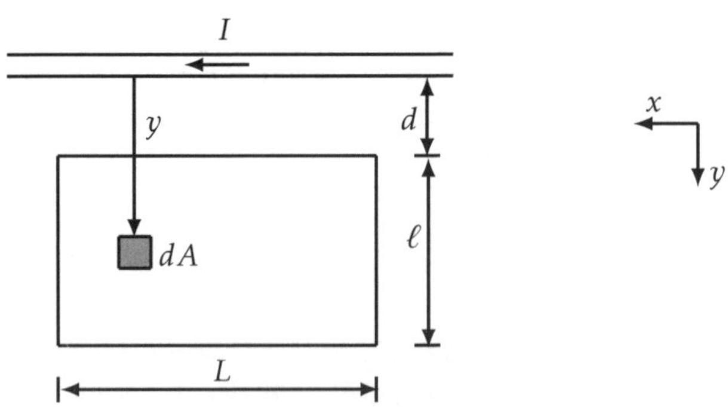

Figura 13.4: *Exercício resolvido 13.1.1.*

É fácil perceber que o vetor $\vec{B}$ é perpendicular e sai do plano da espira, no sentido do eixo z positivo. Considerando ainda que o vetor normal está na mesma direção do campo magnético, podemos determinar o fluxo da seguinte forma:

$$\Phi_B = \iint_S \vec{B} \cdot dA = \int_0^L \int_d^{d+\ell} \frac{\mu_0 I}{2\pi y} \hat{n} \cdot \hat{n} dx dy$$

Resolvendo as integrais imediatas, temos

$$\Phi_B = \frac{\mu_0 I}{2\pi} L \int_d^{d+\ell} \frac{1}{y} dy$$

$$\Phi_B = \frac{\mu_0 I L}{2\pi} \ln\left(\frac{\ell + d}{d}\right)$$

Substituindo o valor da corrente elétrica $I = \beta t$ na expressão para o fluxo, conseguimos

$$\Phi_B = \frac{\mu_0 \beta t L}{2\pi} \ln\left(\frac{\ell + d}{d}\right)$$

Agora, podemos encontrar a f.e.m induzida na espira, ou seja,

$$\varepsilon = -\frac{d\Phi_B}{dt} = -\frac{d}{dt}\left[\frac{\mu_0 \beta t L}{2\pi} \ln\left(\frac{\ell + d}{d}\right)\right]$$

e, após realizar a derivada, obtemos finalmente a f.e.m induzida, que é

$$\varepsilon = -\frac{\mu_0 \beta L}{2\pi} \ln\left(\frac{\ell + d}{d}\right)$$

■

13.2 Energia magnética

Em um circuito percorrido por corrente elétrica I, o campo magnético $\vec{B}$ é proporcional a corrente elétrica pela lei de Biot-Savart, representada pela Eq. (11.19). Dessa forma, o fluxo de campo magnético através do circuito também será proporcional à corrente elétrica. Assim, podemos escrever o fluxo do campo magnético para um único circuito como

$$\Phi_B = LI \tag{13.7}$$

onde L é a autoindutância do circuito e tem como unidade o Tm^{-2}/A. A autoindutância é um parâmetro que caracteriza um dispositivo chamado de indutor, que, assim como a capacitância descrita no Cap.7, depende de fatores geométricos. Para circuitos rígidos, onde a corrente elétrica varia com o tempo, temos que

$$\frac{d\Phi_B}{dt} = L\frac{dI}{dt} \tag{13.8}$$

Utilizando a lei de Faraday na Eq. (13.8), temos

$$\varepsilon = -L\frac{dI}{dt} \tag{13.9}$$

que indica que a força eletromotriz induzida dependerá da variação da corrente elétrica no tempo. O sinal (−) indica que, quando a corrente aumenta, $dI/dt > 0$, a f.e.m induzida é negativa, e quando a corrente diminui, $dI/dt < 0$, a f.e.m induzida é positiva. Em outras palavras, a f.e.m induzida no indutor sempre irá se opor à variação da corrente, sendo chamada por isso de contra força eletromotriz.

A autoindutância de um indutor, representado por —0000—, é um parâmetro de grande importância prática em circuitos elétricos. Para melhor entendimento da função do indutor em um circuito elétrico, consideremos o circuito contendo um resistor e um indutor, como mostrado na Fig. 13.5. Em (a), o circuito está com a chave S aberta, portanto não há corrente no circuito. Já em (b), quando a chave S é fechada, a corrente começa a circular pelo circuito. Utilizando a lei das malhas de Kirchhoff no circuito da

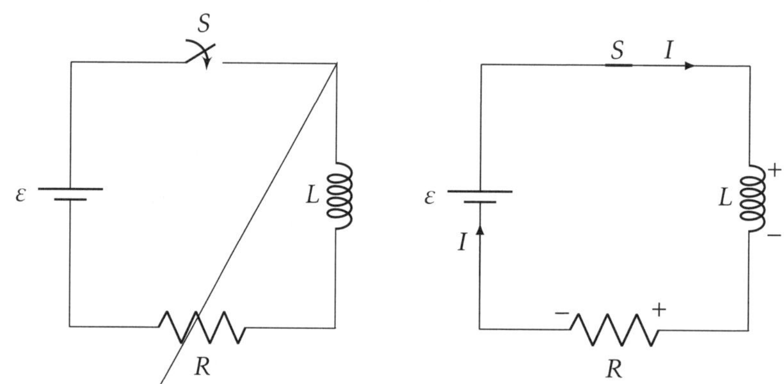

Figura 13.5: *Circuito resistor indutor - circuito RL.*

Fig. 13.5(b), temos

$$\varepsilon - RI - L\frac{dI}{dt} = 0 \tag{13.10}$$

A Eq. (13.10) é uma equação diferencial de primeira ordem, com coeficientes constantes, e tem como solução

$$I = \frac{\varepsilon}{R}\left(1 - e^{-t/\tau}\right) \tag{13.11}$$

com $\tau = L/R$. A quantidade τ é chamada de constante de tempo do circuito. Na Fig. 13.6, mostramos a evolução da corrente a partir do instante em que a chave S é fechada. É importante notar que, devido à presença do indutor, a corrente não atinge o

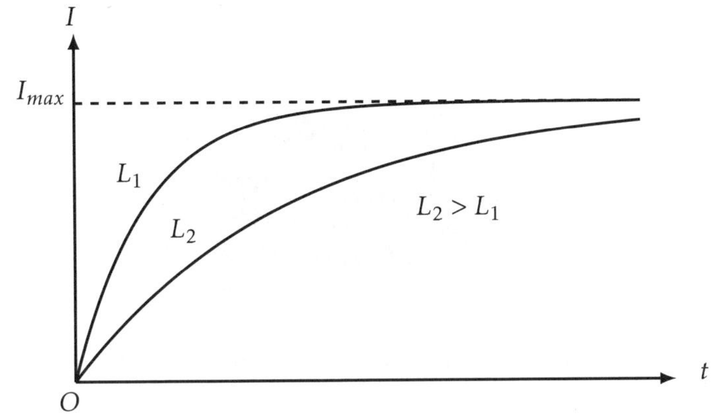

Figura 13.6: *Evolução temporal da corrente elétrica no circuito RL para diferentes autoindutâncias.*

seu valor máximo $I_{max} = \varepsilon/R$ rapidamente.

É interessante também analisar o circuito RL do ponto de vista da energia. Para isso, vamos multiplicar a Eq. (13.10) por I e rearranjar os termos da seguinte forma:

$$\varepsilon I = RI^2 + LI\frac{dI}{dt} \tag{13.12}$$

Na Eq. (13.12), o primeiro termo (εI) representa a taxa na qual a energia da bateria é fornecida ao circuito. O segundo termo (RI^2) é a potência dissipada pelo resistor devido ao efeito Joule. Já o último termo é a taxa na qual a energia, devido ao campo magnético, é armazenada no indutor. Sendo assim, podemos escrever que a taxa de variação da energia magnética no indutor é

$$\frac{dU_B}{dt} = LI\frac{dI}{dt} \tag{13.13}$$

Dessa forma a energia magnética é representada como

$$U_B = \frac{1}{2}LI^2 \tag{13.14}$$

Utilizando a definição de autoindutância, a energia magnética pode ainda ser escrita como

$$U_B = \frac{1}{2}\Phi_B I \tag{13.15}$$

onde Φ_B é fluxo do campo magnético.

Consideremos um solenoide longo de comprimento ℓ que é percorrido por uma corrente elétrica I, como mostrado na Fig. 13.7. Pelo fato de a corrente nas N espiras ser constante e o solenoide muito longo, o campo magnético no centro do solenoide é uniforme. Aplicando a lei de Ampère no caminho C, mostrado na Fig. 13.7, é fácil

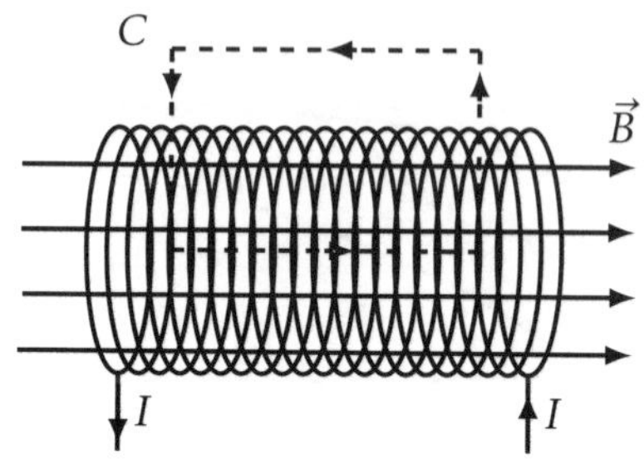

Figura 13.7: *Solenoide longo de comprimento ℓ.*

mostrar que o campo magnético é dado por

$$B = \mu_0 n I \tag{13.16}$$

com $n = N/\ell$. Utilizando a Eq. (13.15), com $\Phi_B = BA$ e sendo A a área da espira, a energia magnética associada ao campo magnético do solenoide é dada por

$$U_B = \frac{B^2 A \ell}{2\mu_0 N} \tag{13.17}$$

Da mesma forma que a energia elétrica está associada ao campo elétrico pela Eq. (7.57), podemos agora definir a densidade de energia magnética como

$$u_B = \frac{1}{2\mu_0} B^2 \tag{13.18}$$

onde u_B é a energia por unidade de volume associada ao campo magnético.

13.3 Problemas

1. Em uma determinada região do espaço livre (vácuo) há uma campo magnético dado por

$$\vec{B} = \frac{\beta \mu_0}{r} \cos\phi \hat{r}$$

com β sendo uma constante positiva. Determine o fluxo do campo magnético que atravessa a superfície definida por $-\pi/4 \leq \phi \leq \pi/4$ e $0 \leq z \leq 1$.

2. O campo magnético

$$\vec{B} = \frac{\alpha}{r} \hat{\phi}$$

com α sendo uma constante positiva, atravessa a superfície S. Considerando que a superfície S é plana e definida por $a \leq r \leq 5a$ e $0 \leq z \leq h$, determine o fluxo de campo magnético Φ_B que atravessa a região S.

3. Em uma região do espaço livre, há um campo magnético dado por

$$\vec{B} = B_0 \sin\left(\frac{\pi x}{2}\right) e^{-y/\beta} \hat{k}$$

com β sendo uma constante. Encontre o fluxo de campo magnético que cruza a região $z = 0$, $y \geq 0$ e $0 \leq x \leq a$.

4. Uma espira circular de raio R_0 roda em campo magnético constante com velocidade angular ω, como mostra a Fig. 13.8. Se o campo magnético é 52μT, o raio da espira é 2 cm, a resistência 7.2Ω e a velocidade de rotação 2 rad/s, determine a corrente máxima na espira.

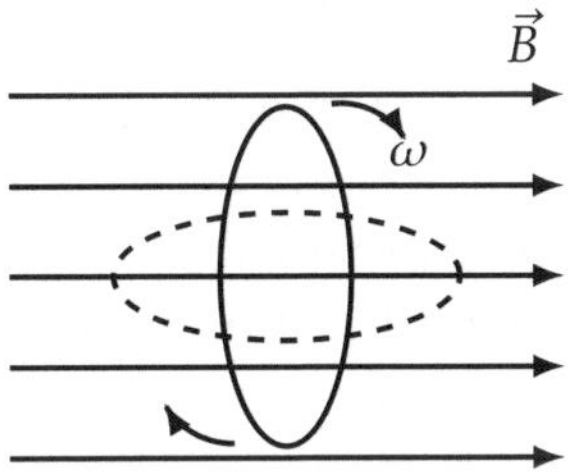

Figura 13.8: *Problema 4.*

5. Um fio tem a forma de uma parábola $y = \beta x^2$. A configuração está em uma região de campo magnético uniforme $\vec{B} = B_0 \hat{k}$, como mostrado na Fig. 13.9. No instante $t = 0$, um conector c começa a deslizar do vértice da parábola com aceleração constante a. Determine a força eletromotriz (f.e.m) induzida no circuito formado pelo fio e pelo conector como função de y.

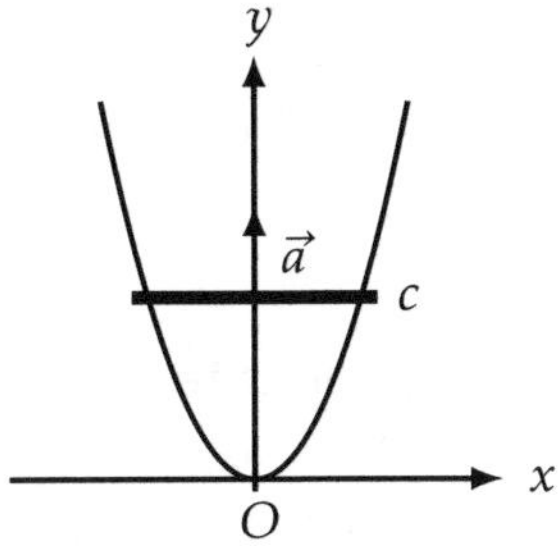

Figura 13.9: *Problema 5.*

6. A corrente em um fio longo varia da seguinte forma: $I(t) = I_0 e^{-t/\tau}$, onde τ é uma constante. Encontre a f.e.m induzida no quadrado de lado ℓ, mostrado na Fig. 13.10.

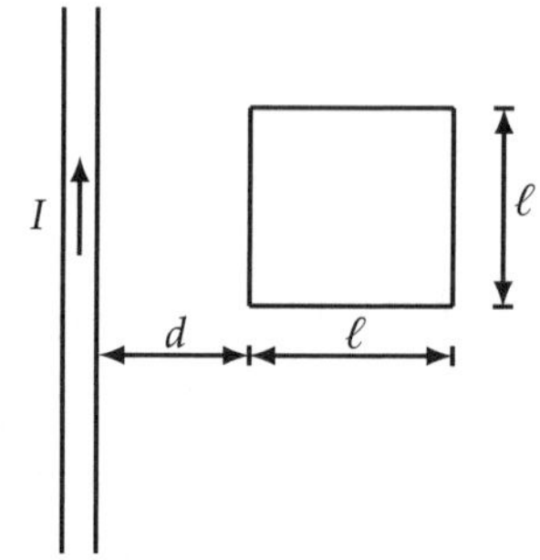

Figura 13.10: *Problema 6.*

7. Um fio dobrado em semicírculo de raio R está localizado na fronteira de uma região de campo magnético uniforme $\vec{B} = B_0\hat{k}$, como mostrado na Fig. 13.11. No instante $t = 0$, o circuito é rotacionado ao redor do eixo O, com aceleração angular constante α. No instante inicial, a interface do campo magnético coincide com a reta que determina o diâmetro do semicírculo. Determine para esse circuito a f.e.m induzida com função do tempo.

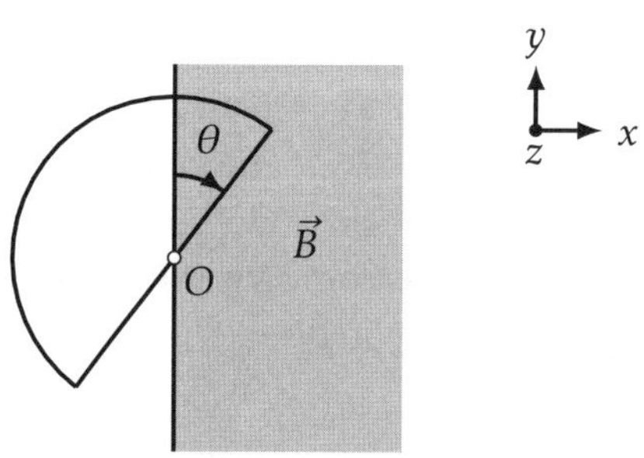

Figura 13.11: *Problema 7.*

8. Um fio longo é percorrido por uma corrente elétrica constante I_0. Encontre a f.e.m induzida, em função de x, no quadrado de lado ℓ mostrado na Fig. 13.12, sabendo que o quadrado se movimenta para a direita com velocidade constante.

9. Um fio longo é percorrido por uma corrente elétrica constante I_0. Paralelamente ao fio, há um circuito elétrico que possui uma resistência elétrica R, como mostrado na Fig. 13.13. No circuito, há uma conexão C que pode deslizar sem qualquer

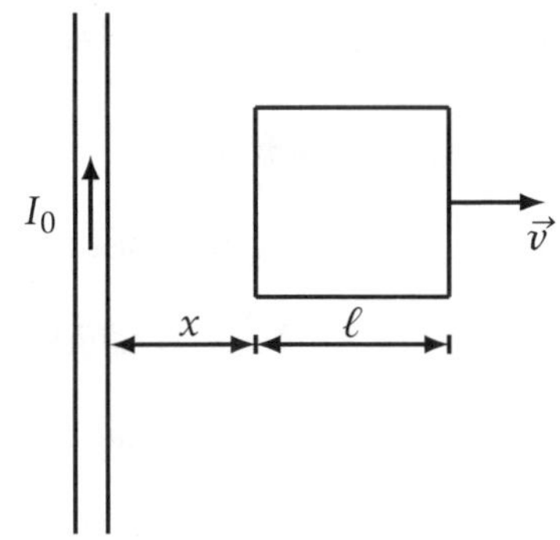

Figura 13.12: *Problema 8.*

atrito. Assumindo que a resistência elétrica da conexão seja desprezível, determine a corrente elétrica induzida no circuito e a força necessária para manter a conexão em movimento com velocidade constante.

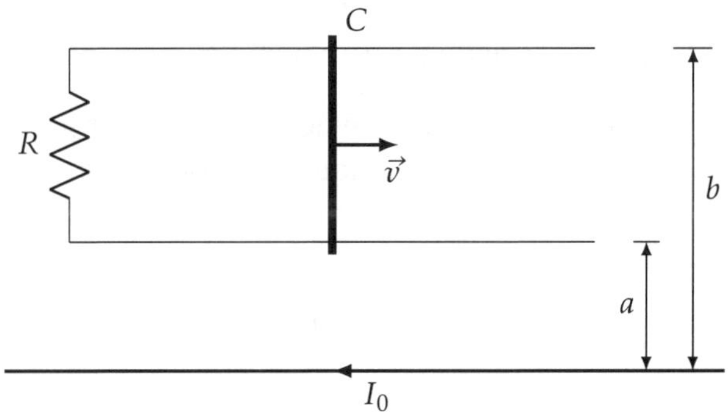

Figura 13.13: *Problema 9.*

10. O fluxo de campo magnético em um circuito fixo de resistência elétrica R varia no intervalo de tempo τ, com o tempo da seguinte forma:

$$\Phi_B = at(\tau - t)$$

sendo a uma constante. Determine o calor gerado no circuito durante o intervalo de tempo τ.

11. Em uma determinada região do espaço livre, há um campo elétrico dado por

$$\vec{E}(x,t) = E_0 \cos(\omega t - \beta x)\hat{j}$$

onde ω e β são constantes. Determine:

a) A densidade de corrente de deslocamento elétrico.
b) O campo magnético $\vec{B}$.
c) A constante ω e sua respectiva unidade.

12. Considere que, no vácuo, há um campo magnético dado por

$$\vec{B} = \mu_0 r[\sin\phi\hat{r} + 2\cos\phi\hat{\phi}]\cos(\omega t)$$

Determine a densidade de corrente de deslocamento e o campo elétrico.

13. O campo elétrico no espaço livre é representado por

$$\vec{E} = rte^{-(r+t)}\hat{\phi}$$

Determine o campo magnético $\vec{B}$ e a densidade de corrente $\vec{J}$.

14. É conhecido que o campo elétrico de uma onda esférica se propagando no vácuo é dada por

$$\vec{E} = \frac{E_0}{r}\sin\theta\cos(\omega t - kr)\hat{\theta}$$

Determine o campo $\vec{B}$ associado a essa onda.

15. A força em um elemento de corrente é determinada por $d\vec{F} = Id\vec{\ell} \times \vec{B}$. Supondo que cada elemento $d\vec{\ell}$ seja correspondente ao deslocamento $d\vec{r}$ e tendo a corrente elétrica constante, determine o trabalho feito por um agente externo e mostre que esse trabalho é igual a

$$W = Id\Phi_B$$

onde $d\Phi_B$ é a variação do fluxo.

16. Determine a corrente elétrica dependente do tempo que circula pelo indutor mostrado na Fig. 13.14 quando a chave S for fechada.

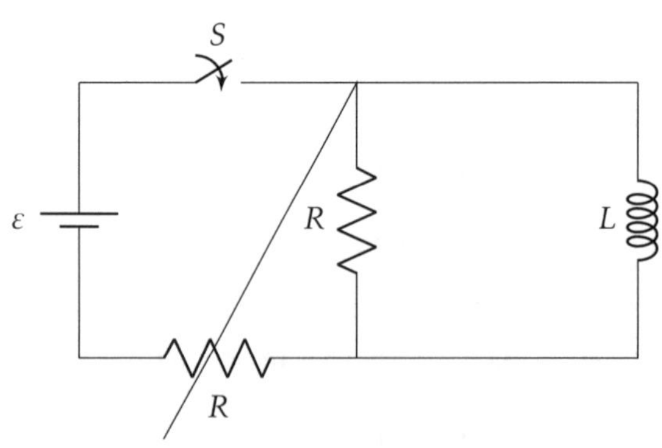

Figura 13.14: *Problema 16.*

17. No circuito mostrado na Fig. 13.15, a resistência interna da bateria e as resistências dos indutores podem ser desprezadas. Determine a corrente estacionária nos indutores de autoindutâncias L_1 e L_2 quando a chave S for fechada.

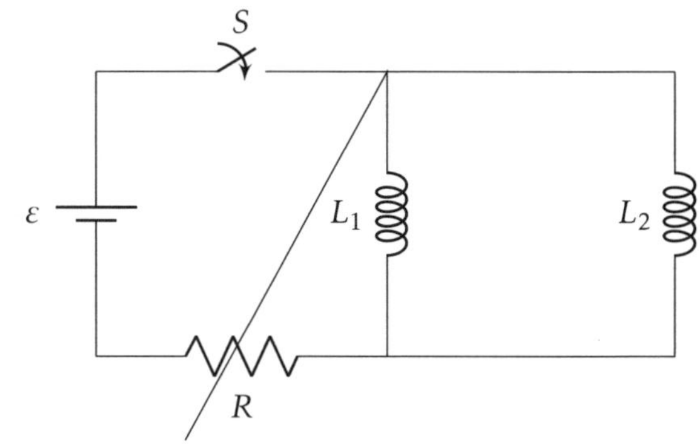

Figura 13.15: *Problema 17.*

18. Considere um fio de comprimento ℓ e raio a. Encontre a autoindutância desse fio.

19. Considere dois fios paralelos e de mesmo comprimento. Os fios, de comprimento ℓ, estão separados por uma distância d a partir dos respectivos centros. Sabendo que cada fio tem um raio igual a R, determine a autoindutância para o caso de $d >> R$.

20. Determine a autoindutância de um cabo coaxial de raio interno a, raio externo b e comprimento ℓ.

21. Determine a autoindutância de um cabo coaxial de raio interno a, raio externo b e comprimento ℓ se o condutor interno for feito de material cuja permeabilidade magnética seja $\mu = 2\mu_0/(1 + \alpha r)$, onde α é uma constante.

22. Considere um toroide de seção quadrada de lado h, como mostrado na Fig. 13.16. Determine a autoindutância para esse toroide.

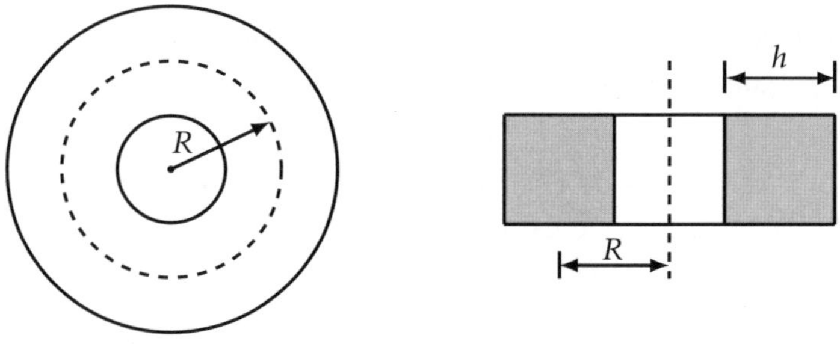

Figura 13.16: *Problema 22.*

23. A Fig. 13.17 mostra um resistor R, indutor L e um capacitor C conectados em série. Esse tipo de circuito é chamado de circuito RLC. Considere o circuito RLC mostrado na Fig. 13.17, onde o capacitor está carregado com uma quantidade de carga Q_0.

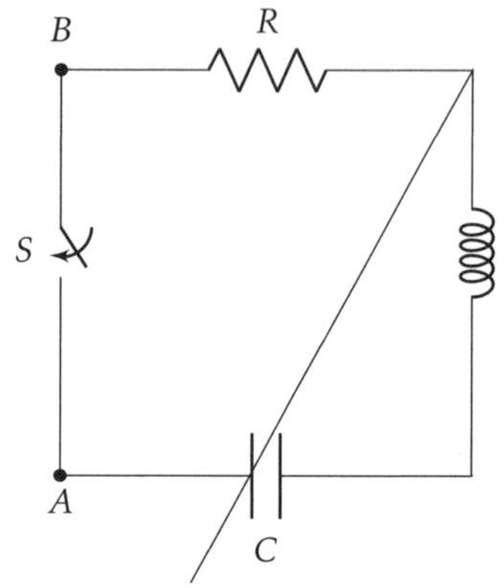

Figura 13.17: *Problema 23.*

Mostre que a diferença de potencial φ entre os pontos A e B, após fecharmos a chave S, é descrita por

$$\frac{d^2\varphi}{dt^2} + \gamma \frac{d\varphi}{dt} + \omega_0^2 \varphi = 0$$

com

$$\gamma = \frac{R}{L} \quad \text{e} \quad \omega_0 = \frac{1}{\sqrt{LC}}$$

Mostre ainda que, se $\omega_0 > \gamma$, a corrente no circuito é dada por

$$I = \frac{Q_0 \omega_0^2}{\sqrt{\omega_0^2 - \gamma^2}} e^{-\gamma t} \sin \omega t \qquad \text{com} \qquad \omega = \sqrt{\omega_0^2 - \gamma^2}$$

24. O circuito RLC mostrado na Fig. 13.18 possui uma fonte cuja tensão varia com o tempo da seguinte forma:

$$\varphi(t) = \varepsilon_0 \cos \omega_e t$$

sendo ω_e a frequência de oscilação da fonte, conhecida como fonte de tensão alternada. Mostre que, no estado estacionário, a corrente neste circuito é dada por

$$I = \frac{I_0}{\sqrt{(\omega_0^2 - \omega_e^2)^2 + \gamma^2 \omega_e^2}} \cos(\omega_e t + \phi)$$

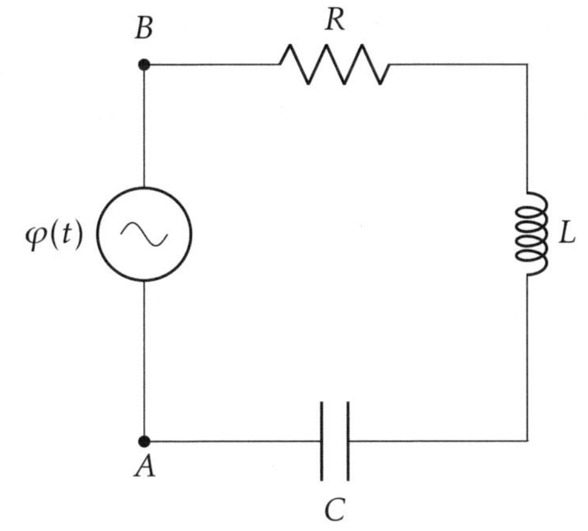

Figura 13.18: *Problema 24.*

com γ e ω_0 definidos no prob.23 e ϕ sendo a fase dada por,

$$\tan\phi = \frac{\omega_0^2 - \omega_e^2}{\gamma\omega_e}$$

Faça ainda um gráfico da amplitude da corrente em função de $\dfrac{\omega_e}{\omega_0}$, no intervalo $0 \leq \dfrac{\omega_e}{\omega_0} \leq 3$, com $I_0 = 1$A, $\gamma = 0,1$ e $0,5$ para obter o gráfico mostrado na Fig. 13.19.

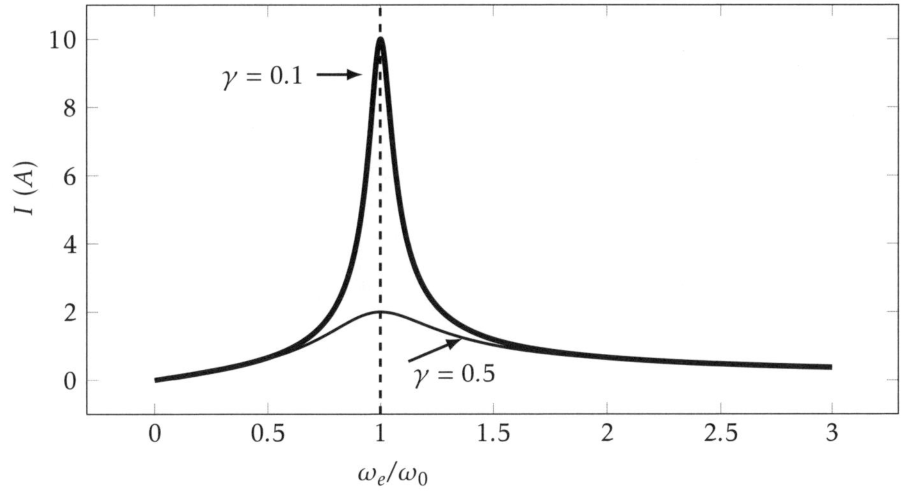

Figura 13.19: *Problema 24.*

É importante perceber que o circuito RLC com uma fonte de tensão alternada é um circuito ressonante, ou seja, para uma frequência ω_e igual a frequência natural do circuito (ω_0), a amplitude da corrente é máxima. Além disso, a largura do pico depende do fator $\gamma = R/L$, como podemos notar pela figura acima.

Capítulo 14

Equações de Maxwell

O entendimento dos fenômenos elétricos e magnéticos, suas causas e seus efeitos foram descritos ao longo do tempo em grande parte por observações experimentais e por diferentes cientistas, como Charles Augustin de Coulomb (1736-1806), Hans Christian Oersted (1777-1851), André Marie Ampère (1775-1836) e Michael Faraday (1791-1867). Porém, foi o cientista genial James Clerk Maxwell quem conseguiu descrever os fenômenos da eletrostática e do magnetismo com um conjunto de equações conhecido como as equações de Maxwell, unindo os conceitos das duas áreas para formar o eletromagnetismo. Além disso, através das equações de Maxwell, é possível descrever fenômenos relacionados a óptica, como a reflexão e a refração da luz. Isso mostra que o eletromagnetismo conseguiu unificar diferentes teorias em uma única e tem fundamental importância em inúmeras aplicações cotidianas, entre elas está a transmissão de informação via rádio, TV e a comunicação sem fio e etc. Maxwell mostrou também que variações temporais de campos elétricos e magnéticos no espaço se propagam como ondas, as chamadas ondas eletromagnéticas. O conjunto das equações de Maxwell é dado por

$$\nabla \cdot \vec{D} = \rho \tag{14.1}$$

$$\nabla \cdot \vec{B} = 0 \tag{14.2}$$

$$\nabla \times \vec{E} = -\frac{\partial \vec{B}}{\partial t} \tag{14.3}$$

$$\nabla \times \vec{B} = \mu_0 \vec{J} + \mu_0 \frac{\partial \vec{D}}{\partial t} \tag{14.4}$$

com

$$\vec{D} = \vec{P} + \epsilon_0 \vec{E} \tag{14.5}$$

onde $\vec{P}$ e $\vec{E}$ são os vetores polarização e campo elétrico.

As Eqs. (14.1) a (14.4) são conhecidas como as equações de Maxwell na forma diferencial pois são descritas usando operadores diferenciais, onde $\vec{D}$ é o vetor deslocamento elétrico de Maxwell, ρ a densidade de carga, $\vec{B}$ o campo magnético e $\vec{J}$ a densidade de corrente elétrica. Esse conjunto de equações também pode ser representado na forma integral, cuja demonstração deixaremos como exercício. É interessante perceber que as Eqs. (14.1) e (14.2) são parecidas, a diferença está no lado direito da Eq. (14.2). O fato de o divergente do campo magnético ser igual a zero indica que não há uma fonte de campo magnético similar à carga elétrica, ou seja, não existe um monopolo magnético. Embora existam vários estudos teóricos e experimentais que indicam a possível existência do monopolo magnético, esse ponto ainda está em aberto[1]. A Eq. (14.3) indica que a variação temporal do campo magnético pode gerar campo elétrico e que esse campo elétrico não é de origem eletrostática. Assim como cargas elétricas são fontes de campo elétrico, correntes elétricas e campos elétricos variando no tempo são fontes de campo magnético, como mostra a Eq. (14.4).

14.1 Equação da onda

Consideremos nas equações de Maxwell que ρ=0 e $\vec{J}$=0 (espaço livre), com isso temos

$$\nabla \cdot \vec{E} = 0 \tag{14.6}$$

$$\nabla \cdot \vec{B} = 0 \tag{14.7}$$

$$\nabla \times \vec{E} = -\frac{\partial \vec{B}}{\partial t} \tag{14.8}$$

$$\nabla \times \vec{B} = \mu_0 \epsilon_0 \frac{\partial \vec{E}}{\partial t} \tag{14.9}$$

É importante perceber que as equações de Maxwell descrevem as variações espaciais e temporais dos campos elétrico e magnético, além de formar um sistema de quatro equações e duas incógnitas, que são exatamente os campos elétrico e magnético, com a condição de $\rho = 0$ e $\vec{J} = 0$. Com o objetivo de encontrar a função que descreve o campo elétrico, para a nossa condição, vamos aplicar o operador $\nabla\times$ na Eq. (14.8), que representa a lei de Faraday, ou seja,

$$\nabla \times (\nabla \times \vec{E}) = -\frac{\partial}{\partial t}(\nabla \times \vec{B}) \tag{14.10}$$

[1]Algumas referencias sobre o tema foram citadas na seção 11.7.

Utilizando a identidade dada pela Eq. (1.150) na Eq. (14.10), conseguimos

$$\nabla(\nabla\cdot\vec{E})-\nabla^2\vec{E}=-\frac{\partial}{\partial t}(\nabla\times\vec{B}) \tag{14.11}$$

e substituindo as Eqs. (14.6) e (14.9) na Eq. (14.11), temos finalmente que

$$\nabla^2\vec{E}=\mu_0\epsilon_0\frac{\partial^2\vec{E}}{\partial t^2} \tag{14.12}$$

A Eq. (14.12) representa a evolução no tempo e no espaço do vetor campo elétrico $\vec{E}(\vec{r},t)$. Essa equação possui a mesma representação da equação de uma onda, indicando que o campo elétrico se propaga como uma onda com velocidade v dada por

$$v=\frac{1}{\sqrt{\mu_0\epsilon_0}} \tag{14.13}$$

Utilizando ϵ_0=8,85×10^{-12} C^2/Nm^2 e μ_0=4π×10^{-7} N/A^2 na Eq. (14.13), temos

$$v=2,998\times10^8\text{m/s} \tag{14.14}$$

que é a velocidade de propagação da luz no vácuo. É deixado como exercício encontrar que a equação de propagação do campo magnético $\vec{B}(\vec{r},t)$ também obedece à equação de onda e que ainda se propaga com a velocidade da luz no vácuo dada pela Eq. (14.13).

14.1.1 Velocidade da onda em um meio isotrópico e não condutor

Um meio isotrópico é caracterizado por possuir as mesmas características em todas as direções observadas. Para um meio isotrópico e não condutor, a velocidade da onda é dada por

$$v=\frac{1}{\sqrt{\kappa\epsilon_0\kappa_m\mu_0}} \tag{14.15}$$

onde κ e κ_m são, respectivamente, a constante dielétrica do meio e a permeabilidade magnética relativa. Para a maioria dos meios transparentes e não magnéticos, κ_m ≈1 e, dessa maneira, a velocidade da onda nesse meio é

$$v=\frac{1}{\sqrt{\kappa\epsilon_0\mu_0}}=\frac{c}{\sqrt{\kappa}} \tag{14.16}$$

com c sendo a velocidade da luz no vácuo. É importante notar que a velocidade da onda eletromagnética em um meio diferente do vácuo é menor por um fator $n=\sqrt{\kappa}$, onde n é chamado de índice de refração do meio, logo,

$$v=\frac{c}{n} \tag{14.17}$$

14.2 Ondas eletromagnéticas em uma dimensão

Consideremos que a onda eletromagnética se propaga ao longo do eixo z. A equação que descreve essa onda é a solução da equação

$$\frac{\partial^2 E(z,t)}{\partial z^2} = \frac{1}{v^2}\frac{\partial^2 E(z,t)}{\partial t^2} \tag{14.18}$$

É fácil mostrar, e por isso deixaremos como exercício, que a solução da equação da onda em uma dimensão é dada por

$$E(z,t) = E_0 \cos(kz - \omega t) \tag{14.19}$$

onde E_0 é a amplitude da onda, k o número de onda ω a frequência angular e $(kz - \omega t)$ é a fase da onda. O sinal (–) indica que a direção de propagação da onda é ao longo do eixo Oz positivo. A solução é chamada de função de onda plana harmônica.

14.2.1 Velocidade de fase e número de onda

Substituindo a Eq. (14.19) na equação de onda dada pela Eq. (14.18), encontramos que a velocidade da onda é

$$v = \frac{\omega}{k} \tag{14.20}$$

com ω e k sendo, respectivamente, a frequência angular e o número de onda. A velocidade v dada pela Eq. (14.20) é chamada de velocidade de fase. Consideremos a Fig. 14.1, que mostra a evolução do campo elétrico em função da coordenada z. Levando em

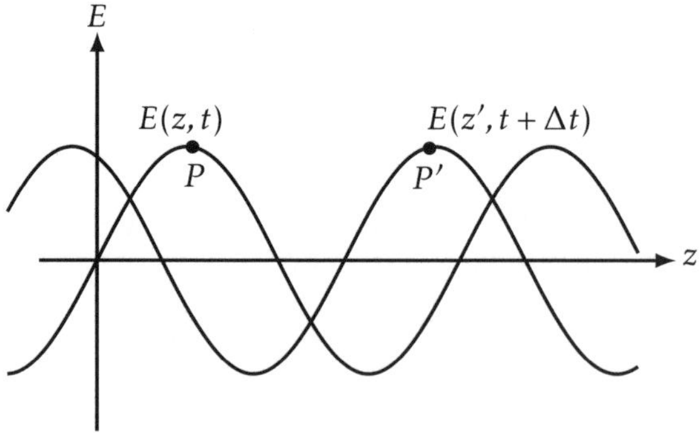

Figura 14.1: *Campo elétrico $E(z,t)$ em função da posição.*

conta que os pontos P e P' tem em comum a fase da onda, obtém-se

$$kz - \omega t = kz' - \omega(t + \Delta t) \tag{14.21}$$

e, rearranjando os termos, é possível ver que

$$\Delta z = \frac{\omega}{k} \Delta t \tag{14.22}$$

Para um intervalo de tempo $\Delta t{=}T$, com T sendo o período, obtém-se para o deslocamento espacial $\Delta z{=}\lambda$, onde λ é o comprimento de onda. Dessa forma, a velocidade de fase e o número de onda são dados por

$$v = \lambda f \tag{14.23}$$

$$k = \frac{2\pi}{\lambda} \tag{14.24}$$

onde f é a frequência da onda dada em *hertz*.

14.3 Espectro eletromagnético

As ondas eletromagnéticas podem ser classificadas de acordo com o tamanho do comprimento de onda ou pela frequência. Na Fig. 14.2, mostramos o espectro eletromagnético, que representa os diferentes intervalos de comprimento de onda e frequência.

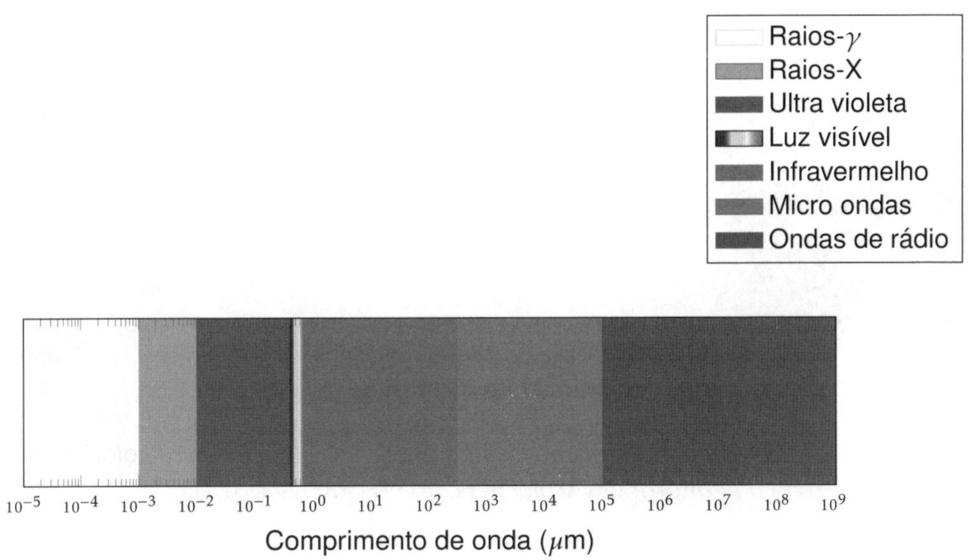

Figura 14.2: *Espectro eletromagnético (Veja a figura colorida na página do livro no site da editora: www.blucher.com.br/9786555061703).*

São chamadas de ondas de rádio, ou de radiofrequência, as ondas com comprimentos de onda variando entre alguns quilômetros e alguns centímetros (0,3 m), produzidas por instrumentos eletrônicos, sobretudo os circuito oscilantes, e com aplicações em sistemas de radiodifusão.

As micro-ondas são ondas eletromagnéticas cujo comprimento de onda está inserido no intervalo entre 10^{-3} e 0,3 m. São geradas por instrumentos eletrônicos e com aplicações em sistemas de comunicação e em radares. Já as ondas eletromagnéticas que possuem comprimentos de ondas entre $7{,}8\times10^{-7}$m e 10^{-3}m pertencem a faixa do espectro eletromagnético chamada de infravermelho. A região do infravermelho é subdividida em outras três regiões: infravermelho distante (10^{-5} m e 10^{-3} m), infravermelho médio (3×10^{-6} m a 3×10^{-5} m) e infravermelho próximo ($7{,}8 \times10^{-7}$ m a 3×10^{-6} m). Corpos aquecidos são fontes de radiação infravermelho.

Uma parcela da radiação eletromagnética emitida pelo Sol e cujo comprimento de onda está entre 6×10^{-10} m e $3{,}8 \times10^{-7}$ m é conhecida como ultravioleta.

Quando elétrons altamente energéticos são desacelerados, eles produzem o que chamamos de raios-X. Uma aplicação importante dessas ondas eletromagnéticas é o diagnóstico por imagens. Os raios-X são ondas de comprimento de onda pequeno, contido no intervalo de 10^{-12}m e 10^{-9}m, portanto são muito energéticos. Devido a isso, os raios-X são ondas ionizantes, ou seja, são capazes de modificar a estrutura das moléculas.

Uma região importante do espectro eletromagnético é a região do visível. Ela possui comprimento de onda que varia de 400 nm a 780 nm. O nome "visível" está associado ao fato de o olho ser sensível a essa faixa de comprimento de onda. As diferentes sensações que a luz produz, sendo uma delas chamada de cores, dependem do comprimento de onda e da frequência da onda eletromagnética. Na Fig. 14.3, mostramos a faixa de cores com o respectivo intervalo de comprimento de onda para a região do visível.

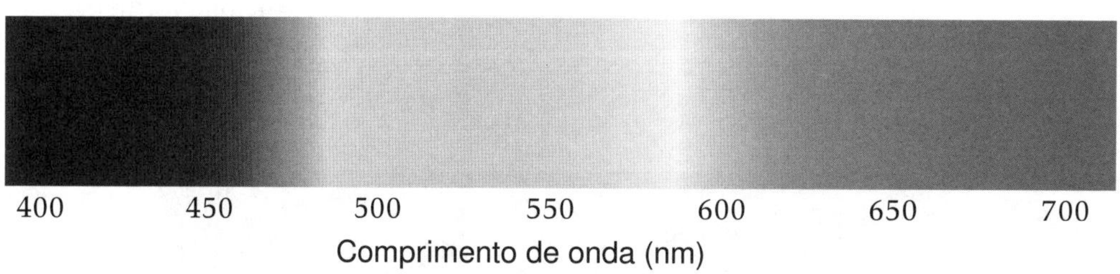

Figura 14.3: *Espectro eletromagnético - região do visível (Veja a figura colorida na página do livro no site da editora: www.blucher.com.br/9786555061703).*

A faixa do espectro eletromagnético de comprimentos de onda compreendida entre 10^{-14}m e 10^{-10}m é conhecida como raios gamas. Os raios gamas são mais energéticos que os raios-X. Eles são produzidos por elementos radioativos e não são facilmente absorvidos pela maioria das substâncias. Entretanto, quando o centro absorvedor for um tecido vivo, os efeitos da radiação gama podem ser extremamente perigosos.

Como mencionamos anteriormente, as ondas eletromagnéticas nas diferentes faixas do espectro possuem energias diferentes. A energia da onda pode ser determinada por

$$E = hf \tag{14.25}$$

com h sendo uma constante e f, a frequência da onda. A constante h é a constante de Planck e seu valor é igual a 6,626×10^{-34}Js. A partir da Eq. (14.25), fica claro que, quanto maior a frequência da onda, maior a energia associada, e quanto menor o comprimento de onda, maior a energia da onda.

14.4 Ondas eletromagnéticas planas

A forma que uma onda se propaga no espaço depende do tipo de perturbação que a fonte promove. Quando jogamos uma pedra em um lago, ondas se propagam na sua superfície do lago. Já quando ocorre a explosão de uma bomba, ondas em três dimensões se propagam pelo espaço. Em ambos os casos, as ondas descritas são ondas mecânicas, entretanto isso também vale para ondas eletromagnéticas. Consideremos o campo elétrico

$$\vec{E}(\vec{r},t) = \vec{E}_0 \cos(\vec{k}\cdot\vec{r} - \omega t) \tag{14.26}$$

que é solução da equação de onda em três dimensões e que o vetor de onda e o vetor posição são iguais a

$$\vec{k} = k_x\hat{i} + k_y\hat{j} + k_x\hat{k} \tag{14.27}$$

$$\vec{r} = x\hat{i} + y\hat{j} + z\hat{k} \tag{14.28}$$

Levando em conta os vetores $\vec{r}$ e $\vec{k}$ mostrados acima, podemos escrever a fase da onda, $\varphi = (\vec{k}\cdot\vec{r} - \omega t)$, como

$$\varphi = k_x x + k_y y + k_z z - \omega t \tag{14.29}$$

Para fase constante, a Eq. (14.29) representa um plano cuja equação é dada por

$$k_x x + k_y y + k_z z = cte \tag{14.30}$$

onde o vetor normal a esse plano tem como componentes k_x, k_y e k_z. É importante notar que a direção de propagação da onda fica agora determinada pelo vetor $\vec{k}$. Dessa maneira, pode-se dizer que ondas planas são aquelas cujas frentes de ondas são planos como os representado na Fig. 14.4.

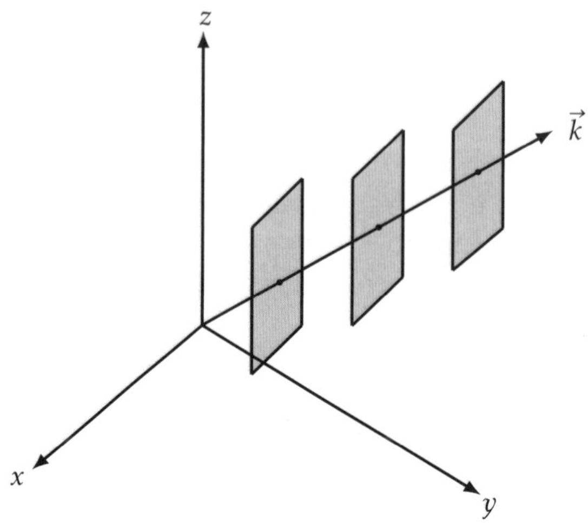

Figura 14.4: *Propagação de ondas planas.*

14.5 Velocidade de grupo

A velocidade de fase de uma onda eletromagnética está associada à velocidade em que o perfil da onda se propaga. Essa velocidade, como demonstrado, pode ser modificada pela presença de um meio diferente do vácuo. Considere agora duas ondas, de mesma amplitude U_0, se propagando ao longo do eixo z, ou seja,

$$U_1 = U_0 e^{i(k_1 z - \omega_1 t)} \tag{14.31}$$

$$U_2 = U_0 e^{i(k_2 z - \omega_2 t)} \tag{14.32}$$

com k_1, k_2, ω_1 e ω_2 sendo os respectivos números de ondas e as frequências angulares de cada uma. Vamos considerar ainda que as frequências angulares e os números de ondas sejam ligeiramente diferentes, ou seja,

$$\omega_1 = \omega + \Delta\omega \tag{14.33}$$

$$\omega_2 = \omega - \Delta\omega \tag{14.34}$$

$$k_1 = k + \Delta k \tag{14.35}$$

$$k_2 = k - \Delta k \tag{14.36}$$

Suponha agora que ocorra, em um determinado ponto, a superposição das ondas U_1 e U_2, ou seja,

$$U = U_1 + U_2 \tag{14.37}$$

Substituindo U_1 e U_2 dados pelas Eqs. (14.31) e (14.32), temos

$$U = U_0 e^{i[(k+\Delta k)z-(\omega+\Delta\omega)t]} + U_0 e^{i[(k-\Delta k)z-(\omega-\Delta\omega)t]} \tag{14.38}$$

e, após rearranjar os termos, conseguimos

$$U = 2U_0 e^{i(kz-\omega t))} \cos(\Delta kz - \Delta\omega t) \tag{14.39}$$

A interpretação da Eq. (14.39) pode ser feita analisando as Figs.14.5 e 14.6. Na primeira, temos a representação das ondas U_1 e U_2 se propaganda ao longo da direção z; já a segunda representa a superposição das duas.

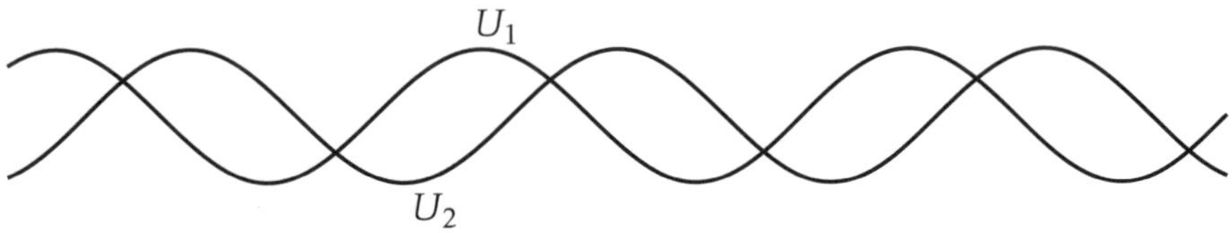

Figura 14.5: *Propagação das ondas U_1 e U_2 ao longo da direção z.*

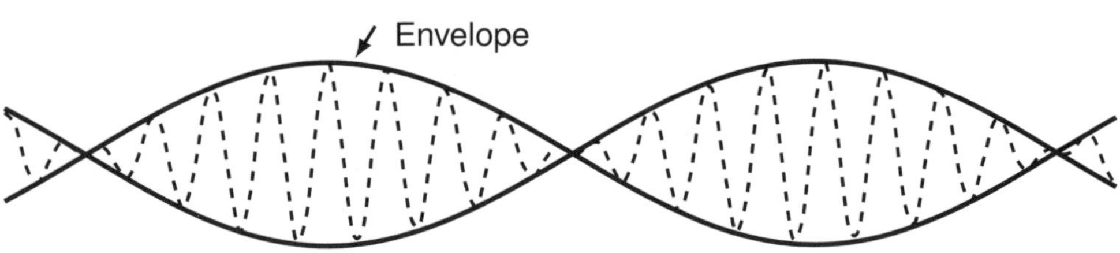

Figura 14.6: *Superposição das ondas U_1 e U_2.*

A Eq. (14.39) representa uma onda cuja amplitude está modulada. A parte modulada se propaga com uma velocidade que depende do modo como a fase da onda envelope varia no tempo. Essa velocidade é chamada de velocidade de grupo, que é dada por

$$v_g = \frac{d\omega}{dk} \tag{14.40}$$

A velocidade de grupo é a velocidade de propagação do grupo de onda envolvido pela onda envelope. Para o caso onde $\omega = kv$, e com $v = v(k)$, a velocidade de grupo v_g

pode ser determinada da seguinte forma:

$$v_g = \frac{d\omega}{dk} \tag{14.41}$$

$$v_g = v + k\frac{dv}{dk} \tag{14.42}$$

A partir da equação acima, fica claro que a velocidade de grupo (v_g) pode ser maior que a velocidade de fase v, entretanto, para o vácuo, temos que $v_g = v = c$, onde c é a velocidade da luz. Em um meio dispersivo cujo índice de refração é igual a $n = n(k)$, pode-se mostrar, e deixamos como exercício, que a velocidade de grupo v_g é dada por

$$v_g = v\left(1 - \frac{k}{n}\frac{dn}{dk}\right) \qquad \text{com} \qquad v = \frac{c}{n} \tag{14.43}$$

14.6 Natureza vetorial da luz

As equações de Maxwell mostram que a luz é o resultado de campos elétrico e magnético se propagando no tempo e no espaço. Para uma análise mais aprofundada sobre como esses campos se propagam, vamos analisar com um pouco mais de detalhes o conjunto de Eqs. (14.1) a (14.4). É fácil de perceber que essas equações envolvem derivadas temporais e espaciais. Diante disso, tomemos a derivada temporal e espacial (em relação a x) da função

$$U = U_0 e^{i(\vec{k}\cdot\vec{r} - \omega t)} \tag{14.44}$$

que representa os campos elétrico e magnético se propagando no tempo e no espaço, com U_0 sendo a amplitude, $\vec{k}$ o vetor de onda e ω a frequência angular. As derivadas dessa função são

$$\frac{\partial U}{\partial t} = -i\omega U \tag{14.45}$$

$$\frac{\partial U}{\partial x} = ik_x U \tag{14.46}$$

A partir das relações (14.45) e (14.46), fica claro que as derivadas temporal e a espacial da Eq.(14.44) são proporcionais à função U. Dessa maneira, essas operações podem ser facilitadas através das seguintes correspondências:

$$\frac{\partial}{\partial t} \equiv -i\omega \tag{14.47}$$

$$\nabla \equiv i\vec{k} \tag{14.48}$$

Fazendo uso das relações equivalentes (14.47) e (14.48) nas equações de Maxwell, com $\rho = 0$ e $\vec{J} = 0$, tem-se

$$\vec{k} \cdot \vec{E} = 0 \tag{14.49}$$

$$\vec{k} \cdot \vec{B} = 0 \tag{14.50}$$

$$\vec{k} \times \vec{E} = \omega \vec{B} \tag{14.51}$$

$$\vec{k} \times \vec{B} = -\epsilon_0 \mu_0 \omega \vec{E} \tag{14.52}$$

As Eqs. (14.49) e (14.50) mostram que o vetor campo elétrico ($\vec{E}$) e o vetor campo magnético ($\vec{B}$) são perpendiculares ao vetor de onda $\vec{k}$. Podemos concluir que os vetores $\vec{E}$ e $\vec{B}$ são mutuamente perpendiculares entre si e ao vetor de onda $\vec{k}$. Como a direção de propagação é ao longo do vetor $\vec{k}$, é possível concluir ainda que os campos vetoriais $\vec{E}$ e $\vec{B}$ formam um plano que tem o vetor $\vec{k}$ como sendo normal a esse plano. Na Fig. 14.7, mostramos uma representação dos campos elétrico e magnético se propagando.

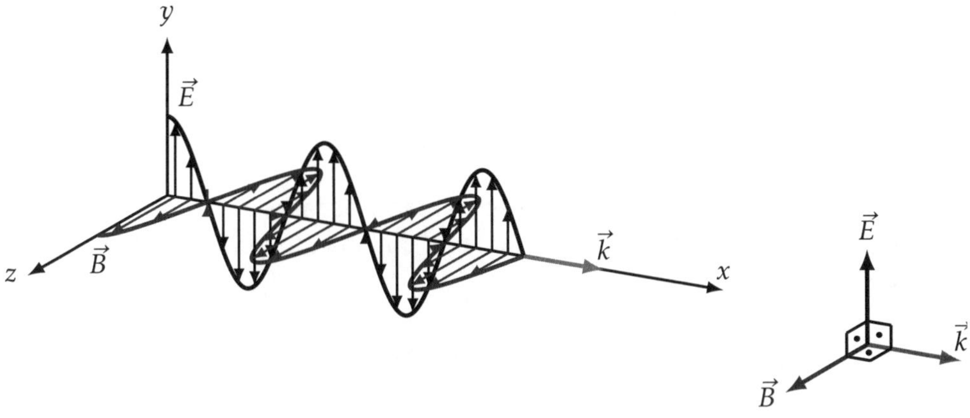

Figura 14.7: *Propagação dos campos elétrico $\vec{E}$ e magnético $\vec{B}$ ao longo da direção do vetor $\vec{k}$.*

Combinando as Eqs. (14.51) e (14.52), encontramos que a razão entre as amplitudes dos campos elétrico e magnético no vácuo é dada por

$$\frac{E}{B} = c \tag{14.53}$$

Já para um meio isotrópico, transparente e não magnético, a razão entre as amplitudes fica sendo dada por

$$\frac{E}{B} = \frac{Z_0}{\mu_0 n} \tag{14.54}$$

onde n é o índice de refração do meio e Z_0 é a impedância do vácuo definhada como

$$Z_0 = \sqrt{\frac{\mu_0}{\epsilon_0}} \tag{14.55}$$

Utilizando μ_0=$4\pi \times 10^{-7}$ NA^{-2} e ϵ_0=8,85$\times 10^{-12}$ C^{2}N^{-1}m^{-2}, temos que $Z_0 \approx$ 377Ω.

14.6.1 Polarização

A direção de vibração do vetor campo elétrico determina uma característica importante das ondas eletromagnéticas, chamada de polarização. Uma onda eletromagnética pode ser linear ou circularmente polarizada. No primeiro caso, o vetor campo elétrico tem módulo, direção e sentido constantes ao longo do tempo. Já o segundo tem a direção e o sentido do vetor campo elétrico variando ao longo do tempo, porém seu módulo se mantém constante. Além disso, se o campo elétrico da luz estiver variando a direção, o sentido e o tamanho do vetor ao longo do tempo, dizemos que a onda possui polarização elíptica. Consideremos as componentes x e y do vetor campo elétrico $\vec{E}(z,t)$ de uma onda se propagando ao longo do eixo z como

$$E_x = E_{0x} \cos \varphi \tag{14.56}$$

$$E_y = E_{0y} \cos(\varphi + \phi) \tag{14.57}$$

com $\varphi = kz - \omega t$, E_{0x}, E_{0y} e ϕ sendo respectivamente as fases das ondas, as amplitudes e a diferença de fase entre as componentes. Combinando as Eqs. (14.56) e (14.57), encontramos

$$\left(\frac{E_x}{E_{0x}}\right)^2 + \left(\frac{E_y}{E_{0y}}\right)^2 - 2\frac{E_x}{E_{0x}} \cdot \frac{E_y}{E_{0y}} \cos \phi = \sin^2 \phi \tag{14.58}$$

A Eq. (14.58) é a equação de uma elipse, cujo eixo maior está rodado de um ângulo ϕ em relação ao eixo x. Isso mostra que o vetor campo elétrico da onda, ao longo do tempo, ocupa os pontos (x,y) que representam uma elipse. Se $\phi = \pi/2$, a elipse formada tem o eixo maior paralelo ao eixo x, e se as amplitudes E_{0x} e E_{0y} forem iguais, temos que os pontos ocupados pelo vetor campo elétrico no espaço são um círculo. No primeiro caso, dizemos que a luz possui polarização elíptica, e, no segundo, a luz é circularmente polarizada. É interessante notar que se $\phi = 0$ ou π, temos luz linearmente polarizada. Na Fig. 14.8, mostramos os diversos tipos de polarização. Entretanto, diferentemente dos casos mostrados na Fig. 14.8, dizemos que a luz é não polarizada quando o vetor campo elétrico possui direção e sentido variando randomicamente ao longo do tempo.

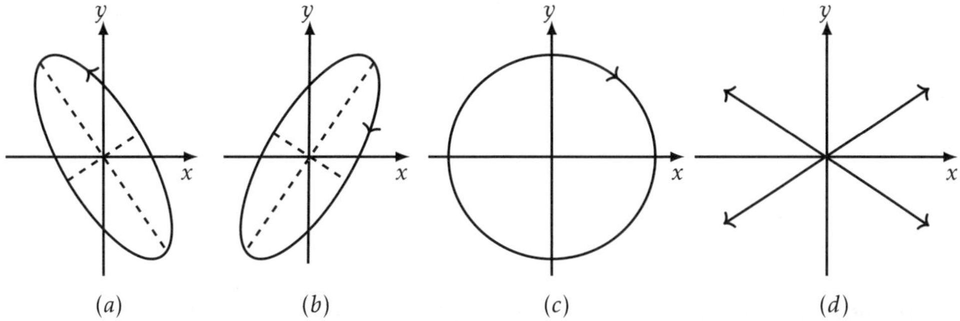

Figura 14.8: *Tipos de polarização da luz. Luz elipticamente polarizada (a) e (b); circularmente polarizada (c) e linearmente polarizada (d). As setas indicam o sentido do campo elétrico ao longo do tempo.*

14.7 Fluxo de energia e o vetor de Poynting

Uma propriedade importante das ondas, seja ela mecânica ou eletromagnética, é o transporte de energia. Para determinar o fluxo de energia S devido à energia transportada por uma onda eletromagnética, consideremos que a onda mostrada na Fig. 14.9 transporta energia por unidade de tempo e de área dada por

$$S = \frac{\text{Energia/Tempo}}{\text{Área}} \tag{14.59}$$

levando em conta que podemos escrever que a energia associada à onda possa ser dada por

$$E = uV \tag{14.60}$$

com u sendo a densidade de energia e V, o volume do cilindro de comprimento $c\Delta t$ e área A. Dessa forma, o fluxo de energia S é

$$S = uc \tag{14.61}$$

onde c é a velocidade da luz.

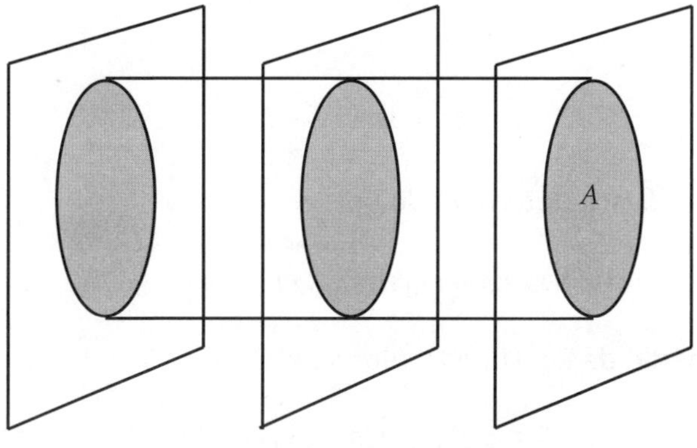

Figura 14.9: *Frente de onda transportando energia.*

Como a onda eletromagnética é a composição de um campo elétrico e de um campo magnético, a densidade de energia é então dada por

$$u = u_E + u_B \tag{14.62}$$

$$u = \frac{1}{2}\epsilon_0 E^2 + \frac{1}{2\mu_0}B^2 \tag{14.63}$$

onde o primeiro termo é a densidade de energia associada ao campo elétrico, Eq. (7.57), e o segundo está associado ao campo magnético, Eq. (13.18). Utilizando a Eq. (14.53) na Eq. (14.63), determinamos o fluxo de energia S como

$$S = \frac{1}{\mu_0}EB \tag{14.64}$$

Sabendo que os vetores $\vec{E}$ e $\vec{B}$ são perpendiculares e que a energia se propaga ao longo da direção do vetor de onda, que é perpendicular ao plano formado pelos vetores $\vec{E}$ e $\vec{B}$, podemos escrever o fluxo S da seguinte forma:

$$\vec{S} = \vec{E} \times \vec{H} \tag{14.65}$$

com $\vec{H} = \vec{B}/\mu_0$. O vetor $\vec{S}$ é chamado de vetor de Poynting e seu módulo representa a potência por unidade de área. De uma maneira mais geral, o vetor de Poynting é dado por

$$\vec{S} = \vec{E} \times \vec{H}^* \tag{14.66}$$

onde $\vec{H}^*$ é o complexo conjugado do vetor $\vec{H}$.

Afim de um melhor entendimento do vetor de Poynting $\vec{S}$, consideremos uma onda plana cujos campos elétrico e magnético são dados por

$$\vec{E} = \vec{E}_0 \cos(\vec{k}\cdot\vec{r} - \omega t) \tag{14.67}$$

$$\vec{H} = \vec{H}_0 \cos(\vec{k}\cdot\vec{r} - \omega t) \tag{14.68}$$

Dessa forma, o vetor $\vec{S}$ fica determinado por

$$\vec{S} = \vec{E}_0 \times \vec{H}_0^* \cos^2(\vec{k}\cdot\vec{r} - \omega t) \tag{14.69}$$

Tomando o valor médio da Eq. (14.69), tem-se

$$<\vec{S}> = \frac{1}{2}\vec{E}_0 \times \vec{H}_0^* \tag{14.70}$$

uma vez que $< \cos^2(\vec{k}\cdot\vec{r}-\omega t) >$=1/2. Como a energia se propaga na direção e no sentido do vetor de onda $\vec{k}$, o vetor de Poynting $\vec{S}$ pode ainda ser escrito como

$$< \vec{S} >= \frac{1}{2}E_0H_0^*\frac{\vec{k}}{k} = \frac{1}{2}E_0H_0^*\hat{k} \tag{14.71}$$

onde $\hat{k}$ é o vetor unitário normal à frente de onda. Utilizando a Eq. (14.54) na Eq. (14.71), o módulo do vetor $< \vec{S} >$ fica definido como a irradiância, dado por

$$I = |< \vec{S} >| = \frac{n}{2Z_0}E_0^2 \tag{14.72}$$

onde n é o índice de refração.

14.8 Problemas

1. O campo elétrico de uma onda eletromagnética, em um determinado meio, é dado por

$$\vec{E} = 20\sin(2\pi\times 10^6 t - 6x)\hat{k} \qquad V/m$$

a) Qual é o sentido de propagação da onda?

b) Encontre o período, o comprimento de onda e a velocidade de propagação da onda.

c) Faça um gráfico dessa onda.

2. Mostre que a função $f(z-ut)$ é solução da equação de onda unidimensional, onde f é uma função qualquer de $(z-ut)$.

$$\frac{\partial^2 f}{\partial z^2} = \frac{1}{u^2}\frac{\partial^2 f}{\partial t^2}$$

3. Prove que a função, em coordenadas esféricas,

$$f(r,t) = \frac{1}{r}e^{i(kr-\omega t)}$$

é solução da equação de onda em três dimensões.

4. O campo elétrico de uma onda é dado pela expressão real

$$\vec{E} = E_0[\cos(kz-\omega t)\hat{i} + b\cos(kz-\omega t+\phi)\hat{j}]$$

Mostre que esse campo elétrico é equivalente à expressão complexa

$$\vec{E} = E_0(\hat{i} + be^{i\phi}\hat{j})e^{i(kz-\omega t)}$$

5. O campo elétrico de uma onda eletromagnética no vácuo é dada por

$$\vec{E} = 30\cos\left(2\pi \times 10^8 t - \frac{2\pi}{3}x\right)\hat{j}$$

onde E é dado em V/m, t em segundos e x em metros. Determine:
a) A frequência f.
b) O comprimento de onda.
c) A direção de propagação.
d) A direção do campo magnético.

6. O campo magnético de uma onda eletromagnética é dado por

$$\vec{B} = 10\mu_0 \sin(\omega t - az)\hat{i} \qquad mT$$

em um meio não condutor ($\sigma = 0$), não magnético e de constante dielétrica $\kappa = 4$. Determine:
a) A frequência ω.
b) O comprimento de onda λ.
c) A densidade de corrente de deslocamento.

7. Prove, a partir das equações de Maxwell, que

$$\frac{\partial U}{\partial t} = -\oint_S (\vec{E} \times \vec{H}) \cdot \hat{n} dS - \int_v \vec{E} \cdot \vec{J} dv$$

com U dado por

$$U = \frac{1}{2} \int (\vec{E} \cdot \vec{D} + \vec{H} \cdot \vec{B}) dv$$

8. Prove que, para um meio linear, homogêneo, isotrópico na ausência de fonte, o campo elétrico $\vec{E}$ e o campo magnético $\vec{H}$ devem satisfazer a equação de onda do tipo

$$\nabla^2 \vec{A} + (\omega^2 \mu\epsilon - i\omega\mu\sigma)\vec{A} = 0$$

com $\vec{A}$ representando o campo elétrico $\vec{E}$ ou o vetor $\vec{H}$.

9. Utilizando as equações de Maxwell, mostre que é possível obter a equação da continuidade, ou seja,

$$\nabla \cdot \vec{J} + \frac{\partial \rho}{\partial t} = 0$$

10. Em um referencial inercial, há um campo magnético dado por

$$\vec{B}_1 = b\frac{y\hat{i} - x\hat{j}}{x^2 + y^2}$$

onde b é uma constante. Determine o campo elétrico $\vec{E}_2$ em um referencial se movendo com velocidade constante igual a $\vec{v} = v\hat{k}$. Considere a velocidade como não relativística ($v \ll c$) e que o eixo z nos diferentes referenciais coincidem.

11. Em um referencial inercial, há um campo elétrico dado por

$$\vec{E}_1 = a\frac{x\hat{i} + y\hat{j}}{x^2 + y^2}$$

onde a é uma constante. Determine o campo elétrico $\vec{B}_2$ em um referencial se movendo com velocidade constante igual a $\vec{v} = v\hat{k}$. Considere a velocidade como não relativística ($v \ll c$) e que o eixo z nos diferentes referenciais coincidem.

12. Em uma região do espaço livre, há uma campo magnético dado por

$$\vec{B} = B_0 e^{ax}\sin(ky - \omega t)\hat{k}$$

Determine:
a) O campo elétrico $\vec{E}$.
b) A velocidade de propagação v desse campo.

13. Demonstre as seguintes relações entre a velocidade de fase v e a velocidade de grupo v_g em um meio dispersivo.

$$v_g = v + k\frac{dv}{dk}$$

$$v_g = v - \lambda\frac{dv}{d\lambda}$$

14. Determine a velocidade de fase e de grupo para um meio cuja relação de dispersão é $\omega = ak^2$, sendo a constante.

15. Mostre que a velocidade de grupo pode ser escrita da seguinte forma:

$$v_g = \frac{c}{n + \omega(dn/d\omega)}$$

16. Mostre que a velocidade de grupo pode ser escrita da seguinte forma:

$$v_g = \frac{c}{n} + \frac{\lambda c}{n^2}\frac{dn}{d\lambda}$$

17. Descreva o estado de polarização de cada uma das seguintes ondas:
a) $\vec{E} = E_0\cos(kz - \omega t)\hat{i} - E_0\cos(kz - \omega t)\hat{j}$.
b) $\vec{E} = E_0\sin[2\pi(z/\lambda - vt)]\hat{i} - E_0\sin[2\pi(z/\lambda - vt)]\hat{j}$.
c) $\vec{E} = E_0\sin(\omega t - kz)\hat{i} - E_0\sin(\omega t - kz - \pi/4)\hat{j}$.
d) $\vec{E} = E_0\cos(\omega t - kz)\hat{i} - E_0\cos(\omega t - kz + \pi/2)\hat{j}$.

18. Escreva uma expressão para uma onda de frequência angular ω e amplitude E_0 propagando-se ao longo de uma linha reta no plano xy, a 45° com o eixo x e polarizada linearmente naquele plano. Para $t = 0$, $x = 0$ e $y = 0$, o campo é nulo.

19. Considere que o campo elétrico de uma onda eletromagnética é dado por

$$\vec{E} = E_0 \cos[\omega(\sqrt{\epsilon\mu}z - t)]\hat{i} + E_0 \sin[\omega(\sqrt{\epsilon\mu}z - t)]\hat{j}$$

onde E_0 é uma constante. Determine o campo magnético $\vec{B}$ e o vetor de Poynting correspondente.

Apêndice A

Conceitos fundamentais de matemática

A.1 Regras de potenciação

$$a^0 = 1 \quad a \neq 0$$

$$a^m.a^n = a^{m+n}$$

$$\frac{a^m}{a^n} = a^{m-n}$$

$$\frac{1}{a^m} = a^{-m}$$

$$\sqrt[n]{a} = a^{1/n}$$

$$\sqrt[n]{a^m} = a^{m/n}$$

$$(a^m)^n = a^{m.n}$$

$$(a.b)^m = a^m.b^m$$

$$\sqrt[n]{\frac{a}{b}} = \frac{\sqrt[n]{a}}{\sqrt[n]{b}}$$

A.2 Propriedade dos logaritmos

$$\ln(M.N) = \ln M + \ln N$$

$$\ln\left(\frac{M}{N}\right) = \ln M - \ln N$$

$$\ln(M)^q = p \ln M$$

$$\log_b M = \frac{\log_a M}{\log_a b}$$

A.3 Relações trigonométricas

$$\sin^2 a + \cos^2 a = 1$$

$$\sin 2a = 2 \sin a \cos a$$

$$\cos 2a = \cos^2 a - \sin^2 a$$

$$\tan^2 a + 1 = \sec^2 a$$

$$\sin(a \pm b) = \sin a \cos b \pm \cos a \sin b$$

$$\cos(a \pm b) = \cos a \cos b \mp \sin a \sin b$$

$$\tan(a \pm b) = \frac{\tan a \pm \tan b}{1 \mp \tan a \tan b}$$

$$\sin a + \sin b = 2\sin\left(\frac{a+b}{2}\right)\cos\left(\frac{a-b}{2}\right)$$

$$\sin a - \sin b = 2\cos\left(\frac{a+b}{2}\right)\sin\left(\frac{a-b}{2}\right)$$

$$\cos a + \cos b = 2\cos\left(\frac{a+b}{2}\right)\cos\left(\frac{a-b}{2}\right)$$

$$\cos a - \cos b = 2\sin\left(\frac{a+b}{2}\right)\sin\left(\frac{b-a}{2}\right)$$

$$\sin a \sin b = \frac{1}{2}\left[\cos(a-b) - \cos(a+b)\right]$$

$$\cos a \cos b = \frac{1}{2}\left[\cos(a-b) + \cos(a+b)\right]$$

$$\sin a \cos b = \frac{1}{2}\left[\sin(a-b) + \sin(a+b)\right]$$

A.4 Números complexos

Soma e subtração

$$(a + \boldsymbol{i}b) \pm (c + \boldsymbol{i}d) = (a \pm c) + (b \pm d)\boldsymbol{i} \qquad \boldsymbol{i} = \sqrt{-1}$$

Multiplicação

$$(a + \boldsymbol{i}b)(c + \boldsymbol{i}d) = (ac - bd) + (ad + bc)\boldsymbol{i} \qquad \boldsymbol{i} = \sqrt{-1}$$

Divisão

$$\frac{a + \boldsymbol{i}b}{c + \boldsymbol{i}d} = \frac{a + \boldsymbol{i}b}{c + \boldsymbol{i}d}\left(\frac{c - \boldsymbol{i}d}{c - \boldsymbol{i}d}\right) = \frac{ac + bd}{c^2 + d^2} + \left(\frac{bc - ad}{c^2 + d^2}\right)\boldsymbol{i} \qquad \boldsymbol{i} = \sqrt{-1}$$

Forma polar de um número complexo

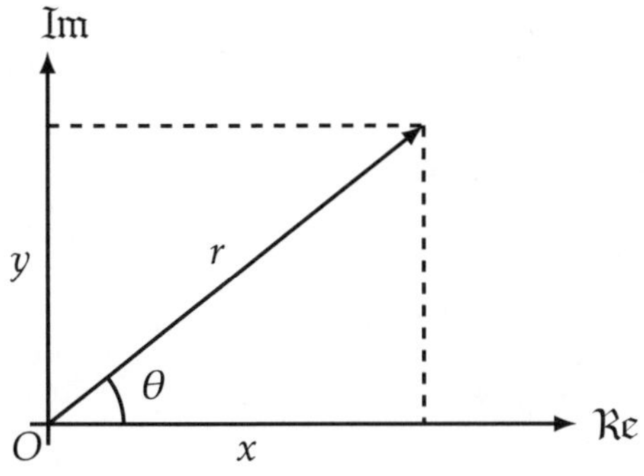

$$x = r\cos\theta$$

$$y = r\sin\theta$$

$$x + \boldsymbol{i}y = r(\cos\theta + \boldsymbol{i}\sin\theta)$$

x é a parte real e y, a parte imaginária do número $(x + \boldsymbol{i}y)$

$$r = \sqrt{x^2 + y^2}$$

Relação de Euler

$$e^{i\theta} = \cos\theta + \boldsymbol{i}\sin\theta$$

$$x + \boldsymbol{i}y = re^{i\theta}$$

$$\sin\theta = \frac{e^{i\theta} - e^{-i\theta}}{2\boldsymbol{i}}$$

$$\cos\theta = \frac{e^{i\theta} + e^{-i\theta}}{2}$$

Complexo conjugado

$(\boldsymbol{i})^* = -\boldsymbol{i}$ (∗) complexo conjugado

$$(x + \boldsymbol{i}y)^* = (x - \boldsymbol{i}y) = re^{-i\theta}$$

A.5 Funções hiperbólicas

$$\sinh x = \frac{e^x - e^{-x}}{2} \qquad \coth x = \frac{1}{\tanh x} \qquad \tanh x = \frac{e^x - e^{-x}}{e^x + e^{-x}}$$

$$\cosh x = \frac{e^x + e^{-x}}{2} \qquad \operatorname{sech} x = \frac{1}{\cosh x} \qquad \cosh^2 x - \sinh^2 x = 1$$

$$\tanh^2 x + \operatorname{sech}^2 x = 1$$

$$\tanh x = \frac{\sinh x}{\cosh x} \qquad \operatorname{csch} x = \frac{1}{\sinh x} \qquad \coth^2 x - \operatorname{csch}^2 x = 1$$

Apêndice B

Derivadas e integrais

B.1 Derivadas

Regras de derivação

$$\frac{d(cx)}{dx} = c \tag{B.1}$$

$$\frac{d(cx^n)}{dx} = cnx^{n-1} \tag{B.2}$$

$$\frac{d(u \pm v)}{dx} = \frac{du}{dx} \pm \frac{dv}{dx} \qquad u = u(x) \text{ e } v = v(x) \tag{B.3}$$

$$\frac{d(uv)}{dx} = g\frac{du}{dx} + u\frac{dv}{dx} \tag{B.4}$$

$$\frac{d}{dx}\left(\frac{u}{v}\right) = \frac{u(dv/dx) - v(du/dx)}{v^2} \tag{B.5}$$

$$\frac{dw^n}{dx} = \frac{dw}{du}\frac{du}{dx} = nw^{n-1}\frac{du}{dx} \qquad w = w(u(x)), \text{ regra da cadeia} \tag{B.6}$$

Algumas derivadas

$$\frac{d}{dx}\sin u = \cos u \frac{du}{dx}$$

$$\frac{d}{dx}\cos u = -\sin u \frac{du}{dx}$$

$$\frac{d}{dx}\tan u = \sec^2 u\frac{du}{dx}$$
$$\frac{d}{dx}\cot u = -\csc^2 u\frac{du}{dx}$$
$$\frac{d}{dx}\sec u = \sec u\tan u\frac{du}{dx}$$
$$\frac{d}{dx}\csc u = -\csc u\cot u\frac{du}{dx}$$
$$\frac{d}{dx}\sin^{-1} u = \frac{1}{\sqrt{1-u^2}}\frac{du}{dx}$$
$$\frac{d}{dx}\cos^{-1} = -\frac{1}{\sqrt{1-u^2}}\frac{du}{dx}$$
$$\frac{d}{dx}\tan^{-1} = \frac{1}{1+u^2}\frac{du}{dx}$$

B.2 Integrais

Regras de integração

$$\int adx = ax + C \tag{B.7}$$

$$\int af(x)dx = a\int f(x)dx \tag{B.8}$$

$$\int (af(x) \pm bg(x))dx = a\int f(x)dx \pm b\int g(x)dx \tag{B.9}$$

$$\int udv = uv - \int vdu \qquad \text{Integração por partes} \tag{B.10}$$

Algumas integrais indefinidas

$$\int \sin xdx = \cos x + C$$
$$\int \cos xdx = -\sin x + C$$
$$\int \tan xdx = \ln|\sec x| + C$$

$$\int \sec x dx = \ln|\sec x + \tan x| + C$$
$$\int \sin^2 x dx = \frac{x}{2} - \frac{1}{4}\sin(2x) + C$$
$$\int \cos^2 x dx = \frac{x}{2} + \frac{1}{4}\sin(2x) + C$$
$$\int \tan^2 x dx = \tan(x) - x + C$$
$$\int \frac{dx}{x^2 - a^2} = \frac{1}{2a}\ln\left(\frac{x-a}{x+a}\right) + C$$
$$\int \frac{dx}{\sqrt{u^2 + a^2}} = \ln(x + \sqrt{x^2 + a^2}) + C$$
$$\int \frac{dx}{x\sqrt{x^2 + a^2}} = -\frac{1}{a}\ln\left(\frac{a + \sqrt{a^2 + x^2}}{x}\right) + C$$
$$\int \frac{x^2}{\sqrt{a^2 + x^2}}dx = \frac{x\sqrt{a^2 + x^2}}{2} - \frac{a^2\ln\left(\sqrt{a^2 + x^2} + x\right)}{2} + C$$
$$\int \frac{x^3}{\sqrt{a^2 + x^2}}dx = \frac{1}{3}\left(a^2 + x^2\right)^{3/2} - a^2\sqrt{a^2 + x^2} + C$$
$$\int \frac{1}{(a^2 + x^2)^{3/2}}dx = \frac{x}{a^2\sqrt{a^2 + x^2}} + C$$
$$\int \frac{x^2}{(a^2 + x^2)^{3/2}}dx = \ln\left(\sqrt{a^2 + x^2} + x\right) - \frac{x}{\sqrt{a^2 + x^2}} + C$$
$$\int \frac{x^3}{(a^2 + x^2)^{3/2}}dx = \frac{a^2}{\sqrt{a^2 + x^2}} + \sqrt{a^2 + x^2} + C$$
$$\int \frac{1}{x(a^2 + x^2)^{3/2}}dx = \frac{1}{a^2\sqrt{a^2 + x^2}} - \frac{\ln\left(\frac{\sqrt{a^2+x^2}+a}{x}\right)}{a^3} + C$$

Algumas integrais trigonométricas definidas

$$\int_0^\pi \sin mx \sin nx dx = \begin{cases} 0 & \text{para } m,n \text{ inteiros e } m \neq n \\ \pi/2 & \text{para } m,n \text{ inteiros e } m = n \end{cases}$$

$$\int_0^\pi \cos mx \cos nx dx = \begin{cases} 0 & \text{para } m,n \text{ inteiros e } m \neq n \\ \pi/2 & \text{para } m,n \text{ inteiros e } m = n \end{cases}$$

$$\int_0^\pi \sin mx \cos nx dx = \begin{cases} 0 & \text{para } m,n \text{ inteiros e } (m+n) \text{ ímpar} \\ 2m/(m^2 - n^2) & \text{para } m,n \text{ inteiros e } (m+n) \text{ par} \end{cases}$$

Apêndice C

Séries

C.1 Desenvolvimento em série de potência

Expansão binomial

$$(1+x)^n = 1 + nx + \frac{n(n-1)}{2!}x^2 + \frac{n(n-1)(n-2)}{3!}x^3 + \cdots \tag{C.1}$$

Expansão de funções exponenciais e logarítmicas

$$e^x = 1 + x + \frac{x^2}{2!} + \frac{x^3}{3!} + \cdots \tag{C.2}$$

$$a^x = e^{x\ln a} = 1 + x\ln a + \frac{(x\ln a)^2}{2!} + \frac{(a\ln a)^3}{3!} + \cdots \tag{C.3}$$

$$\ln(1+x) = x - \frac{x^2}{2} + \frac{x^3}{3} - \frac{x^4}{4}\cdots \qquad -1 < x \leq 1 \tag{C.4}$$

Expansão de funções trigonométricas

$$\sin x = x - \frac{x^3}{3!} + \frac{x^5}{5!} + \cdots \tag{C.5}$$

$$\cos x = 1 - \frac{x^2}{2!} + \frac{x^4}{4!} + \cdots \tag{C.6}$$

C.2 Série de Taylor

$$f(x) = f(a) + f'(a)(x-a) + \frac{f''(a)(x-a)^2}{2!} + \frac{f'''(a)(x-a)^3}{3!} + \cdots \tag{C.7}$$

$$\begin{aligned} f(x,y,z) = {} & f(P_0) + \frac{\partial f(P_0)}{\partial x}(x-x_0) + \frac{\partial f(P_0)}{\partial y}(y-y_0) + \frac{\partial f(P_0)}{\partial z}(z-z_0) + \\ & + \frac{1}{2!}\left(\frac{\partial^2 f(P_0)}{\partial x^2}(x-x_0)^2 + \frac{\partial^2 f(P_0)}{\partial y^2}(y-y_0)^2 + \frac{\partial^2 f(P_0)}{\partial z^2}(z-z_0)^2\right) + \cdots \end{aligned} \tag{C.8}$$

com $P_0 = (x_0, y_0, z_0)$.

C.3 Série de Fourier

É possível solucionar as equações diferenciais ordinárias (EDO) e as equações diferenciais parciais (EDP), com condições de contorno periódicas, utilizando o que chamamos de série de Fourier. A série de Fourier pode ser descrita como uma representação de uma função em funções de senos e cossenos. Uma função $f(x)$ pode ser representada da seguinte forma:

$$f(x) = \frac{a_0}{2} + \sum_{n=1}^{\infty}\left(a_n \cos nx + b_n \sin nx\right) \tag{C.9}$$

com

$$a_0 = \frac{1}{\pi}\int_{-\pi}^{\pi} f(x)dx \tag{C.10}$$

$$a_n = \frac{1}{\pi}\int_{-\pi}^{\pi} f(x)\cos nx dx \tag{C.11}$$

$$b_n = \frac{1}{\pi}\int_{-\pi}^{\pi} f(x)\sin nx dx \tag{C.12}$$

Exercício Resolvido C.3.1

Considere a função f(x) definida como

$$f(x) = \begin{cases} 1 & 0 < x < \pi \\ -1 & -\pi < x < 0 \end{cases}$$

e expanda $f(x)$ em série de Fourier.

SOLUÇÃO: *A expansão em série de Fourier de uma função f(x) é dada por*

$$f(x) = \frac{a_0}{2} + \sum_{n=1}^{\infty}\left(a_n \cos nx + b_n \sin nx\right) \tag{C.13}$$

com os coeficientes a_0, a_n e b_n dados pelas Eqs.(C.10) a (C.12). Utilizando essas equações, temos

$$a_0 = \frac{1}{\pi}\int_{-\pi}^{\pi} f(x)dx$$

$$a_0 = \frac{1}{\pi}\int_{-\pi}^{0} -1dx + \frac{1}{\pi}\int_{0}^{\pi} 1dx$$

e, após a resolução das integrais, conseguimos $a_0 = 0$. Já os coeficientes a_n e b_n ficam determinados por

$$a_n = \frac{1}{\pi}\int_{-\pi}^{\pi} f(x)\cos nx dx$$

$$a_n = \frac{1}{\pi}\int_{-\pi}^{0} -\cos nx dx + \frac{1}{\pi}\int_{0}^{\pi} \cos nx dx$$

$$b_n = \frac{1}{\pi}\int_{-\pi}^{\pi} f(x)\sin nx dx$$

$$b_n = \frac{1}{\pi}\int_{-\pi}^{0} -\sin nx dx + \frac{1}{\pi}\int_{0}^{\pi} \sin nx dx$$

Com a resolução das integrais acima, conseguimos

$$a_n = 0$$

$$b_n = \frac{2}{n\pi}\left(1 - \cos nx\right)$$

e, com isso, temos finalmente que a expansão em série de Fourier da função f(x) é

$$f(x) = \frac{2}{\pi}\sum_{n=1}^{\infty}\left[\frac{1 - \cos n\pi}{n}\right]\sin nx$$

É importante perceber que, quanto maior o número de termos da série (maior n), melhor será a representação da f(x) em função de senos e cossenos, como podemos ver pela Fig.C.1.

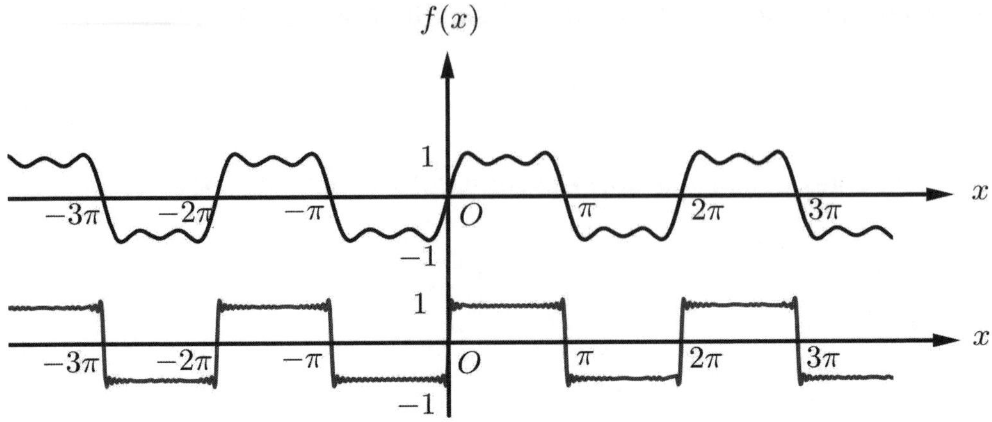

Figura C.1: *Gráfico da expansão em série de Fourier da função f(x) para* n=3*, figura de cima, e* $n = 41$*, figura de baixo.*

■

Apêndice D

Polinômios de Legendre

Os polinômios de Legendre $P_\ell(\cos\theta)$ têm ampla aplicação em problemas da física, sobretudo naqueles que envolvem soluções de equações diferenciais ordinárias em coordenadas esféricas. Na Tabela D.1, mostramos alguns dos polinômios de Legendre.

Tabela D.1: *Polinômios de Legendre.*

ℓ	$P_\ell(\cos\theta)$
0	1
1	$\cos\theta$
2	$(3\cos^2\theta - 1)/2$
3	$(5\cos^3\theta - 3\cos\theta)/2$
4	$(35\cos^4\theta - 30\cos^2\theta + 3)/8$
5	$(63\cos^5\theta - 70\cos^3\theta + 15\cos\theta)/8$
6	$(231\cos^6\theta - 315\cos^4\theta + 105\cos^2\theta - 5)/16$

Os polinômios apresentados na tabela D.1 podem ser gerados pela fórmula de Rodrigues, que é dada por

$$P_\ell(x) = \frac{1}{2^\ell \ell!}\frac{d^\ell}{dx^\ell}\left(x^2 - 1\right)^\ell \qquad \text{com} \qquad x = \cos\theta \tag{D.1}$$

Os polinômios de Legendre obedecem as seguintes propriedades:

1. $P_\ell(1) = 1$
2. $P_\ell(-1) = (-1)^\ell$
3. $P_\ell(-x) = (-1)^\ell P_\ell(x)$

Ortogonalidade dos polinômios de Legendre

1. $\int_{-1}^{1} P_\ell(x)P_m(x)dx = 0 \qquad$ para $\qquad \ell \neq m$

2. $\int_{-1}^{1} [P_\ell(x)]^2 dx = \frac{2}{2\ell+1} \qquad$ para $\qquad \ell = m$

Respostas dos problemas

CAPÍTULO 1

1. a) $4\hat{i} - 2\hat{j} + 8\hat{k}$
   b) $-2\hat{i} + 6\hat{j} - 2\hat{k}$
   c) 10
   d) $22\hat{i} + 4\hat{j} - 10\hat{k}$
   e) 67,8°

3. a=8, b=-11 e c=-4

4. a) -20/3
   b) Não existe a real

5. a) 24,3°
   b) 110,0°
   c) 76,8°

9. $\vec{G} = 1\hat{i} + 2\hat{j} + 4\hat{k}$

11. a) $3\sqrt{14}(3\hat{i} + 2\hat{j} + \hat{k})$
    b) 42
    c) $\dfrac{3\hat{i} + 2\hat{j} + 1\hat{k}}{\sqrt{14}}$

12. $\hat{n} = \dfrac{a\hat{i} + b\hat{j} + c\hat{k}}{\sqrt{a^2 + b^2 + c^2}}$

14. a) $2xyz^3\hat{i} + x^2z^3\hat{j} + 3x^2yz^2\hat{k}$
    b) $z - 2y$
    c) $2x^2\hat{i} + x(1 - 4y)\hat{j}$
    d) $6x^2yz + 2yz^3$

15. a) 3
    b) 0

22. a) $\vec{F} = \frac{1}{\rho}\cos\phi\,[\sin\phi - \cos\phi]\,\hat{\rho} + \frac{1}{\rho}\cos\phi\,[\sin\phi + \cos\phi]\,\hat{\phi}$
    b) $-\frac{1}{\rho^2}\,[\cos 2\phi + \sin 2\phi]\,\hat{k}$

24. $\frac{3\cos\phi}{2r^4}\,[\sin\theta + 5\sin 3\theta]$

26. 127/15

27. 8

28. a) 3
    b) 5

29. 0

30. 16

31. 108π

32. 12π

33. b) $U(x, y, z) = x^2y + 3x - 4yz + C$
    c) 4

CAPÍTULO 2

1. A: $-2q$, B: $4q$ e C: 0
2. $Q_{ind} = -Q$.
3. Alternativa a
4. Alternativa b
5. $Q_1 = 4Q$
6. Situação I: Equilíbrio estável
   Situação II: Equilíbrio instável
7. $N_e = 3 \times 10^{13}$ elétrons
8. $Q_A = 16q$

CAPÍTULO 3

1. $\vec{F} = (24,15\hat{i} - 48,3\hat{j}) \times 10^{-6}$N
2. $\vec{F} = 21,5 \times 10^{-6}\hat{i}$ N

3. $\vec{F} = \frac{1,9q^2}{4\pi\epsilon_0}(\hat{i} + \hat{j} + \hat{k})/L^2.$

4. $b = a/\sqrt[3]{4}$

5. a) $q_1 < 0$ e $q_3 < 0$
   b) $|q_1| = |q_3|$=6μC

6. a) θ_1=37,5°
   b) θ_2=51°
   c) θ_3=56,6°

8. Q/q=1/2

9. $Q = 2\rho_0\ell^3/\pi$

10. $Q = \pi\sigma_0 R^2/2$

11. $Q/\ell = \pi\rho_0 R^2/3$

12. $Q/\ell = -\pi\rho_0 \ln[(a^2 + b^2)/a^2]$

13. $Q = 2\pi R\sigma_0 h^3/3$

14. $Q = \pi^2\rho_0 R^2$

15. $F = \frac{Q_0}{4\pi\epsilon_0}\frac{\lambda L}{d(d + L)}$

18. $T = \frac{qQ_0}{8\pi^2\epsilon_0 R^2}$

19. $\vec{F} = \frac{kqQ}{ab}\arctan\left(\frac{ab}{H\sqrt{a^2 + b^2 + H^2}}\right)\hat{k}$

20. a) C/m^4
    b) $Q = \pi A R^4/2$
    c) $\vec{F} = \frac{qAz}{2\epsilon_0}\left(\frac{R^2 + 2z^2}{\sqrt{R^2 + z^2}} - 2z\right)\hat{k}$

22. a) $\vec{F} = \frac{q\rho}{3\epsilon_0}\frac{a^3}{z^2}\hat{k}$
    b) $\vec{F} = \frac{q\rho}{3\epsilon_0}z\hat{k}$

CAPÍTULO 4

1. a) $\vec{E} = 4.58\hat{i} - 0.15\hat{j} + 5.11\hat{k}$ N/C
   b) y=-6,88 m ou y=-22,13 m

2. a) $(x+1) = 0.56[(x+1)^2 + (y-1)^2 + (z-3)^2]^{3/2}$
   b) y=0,31 ou y=1,69

3. a) Q=-1,63μC
   b) $\vec{E} = -30,02\hat{i} - 180,13\hat{j} - 150,11\hat{k}$ N/C
   $\vec{E} = 182,62\hat{\rho} - 150,11\hat{k}$ N/C
   $\vec{E} = -236,4\hat{\rho}$ N/C

4. $\vec{E} = \dfrac{\lambda_0}{4\pi\epsilon_0}\left[\dfrac{\hat{i}}{\sqrt{x_0^2+y_0^2}} + \dfrac{1}{y_0}\left(1 - \dfrac{x_0}{\sqrt{x_0^2+y_0^2}}\right)\hat{j}\right]$

5. a) Q_1=-8,32nC
   b) Q_1=-44,94nC

6. a) $\vec{E} = \dfrac{q}{2\pi\epsilon_0}\dfrac{x}{(x^2+a^2)^{3/2}}\hat{i}$
   b) $x = \pm\dfrac{a}{\sqrt{2}}$
   c) $E = \dfrac{q}{3\sqrt{3}\pi\epsilon_0}\dfrac{1}{a^2}$
   d) $E = \dfrac{q}{2\pi\epsilon_0 x^2}$

7. a) $a = 7\times 10^{13}$m/s^2,
   b) Δt=5×10^{-8}s
   c) Δy=8,8 cm

8. a) $2y^2 + x^2 = 33$
   b) $\rho^2 \sin 2\phi = 2\sqrt{3}$

9. a) $\vec{E} = \dfrac{Q}{4\pi\epsilon_0}\dfrac{1}{a(a+L)}\hat{i}$
   b) $\vec{E} = \dfrac{Q}{4\pi\epsilon_0}\dfrac{1}{a^2}\hat{i}$

11. $\vec{E} = 2.2\times 10^7\hat{i}$ N/C

12. a) $\vec{E} = \dfrac{\sigma}{2\epsilon_0}\left(1 - \dfrac{z}{\sqrt{R^2+z^2}}\right)\hat{k}$
    b) $\vec{E} = \dfrac{\sigma}{2\epsilon_0}\hat{k}$

13. $E = \dfrac{3\lambda_3}{2\pi\epsilon_0 L}$

15. Q=25,5nC

19. a) Q=0
    b) E=0

20. a) $\vec{E} = \frac{\sigma_0}{\pi\epsilon_0}\arctan\left(\frac{a}{z}\right)\hat{k}$
    b) $\vec{E} = \frac{\sigma_0}{4\epsilon_0}\hat{k}$

21. $E = \frac{2\sigma_0}{\pi\epsilon_0}\arctan\left(\frac{2\ell}{d}\right)$

CAPÍTULO 5

1. $\varphi = 27,23$ Volts

2. a) φ=25,43 kV
   b) φ=12,73 kV
   c) $\varphi = 0$

3. a) $\varphi = \frac{1}{2\pi\epsilon_0}\frac{qa^2}{r(r^2-a^2)}$
   b) $\varphi = \frac{1}{2\pi\epsilon_0}\frac{qa^2}{r^3}$

4. a) $\varphi_A = -809,3$ V
   b) $\varphi_B = -749,3$ V
   c) W =150μJ

5. a) v=12,5 m/s
   b) d=0,31 m

6. $\Delta\varphi$=28,9 V

7. Placa de baixo no ponto $x = 4.1$cm em relação ao ponto de lançamento.

8. 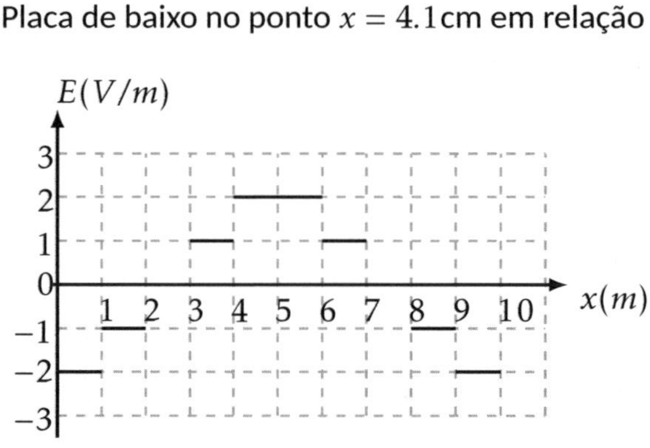

9. $\vec{E} = -6\hat{\imath} + 12\hat{\jmath}$ V/m

10. $\vec{E} = -39\hat{i}$ V/m

11. Sim. $\varphi(x,y,z) = -xyz + x^2 + C$

12. $E_x = \dfrac{1}{4\pi\epsilon_0}\dfrac{Q(x-a)}{[(x-a)^2+y^2+z^2]^{3/2}}$

$E_y = \dfrac{1}{4\pi\epsilon_0}\dfrac{Qy}{[(x-a)^2+y^2+z^2]^{3/2}}$

$E_z = \dfrac{1}{4\pi\epsilon_0}\dfrac{Qz}{[(x-a)^2+y^2+z^2]^{3/2}}$

13. $\Delta\varphi = -7,5$ kV

14. $\varphi = \dfrac{\sigma}{2\epsilon_0}\left(\sqrt{R^2+z^2} - z\right)$

15. a) C/m^2

b) $\varphi = \dfrac{\alpha}{4\pi\epsilon_0}\left[L + d\ln\left(\dfrac{d}{L+d}\right)\right]$

c) $\varphi = \dfrac{\alpha L}{8\pi\epsilon_0}\ln\left[\dfrac{\sqrt{4b^2+L^2}+L}{\sqrt{4b^2+L^2}-L}\right]$

16. a) $\varphi(3)$=-11 V e $\varphi(6)$=-32 V

b) $\vec{E}$=7$\hat{i}$ V/m

17. a) $\vec{E} = (-5+6xy)\hat{i} + (3x^2-2z^2)\hat{j} - 4yz\hat{k}$ V/m

b) $|\vec{E}|$=5$\sqrt{2}$ V/m

18. $C(4a/3, 0, 0)$ e $R = 2a/3$

19. $\varphi = \dfrac{qd^2}{16\pi\epsilon_0}\dfrac{(3\cos^2\theta - 1)}{r^3}$

$\vec{E} = \dfrac{3qd^2}{32\pi\epsilon_0 r^4}\left[(1+3\cos 2\theta)\hat{r} + 2\sin 2\theta\hat{\theta}\right]$

20. $z < R \qquad \varphi = \dfrac{Q}{4\pi\epsilon_0}\dfrac{1}{R} \qquad Q = 4\pi\sigma R^2$

$z > R \qquad \varphi = \dfrac{Q}{4\pi\epsilon_0}\dfrac{1}{z} \qquad Q = 4\pi\sigma R^2$

21. $\varphi = \dfrac{\sigma_0}{4\epsilon_0}\left[R\sqrt{R^2+x^2} + x^2\ln\left(\dfrac{x}{R+\sqrt{R^2+x^2}}\right)\right]$

22. $\varphi = \dfrac{\sigma_0}{2\epsilon_0}\left[\sqrt{x^2+b^2} - \sqrt{x^2+a^2}\right]$

23. $\varphi = \dfrac{\lambda}{4\pi\epsilon_0}\left[\pi + \ln 9\right]$

24. $\Delta\varphi$=260 Volts

25. $\varphi = \dfrac{Q}{4\pi\epsilon_0\ell^2}\left[2\ell\ln\left(\dfrac{\sqrt{2\ell^2+4z^2}+\ell}{\sqrt{2\ell^2+4z^2}-\ell}\right) - 4z\arctan\left(\dfrac{\ell^2}{2z\sqrt{2\ell^2+4z^2}}\right)\right]$

$\vec{E} = \dfrac{Q}{\pi\epsilon_0\ell^2}\arctan\left(\dfrac{\ell^2}{2z\sqrt{2\ell^2+4z^2}}\right)\hat{k}$

CAPÍTULO 6

1. $Q = 24\epsilon_0$

2. a) $Q = 100\ell^3\epsilon_0$
   b) $Q = 24\pi\ell^3\epsilon_0$

4. $\dfrac{\sigma_3}{\sigma_2} = -\dfrac{3}{2}$

5. $E = 0,$
   $E = 1,31\times10^{-6}$ N/C
   $E = 3,1\times10^{-6}$ N/C
   $E = 3,1\times10^{-6}$ N/C

6. a) $Q = 4,1\times10^{-10}$ C
   b) $E = 0$
   $E = 0$
   $E = 984$ N/C
   $E = 366$ N/C

7. a) $Q = 4.1\times10^{-10}$ C
   b) $E = 1356$ N/C
   $E = 4000$ N/C
   $E = 984$ N/C
   $E = 366$ N/C

8. a) $Q = 4.1\times10^{-10}$ C
   b) $E = 1356$ N/C
   $E = 1000$ N/C
   $E = 1000,3$ N/C
   $E = 610,2$ N/C

9. $E_x = 1,15\times10^5$ N/C

10. $r < a \qquad E = 0$

$a < r < b \qquad E = \dfrac{\rho r}{3\epsilon_0}\left(1 - \dfrac{a^3}{r^3}\right)$

$r > b \qquad E = \dfrac{\rho}{3\epsilon_0}\left(\dfrac{b^3 - a^3}{r^2}\right)$

11. $\Phi_E = \dfrac{L\lambda_0}{2\epsilon_0}$

12. a) $Q = \pi A R^4$

b) $r \leq R \qquad E = \dfrac{Q}{4\pi\epsilon_0}\dfrac{r^2}{R^4}$

$r \geq R \qquad E = \dfrac{Q}{4\pi\epsilon_0}\dfrac{1}{r^2}$

13. a) $Q = 4\pi C R$

b) $r \leq R \qquad E = \dfrac{Q}{4\pi\epsilon_0 R}\dfrac{1}{r}$

$r > R \qquad E = \dfrac{Q}{4\pi\epsilon_0}\dfrac{1}{r^2}$

14. a) $Q = 2\pi B R^2$

b) $r \leq R \qquad E = \dfrac{Q}{4\pi\epsilon_0}\dfrac{1}{R^2}$

$r > R \qquad E = \dfrac{Q}{4\pi\epsilon_0}\dfrac{1}{r^2}$

15. a) $Q = 8\pi b^3(2 - 5e^{-1})$

b) $\Phi_E = Q/\epsilon_0$

16. a) $\alpha = 0.656 Q/R^3$

b) $r \leq R/2 \qquad E = \dfrac{3\alpha}{8\epsilon_0 R} r^2$

$R/2 \leq r \leq R \qquad E = \dfrac{\alpha r}{3\epsilon_0}\left(1 - \dfrac{3r^2}{5R^2} - \dfrac{23R^3}{640r^3}\right)$

$r \geq R \qquad E = \dfrac{233R^3\alpha}{1920\epsilon_0}\dfrac{1}{r^2}$

c) $\dfrac{Q_2}{Q}$=0.81

17. $\rho = \dfrac{\epsilon_0 a}{r}\left(5r - 6\right)\left(r - 3\right)^2$

18. $x = 2$m $\qquad \rho = 4a\epsilon_0$

$x = 5$m $\qquad \rho = 0$

19. $\rho = 4\epsilon_0 y$

20. $\rho = 2\epsilon_0 c r^2 z$

21. $\rho = 4\epsilon_0 a r\left(1 + \frac{b}{4a}\frac{1}{r^3}\frac{\cos 2\theta}{\sin\theta}\right)$

22. $0 < r < a \qquad \rho = 5E_0\epsilon_0\frac{r^2}{a^3},$
$r > a \qquad \rho = 0$

23. $\rho = 0$

24. $0 \le r \le b \qquad E = \frac{\rho_0 r}{3\epsilon_0}\left(1 - \frac{3r^2}{5b^2}\right)$
$b \le r \le R_i \qquad E = \frac{2b^3\rho_0}{15\epsilon_0 r^2},$
$R_i \le r \le R_0 \qquad E = 0$
$r \ge R_0 \qquad E = \frac{2b^3\rho_0}{15\epsilon_0 r^2}$

25. a) $r \ge a \qquad E = \frac{2\rho_0}{15\epsilon_0}\frac{a^5}{r^2} \qquad \varphi = \frac{2\rho_0}{15\epsilon_0}\frac{a^5}{r}$
b) $r \le a \qquad E = \frac{\rho_0 r}{3\epsilon_0}\left(a^2 - \frac{3r^2}{5}\right) \qquad \varphi = \frac{\rho_0 r^2}{\epsilon_0}\left(\frac{r^2}{20} - \frac{a^2}{6}\right) + \frac{\rho_0 a^4}{4\epsilon_0}$
c) $Q = \frac{8a^3\pi\rho_0}{15}$

26. a) $|x| > a \qquad E = 0$
$|x| \le a \qquad \vec{E} = -\frac{\rho_0 a}{\pi\epsilon_0}\left[1 + \cos\left(\frac{\pi x}{a}\right)\right]\hat{\imath}$
b) $\Delta\varphi = \frac{2\rho_0 a^2}{\pi\epsilon_0}$

27. a) $r \le a \qquad \vec{E} = \frac{\rho_0 r^2}{4\epsilon_0 a}\hat{r} \qquad \varphi = \frac{\rho_0}{12\epsilon_0 a}\left(4a^3 - r^3\right)$
b) $r > a \qquad \vec{E} = \frac{\rho_0 a^3}{4\epsilon_0 r^2}\hat{r} \qquad \varphi = \frac{\rho_0 a^3}{4\epsilon_0 r}$

28. $r < a \qquad E = \frac{\rho_0 r}{2\epsilon_0}$
$r > a \qquad E = \frac{\rho_0 a^2}{2\epsilon_0 r}$

29. $r < a \qquad E = 0$

$a < r < b \qquad E = \dfrac{\rho_0}{\beta^2 \epsilon_0 r}\left[e^{-a\beta}(1 + a\beta) - e^{-r\beta}(1 + r\beta)\right]$

$r < b \qquad E = \dfrac{\rho_0}{\beta^2 \epsilon_0 r}\left[e^{-a\beta}(1 + a\beta) - e^{-b\beta}(1 + b\beta)\right]$

CAPÍTULO 7

1. $Q = 1.49$ mC

2. A=226 m^2

3. a) $\Delta\varphi$=24 Volts
   b) $\Delta\varphi$=3 Volts

4. a) C=5.5×10^{-11} F
   b) Q=0,664 nC
   c) E=3,33 kV/m
   d) U=392 nJ

5. a) U_1=3,312 mJ
   U_2=12,585 mJ
   b) ΔU=9,273 mJ
   c) Aumento

6. $C = \dfrac{\epsilon_0 A}{d_1 + d_2}$

7. $C = \dfrac{\epsilon_0(A_1 + A_2)}{d}$

8. a) U= 173,02 μJ
   b) U= 109,41 μJ

9. a) C_{eq}=1,6 μF
   b) $Q_1 = Q_5$=320 μC
   Q_2=160 μC
   $Q_3 = Q_4$=80 μC
   c) $\Delta\varphi_1 = \Delta\varphi_5$=66,7 Volts
   $\Delta\varphi_2 = 66,7$ Volts
   $\Delta\varphi_3 = \Delta\varphi_4$=33,3 Volts

10. a) C_{eq}=5μF
    b) $\Delta\varphi_{ab}$=133,3 Volts

11. a) $E_1 = \dfrac{Q}{\kappa_1 \epsilon_0 A}$
$E_2 = \dfrac{Q}{\kappa_2 \epsilon_0 A}$
b) $\varphi = \dfrac{Qd}{\epsilon_0 A}\left(\dfrac{\kappa_1 + \kappa_2}{\kappa_1 \kappa_2}\right)$
c) $C = \dfrac{\epsilon_0 A}{d}\left(\dfrac{\kappa_1 \kappa_2}{\kappa_1 + \kappa_2}\right)$

13. $C = \dfrac{b\epsilon_0}{d}\Big[(\kappa - 1)x + a\Big]$

14. a) $U = \dfrac{Q^2}{2\epsilon_0 A}x$
b) $\Delta U = \dfrac{Q^2}{2\epsilon_0 A}\Delta x$
c) $F = \dfrac{Q^2}{2\epsilon_0 A}$

16. $\Delta\varphi$=23,7 Volts

17. $C = 4\pi\epsilon_0 \kappa \dfrac{R_1 R_2}{R_2 - R_1}$

18. $\dfrac{C}{L} = 2\pi\epsilon_0 \dfrac{b}{b-a}$

19. $C = \dfrac{4\pi\epsilon_0\kappa_0}{b-a}\dfrac{ab(a-b+\beta a)^2}{(b-a)(a-b+\beta a) + ab\beta \ln\left[\frac{b}{a(1+\beta)}\right]}$

20. $C = \dfrac{a\epsilon_0 A}{d}\dfrac{1}{\ln(1+a)}$
$\sigma(d) = \dfrac{\sigma_0 a}{1+a}$
$\sigma(0) = 0$

21. W=255$\times 10^{-6}$ J

22. $\Delta U = \dfrac{Q^2}{8\pi\epsilon_0}\dfrac{b-c}{bc}$

24. $C = \dfrac{\pi\epsilon_0(\kappa_1 + \kappa_2 + \kappa_3 + \kappa_4)ab}{b-a}$

25. $C = \dfrac{2ab\epsilon_0(6+\pi)}{d\pi}$

26. a) $\sigma_p(0) = -b$
$\sigma_p(\ell) = a\ell^2 + b$
$\rho_p = -2ax$

27. a) $\sigma(x=0) = \sigma(y=0) = \sigma(z=0) = 0$
$\sigma(x=a) = \sigma(y=b) = \sigma(z=c) = P_0$
$\rho_p = -P_0\left(\frac{ab+ac+bc}{abc}\right)$

28. a) $\sigma(x=a) = P_0$
$\sigma(x=-a) = -P_0$
$\rho_p - 2P_0\frac{x}{a^2}$
b) $E = 0$ para $-a \le x \le a$
$\vec{E} = \frac{P_0}{\epsilon_0}\hat{i}$ para $x > a$
$\vec{E} = -\frac{P_0}{\epsilon_0}\hat{i}$ para $x < a$

29. $\vec{D} = \frac{\lambda}{2\pi}\frac{\hat{r}}{r}$,
$\vec{E} = \frac{\lambda}{2\pi\epsilon_0}\frac{1}{\alpha+\beta z}\frac{\hat{r}}{r}$
$\vec{P} = \frac{\lambda}{2\pi r}\left(1 - \frac{1}{\alpha+\beta z}\right)\hat{r}$

30. $\vec{E} = \frac{P_0}{2\epsilon_0}\left[\frac{(z-L/2)}{\sqrt{R^2+(z-L/2)^2}} + \frac{(z+L/2)}{\sqrt{R^2+(z+L/2)^2}}\right]\hat{k}$

CAPÍTULO 8

3. $\varphi = \frac{V_0}{d}y$
$\sigma = \pm\frac{V_0}{d}\epsilon_0$

4. $r \le a \qquad \varphi(r) = \frac{\rho_0 a^2}{2\epsilon_0}\left(1 - \frac{r^2}{3a^2}\right)$
$r \ge a \qquad \varphi(r) = \frac{\rho_0 a^3}{3\epsilon_0}\frac{1}{r}$

5. $\varphi(x) = \frac{\rho_0 d^2}{6\epsilon_0}\left(1 - \frac{x^3}{d^3}\right)$
$\vec{E}(x) = \frac{\rho_0 x^2}{2d\epsilon_0}\hat{i}$

6. $R_1 < r < R_2 \qquad \varphi(r) = -(V_1 - V_2)\dfrac{R_1 R_2}{R_1 - R_2}\dfrac{1}{r} + \dfrac{R_1 V_1 - R_2 V_2}{R_1 - R_2}$

   $r > R_2 \qquad \varphi(r) = \dfrac{V_2 R_2}{r}$

7. $\varphi(\rho) = \dfrac{V_1}{\ln\left(\frac{R_1}{R_2}\right)}\ln\left(\dfrac{\rho}{R_2}\right) - \dfrac{V_2}{\ln\left(\frac{R_1}{R_2}\right)}\ln\left(\dfrac{\rho}{R_1}\right)$

8. $0 < \phi < \alpha \qquad \varphi(\phi) = \dfrac{V_0}{\alpha}\phi$

   $\alpha < \phi < 2\pi \qquad \varphi(\phi) = \dfrac{V_0}{\alpha - 2\pi}\left(\phi - 2\pi\right)$

9. $\vec{E}_1 = \dfrac{\sigma_0(d-a) - \epsilon_0\kappa_2 V_0}{a\epsilon_0(\kappa_2 - \kappa_1) + \epsilon_0\kappa_1 d}\hat{j}$

   $\vec{E}_2 = -\dfrac{\sigma_0 a + \epsilon_0\kappa_1 V_0}{a\epsilon_0(\kappa_2 - \kappa_1) + \epsilon_0\kappa_1 d}\hat{j}$

11. $\varphi(\theta) = \dfrac{V_0}{\ln\left[\tan\left(\frac{\alpha}{2}\right)\right]}\ln\left[\tan\left(\dfrac{\theta}{2}\right)\right]$

    $\vec{E}(\theta) = -\dfrac{V_0}{r\sin\theta}\dfrac{1}{\ln\left[\tan\left(\frac{\alpha}{2}\right)\right]}\hat{\theta}$

13. a) $\varphi(\rho,\theta) = \dfrac{4V_0}{\pi}\displaystyle\sum_{m=1,3,5\cdots}\left(\dfrac{\rho}{b}\right)^m \sin m\theta$

    b) $E = \dfrac{4V_0}{\pi b}$

14. $\varphi(\rho,\theta) = \dfrac{4V_0}{\pi}\displaystyle\sum_{m=1,3,5\cdots} e^{-\frac{n\pi}{a}x}\sin\left(\dfrac{n\pi}{a}y\right)$

16. $\varphi(\rho,\theta) = \dfrac{8V_0}{\pi}\displaystyle\sum_{m=2,6,10\cdots}\dfrac{1}{m}\left(\dfrac{\rho}{b}\right)^m \sin m\theta$

CAPÍTULO 9

1. I = 15 A
2. $\Delta\varphi$ = 30 Volts
3. σ = 2×10^6 (Ωm)$^{-1}$
4. $\Delta\varphi$ = 100 Volts
5. a) $ 4.5
   b) R=144 Ω
   c) I=0,83 A

6. a) E=1.72×10^{-2} V/m
   b) E_n= 247,7 J

7. a) $\frac{A}{A_0} = \frac{3\sqrt{5}}{10}$
   b) $\frac{L}{L_0} = \frac{2\sqrt{5}}{3}$

8. a) $D = \left(\frac{16\rho M}{\pi d R_0}\right)^{1/4}$ e $L = \sqrt{\frac{M R_0}{d\rho}}$
   b) D=4,3 mm e L=236,4 m

9. $R = \frac{\rho H}{\pi a b}$

10. $R = \frac{\rho L}{A(\beta - 1)} \ln \beta$

11. a) $R = \frac{\rho}{4\pi} \frac{(b-a)}{ab}$
    b) $R = \frac{\rho}{4\pi a}$

12. $\rho = \frac{4\pi R_1 R_2}{C(R_1 - R_2)} \frac{\Delta t}{\ln \beta}$

13. a) $J = \frac{2 V_0 d a}{\rho r^3}$
    b) $R = \frac{\rho}{4\pi a}$

14. a) $J = \frac{V_0 d}{2\rho} \frac{1}{r^2} \frac{1}{\ln(d/a)}$
    b) $R = \frac{\rho}{\pi} \ln\left(\frac{d}{a}\right)$

15. $I = \frac{V_0 A}{d} \frac{(\sigma_2 - \sigma_1)}{\ln(\sigma_2/\sigma_1)}$

16. $Q = \epsilon_0 I \left(\frac{\sigma_2 - \sigma_1}{\sigma_2 \sigma_1}\right)$

17. $\sigma_s = \epsilon_0 V_0 \left(\frac{\kappa_1 \rho_1 - \kappa_2 \rho_2}{\rho_1 d_1 + \rho_2 d_2}\right)$

18. a) $\frac{R}{L} = \frac{2\alpha\pi}{A^2}$
    b) $E = \frac{2\pi I \alpha}{A^2}$

19. a) $R = \dfrac{4\rho}{\pi}\dfrac{d}{b^2 - a^2}$
    b) $R = \dfrac{2\rho}{\pi d}\ln\left(\dfrac{b}{a}\right)$

20. $R = \dfrac{\rho}{4\pi}\dfrac{(b-a)}{ab}$

21. $R = \dfrac{1}{4\pi\alpha\sigma_0}\ln\left[\dfrac{b}{a}\left(\dfrac{a+\alpha}{b+\alpha}\right)\right]$

22. $R = \dfrac{a\rho_T}{2\pi R_T^2}$

23. $R = \dfrac{2\rho}{3\pi}\dfrac{(b-a)}{ab}$

24. $\sigma_s = -\dfrac{J\rho\epsilon_0}{a\ln(b/a)}z$

26. a) $\alpha = \dfrac{A}{m^5}$
    b) $\dfrac{\partial\rho}{\partial t} = -63\alpha$
    c) $\dfrac{dQ}{dt} = -\dfrac{12\pi\alpha a^5}{5}$
    d) A carga diminui.

27. $I = \ell^4(2+\ell^2)$

28. $I = 2\pi kR$

29. $I = \dfrac{J_0 h}{\alpha}e^{-2a\alpha}(1 - e^{a\alpha})$

30. $I = k\pi\ln 80$

CAPÍTULO 10

1. $R_1 = 4\,\Omega$ e $R_2 = 12\,\Omega$

2. a) $I = 0,492$ A
   b) $P_1 = 0,97$ W e $P_2 = 1,93$ W
   c) $P_1 = 5,88$ W e $P_2 = 2,98$ W
   d) A fonte 1 fornece energia.

3. a) $R_{eq} = 3,5\,\Omega$
   b) $I_{R_1} = 13,22$ A
   $I_{R_2} = 2,45$ A

$I_{R_3} = 10,77$ A
$I_{R_4} = 1,04$ A
$I_{R_5} = 1,4$ A
c) $\varepsilon = 46,27$ Volts

4. $I_{R_1} = 1,25$ A $I_{R_2} = 0$ e $I_{R_3} = 1,25$ A

5. $R_3 = \frac{10}{7}R$

6. a) $I_1 = \frac{2}{3}$ A
b) $I_2 = \frac{1}{3}$ A
c) $I_3 = \frac{1}{3}$ A
d) $\varphi_a - \varphi_b = 3,3$ Volts

7. $L_A = 0,438$ A, $L_V = 10,35$ Volts

8. $R_{eq} = 118,75\,\Omega$
$I_{R_1} = 50,5$ mA
$I_{R_2} = 19$ mA
$I_{R_3} = 12,7$ mA
$I_{R_4} = 19$ mA

9. $I_1 = 2$ A

10. $L_A = \frac{\varepsilon}{11R}$

11. a) $\varphi_A - \varphi_B = 5,25$ Volts
b) $\varphi_B - \varphi_C = 1,5$ Volts
c) $\varphi_C - \varphi_D = 5,25$ Volts
d) $\varphi_A - \varphi_C = 6,75$ Volts

14. $\varphi_A - \varphi_B = -1$ Volt

15. $\Delta\varphi_C = \frac{\varepsilon}{2}\left[1 - e^{-2t/RC}\right]$

16. $\Delta E = 56,8$ mJ

17. a) $Q = 0,82$ mC
b) $\Delta E = 82$ mJ

18. $t = 0,6\mu$s

19. $\rho = 1,39 \times 10^{13}\ \Omega m$

20. $\tau = 12\ \mu$s

CAPÍTULO 11

1. $\dfrac{F_m}{F_e} = 6,9 \times 10^{-7}$

3. a) $\Delta y = 8,8$ cm
   b) $\Delta t = 8,9 \times 10^{-14}$s

4. $\Delta z = \dfrac{B_0}{2mv_0}\Delta x^2$, trajetória parabólica.

5. $J = \dfrac{\rho g}{B_0}$

6. a) $\dfrac{F_m}{\ell} = \dfrac{\mu_0 I^2}{4R}$
   b) $\dfrac{F_m}{\ell} = \dfrac{\mu_0 I^2}{\pi \ell}$

8. $B = \dfrac{3\mu_0 I_0}{8r}\left(1 + \dfrac{r}{3R}\right)$

9. $B = \dfrac{N}{L}\mu_0 I_0$

10. $\Phi_B = \dfrac{\mu_0 I_0}{2\pi}\ln\left(\dfrac{b}{a}\right)$

12. para x>>a $\vec{B} = \dfrac{\mu_0 I_0 a^2}{\pi x^3}\hat{i}$

13. $\vec{B} = \dfrac{\mu_0}{2}\dfrac{Q\omega}{\pi R^2}\left(\dfrac{2x^2 + R^2}{\sqrt{x^2 + R^2}} - 2x\right)\hat{i}$

14. $\vec{B} = -\dfrac{\mu_0 I_0}{4\pi}\dfrac{(\hat{j} + \hat{k})}{a}$

15. $\vec{B} = \dfrac{\mu_0 I_0}{4\pi}\dfrac{1}{x^2}\left(\dfrac{a}{\sqrt{x^2 + a^2}} - \dfrac{b}{\sqrt{x^2 + b^2}}\right)\hat{j}$

16. $\dfrac{\vec{F}}{\ell} = -I_0 B_0 \hat{k}$

17. $\dfrac{\vec{F}}{\ell} = -I_0 I_1 \dfrac{\mu_0}{\pi \ell}\arctan\left(\dfrac{\ell}{2d}\right)\hat{k}$

18. $\vec{B} = \frac{F_0}{I_0 \ell}(-\hat{i} + \hat{k})$

19. $\frac{\vec{F}}{\ell} = -\frac{\mu_0 I_0 J_s}{2}\hat{i}$

20. $F = 0$

21. $\vec{\tau} = B_0 \pi R^2 \hat{j}$

22. a) $\vec{E} = v_0 B_0 \hat{j}$
    b) $\rho = 0$ e $\sigma_s = \pm\epsilon_0 v_0 B_0$

23. $B_r(r,z) = -\alpha B_0 z r$

24. a) $z = \pm\frac{d}{\sqrt{3}}$

    b) Movimento harmônico simples com $\omega = \sqrt{\frac{\mu_0 I_0^2 L}{\pi d^2 M}}$

25. a) $F_2 = 0$
    b) $\vec{\tau} = -\frac{\mu_0 I_1 I_2}{24\pi d^2}\ell^3 \hat{i}$

27. a) $B_0 = 8N\mu_0 I_0 \frac{R^2}{(R^2 + 4R^2)^{3/2}}$
    c) $d = R$

CAPÍTULO 12

1. $\vec{J} = \frac{I_0}{\pi R^2}\hat{k}$

2. $B = \frac{\mu_0 b}{3} r^2$ para $r < R$

   $B = \frac{\mu_0 b}{3}\frac{R^3}{r}$ para $r > R$

3. $\vec{B} = -\frac{\mu_0 I_0}{2\pi r}\left(\frac{2r^2 - R^2}{4r^2 - R^2}\right)\hat{i}$ no ponto P_1

   $\vec{B} = \frac{\mu_0 I_0}{2\pi r}\left(\frac{2r^2 + R^2}{4r^2 + R^2}\right)\hat{j}$ no ponto P_2

4. a) $\vec{J} = 420\hat{i} - 102\hat{j} + 123\hat{k}$ A/m
   b) $I = \frac{80}{3}$ A

5. a) $I = 2\pi b\sigma_0 E_0[b - (a+b)e^{-a/b}]$
   b) $B = \mu_0\sigma_0 E_0 \dfrac{b^2}{r}\left[1 - \left(1 + \dfrac{a}{b}\right)e^{-a/b}\right] \qquad r > a$
   $B = \mu_0\sigma_0 E_0 r \qquad r = 0$

6. $I = -259.4$ A

7. $B = \dfrac{\mu_0 I_0}{\pi r} \qquad r \geq a$
   $B = \dfrac{2\mu_0 I_0}{\pi a^2} r\left(1 - \dfrac{r^2}{2a^2}\right) \qquad r \leq a$

8. $I = 2.55 \times 10^4$ A

9. a) $B = \mu_0 b(e-1)e^{-a/\delta}$
   b) $B = \dfrac{\mu_0\delta b}{a}\left(1 - e^{-a/\delta}\right)$
   c) $B = \dfrac{\mu_0 b\delta}{r}\left(1 - e^{-a/\delta}\right)$

10. a) $\nabla \cdot \vec{B} = 0$
    b) $\vec{J} = -\dfrac{2}{\mu_0}\left(z\hat{i} + x\hat{j} + y\hat{k}\right)$

11. $\vec{J} = 0 \qquad 0 < r < a$
    $\vec{J} = \dfrac{I}{\pi(b^2 - a^2)}\hat{k} \qquad a < r < b$
    $\vec{J} = 0 \qquad r > b$

12. a) $B = \mu_0 J_0 r\left(1 - \dfrac{r^2}{R^2}\right) \qquad r \leq R$
    $B = \dfrac{\mu_0 J_0 R^2}{4r} \qquad r > R$

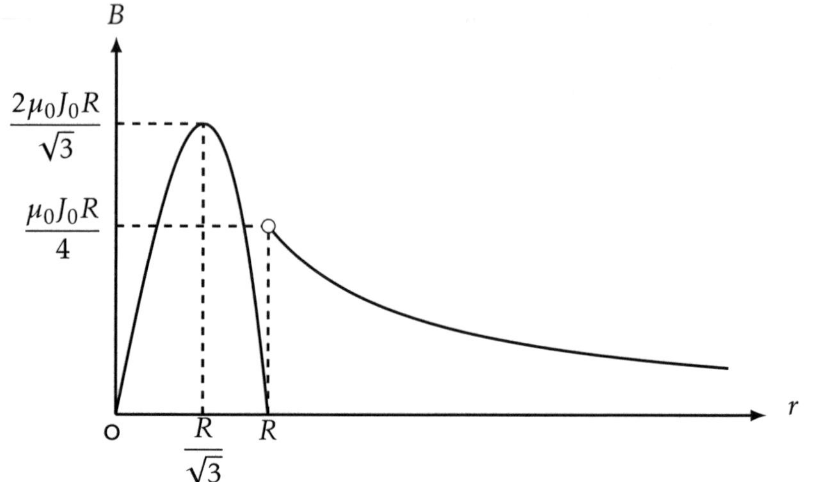

b)

c) $B_{max} = \dfrac{2\mu_0 J_0 R}{3\sqrt{3}}$

13. $B = \epsilon_0 \mu_0 \dfrac{kd^2}{8a}$

14. a) $Q(t) = C\Delta V e^{-\sigma_0 t/\kappa\epsilon_0}$
    b) $I(t) = -\dfrac{\sigma_0}{\kappa\epsilon_0} C\Delta V e^{-\sigma_0 t/\kappa\epsilon_0}$
    c) $B = 0$

15. $I_d = \dfrac{\epsilon_0 \kappa A V_0 \omega}{d} \cos\omega t$

CAPÍTULO 13

1. $\Phi_B = \mu_0 \beta \sqrt{2}$

2. $\Phi_B = \alpha h \ln 5$

3. $\Phi_B = \dfrac{2\beta B_0}{\pi}\left[1 - \cos\left(\dfrac{\pi a}{2}\right)\right]$

4. $I_{max} = 18.2$ nA

5. $\varepsilon = -B_0 \sqrt{\dfrac{8a}{\beta}} y$

6. $\varepsilon = \dfrac{\mu_0 I_0 \ell \tau}{2\pi} e^{-t/\tau} \ln\left(1 + \dfrac{\ell}{d}\right)$

7. $\varepsilon = -\dfrac{B_0 R^2 \alpha t}{2}$

8. $\varepsilon = -\dfrac{\mu_0 I_0 \ell^2}{2\pi} \dfrac{v}{x(x+\ell)}$

9. $I_{\text{ind}} = -\dfrac{\mu_0 I_0 v}{2\pi R} \ln\left(\dfrac{b}{a}\right)$

   $F = \dfrac{v}{R}\left[\dfrac{\mu_0 I_0 v}{2\pi} \ln\left(\dfrac{b}{a}\right)\right]^2$

10. $E = \dfrac{a^2 \tau^3}{3R}$

11. a) $\vec{J}_d = -\epsilon_0 \omega E_0 \sin(\omega t - \beta x)\hat{j}$
    b) $\vec{B} = \dfrac{E_0 \beta}{\omega} \cos(\omega t - \beta x)\hat{k}$
    c) $\omega = \beta c$

12. $\vec{J}_d = 3\cos\omega t \cos\phi \hat{k}$

    $\vec{E} = \dfrac{3}{\epsilon_0 \omega} \sin\omega t \cos\phi \hat{k}$

13. $\vec{J}_d = \epsilon_0 r(1-t)e^{-(r+t)}\hat{\phi}$

    $\vec{B} = -(1+t)(r-2)e^{-(r+t)}\hat{\theta}$

14. $\vec{B} = -\dfrac{kE_0}{\omega r} \sin\theta \cos(\omega t - kr)\hat{\phi}$

16. $I(t) = \dfrac{\varepsilon}{R}\left(1 - e^{-Rt/2L}\right)$

17. $I_1 = \dfrac{\varepsilon L_2}{R(L_1 + L_2)}$

    $I_2 = \dfrac{\varepsilon L_1}{R(L_1 + L_2)}$

18. $L = \dfrac{\mu_0 \ell}{8\pi}$

19. $L = \dfrac{\mu_0 \ell}{\pi} \ln\left(\dfrac{d}{R}\right)$

20. $L = \dfrac{\mu_0 \ell}{2\pi} \ln\left(\dfrac{b}{a}\right)$

21. $L = \dfrac{\mu_0 \ell}{\pi}\left[\ln\left(\dfrac{a}{b}\right) + \ln\left(\dfrac{1+\alpha a}{1+\alpha b}\right)\right]$

22. $L = \dfrac{\mu_0 N^2 h}{2\pi} \ln\left(\dfrac{2R+h}{2R-h}\right)$

CAPÍTULO 14

1. a) Sentido positivo do eixo x
   b) $T = 1 \times 10^{-6}$ s
   $\lambda = \dfrac{\pi}{3}$ m
   $v = \dfrac{\pi}{3} \times 10^{6}$ m/s
   c)

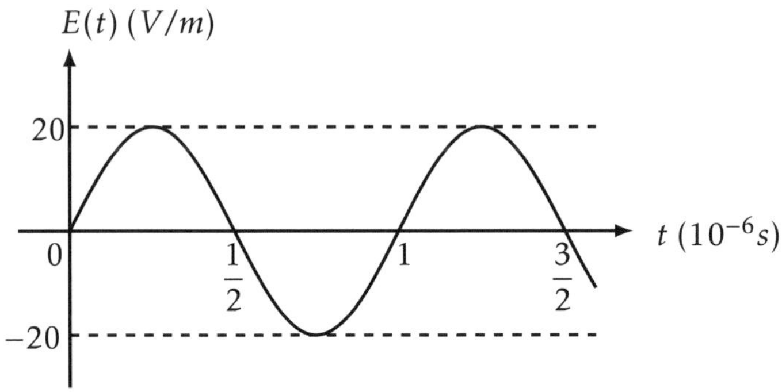

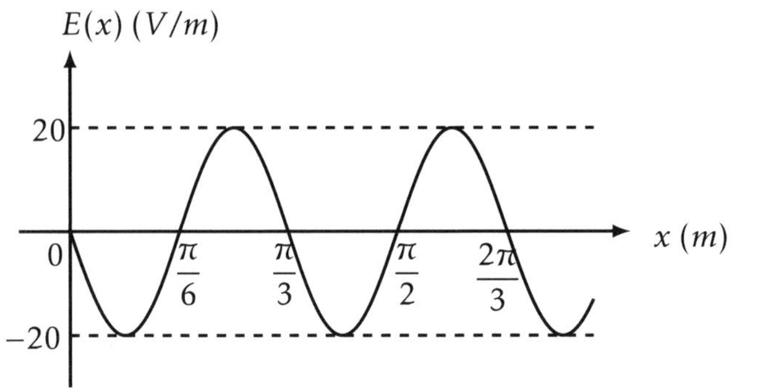

5. a) $f = 1 \times 10^{8}$ hz
   b) $\lambda = 3$ m
   c) Sentido positivo do exio x
   d) $\vec{B}$ ao longo do exio z

6. a) $\omega = \dfrac{ac}{2}$
   b) $\lambda = \dfrac{2\pi}{a}$
   c) $\vec{J}_d = -10a\cos(\omega t - az)\hat{j}$

10. $\vec{E} = -\dfrac{b}{\epsilon_0\mu_0 v}\dfrac{x\hat{i} + y\hat{j}}{x^2 + y^2}$

11. $\vec{B} = a\epsilon_0\mu_0 v\dfrac{x\hat{j} - y\hat{i}}{x^2 + y^2}$

12. a) $E_x = -\dfrac{B_0 k}{\epsilon_0 \mu_0 \omega} e^{ax} \sin(ky - \omega t)$

$E_y = -\dfrac{B_0 a}{\epsilon_0 \mu_0 \omega} e^{ax} \cos(ky - \omega t)$

b) $v = \dfrac{c}{\sqrt{\left(\frac{ac}{\omega}\right)^2 - 1}}$

14. $v = ak \qquad e \qquad v_g = 2ak$

17. a) Polarização linear.
b) Polarização linear.
c) Polarização elíptica.
d) Polarização circular.

18. $E_x = \dfrac{\sqrt{2}E_0}{2} \cos(kx - \omega t)$

$E_y = \dfrac{\sqrt{2}E_0}{2} \cos(kx - \omega t + \pi/2)$

19. $\vec{B} = E_0 \omega^2 \sqrt{\epsilon \mu} [\sin[\omega(\sqrt{\epsilon \mu} z - t)] \hat{i} - \cos[\omega(\sqrt{\epsilon \mu} z - t)] \hat{j}]$

$\vec{S} = -E_0^2 \omega^2 \sqrt{\dfrac{\epsilon}{\mu}} \hat{k}$

Referências

Alonso, M., & Finn, E. J. (1972). **Física: um curso universitário** (v. 2, Campos e Ondas). São Paulo: Blucher.

Arfken, G. B., & Weber, H. J. (1995). **Mathematical Methods for Physicists**. New York: Academic Press.

Cheng, D. K. (1983). **Field and Wave Electromagnetics**. Londres: Addison-Wesley.

Halliday, R., Resnick, D., & Walker, J. (2009). **Fundamentos de física** (v. 3, Eletromagnetismo). Rio de Janeiro: Livros Técnicos e Científicos.

Hecht, E. (1991). **Óptica**. Lisboa: Fundação Calouste Gulbenkian.

Jacobus, W. S. (2008). **Semicondutores: Fundamentos Técnicos, Técnicas e Aplicações**. Campinas: Editora da Unicamp.

Kittel, C. (1978). **Introdução à Fisica do Estado Sólido**. Rio de Janeiro: Guanabara Dois.

Lorrain, P., & Dale, R. C. (1988). **Electromagnetic Fields and Waves**. New York: W. H. Freeman and Company.

Purcell, E. M. (1973). **Curso de física de Berkeley** (v. 2, Eletricidade e magnetismo). São Paulo: Blucher.

Reitz, J. R., Milford, F. J., & Christy, R. W. (1982). **Fundamentos da Teoria Eletromagnética**. Rio de Janeiro: Editora Campus.

Sadiku, M. N. O. (2011). **Elements of Electromagnetics**. New York: Oxford University Press.

Serway, R. A., & Jewett, J. W. (2006). **Princípios de Física** (v. 3, Eletromagnetismo). São Paulo: Thompson.

Spiegel, M. R. (1977). **Cálculo Avançado**. São Paulo: Mcgraw-Hill do Brasil.

Tipler, P. A. (1995). **Física** (v. 3, Eletricidade e Magnetismo). Rio de Janeiro: Editora Guanabara.

Wangsness, R. K. (1977). **Electromagnetic Fields**. New York: John Wiley & Sons.

Young, H. D., Freedman, R. A., Sears & Zemansky. (2009). **Física III: Eletromagnetismo**. São Paulo: Addison Wesley, Pearson.

Índice remissivo